12

新世纪心理与心理健康教育文库

Xinshiji Xinli Yu Xinlijiankangjiaoyu Wenku

心理测量理论

Xinli Celiang Lilun

孙大强 郑日昌 ◆ 主编

Sun Daqiang Zheng Richang

开明出版社

新世纪心理与心理健康教育文库

编　委　会

总 序

Sequence

早在上个世纪 70 年代就有专家预言：21 世纪是心理学的世纪。21 世纪人类所面临的最大挑战，不是其他，而是心理困惑和心理问题。

进入新世纪，我国社会主义物质文明、政治文明、精神文明建设不断加强，综合国力大幅度提高，人民生活显著改善。同时，我们也要看到，我国已进入改革发展的关键时期，经济体制深刻变革，社会结构深刻变动，利益格局深刻调整，思想观念深刻变化。这种空前的社会变革，给我国发展进步带来巨大活力，也必然带来这样那样的矛盾和问题。例如，城乡、区域经济社会发展很不平衡；就业、收入分配、社会保障、教育、医疗、住房等方面关系群众切身利益的问题比较突出；一些社会成员诚信缺失、道德失范；一些领域的腐败现象比较严重等。这些矛盾和问题让人们感到心理困惑，时刻冲击着人们的心理承受能力。

2006 年，中共中央《关于构建社会主义和谐社会若干重大问题的决定》明确指出：我们必须坚持以人为本。要注重促进人的心理和谐，加强人文关怀和心理疏导，引导人们正确对待自己、他人和社会，正确对待困难、挫折和荣誉。要加强心理健康教育和保健，塑造自尊自信、理性平和、积极向上的社会心态。心理和谐是构建和谐社会的心理基础和重要标志。胡锦涛同志指出："科学发展观，第一要义是发展，核心是以人为本。"以人为本就必须重视人、尊重人、关心人、爱护人，就必须重视人的心理发展。加强心理健康教育和心理保健，不断提高人们的心理素质，帮助人们形成积极心理品质，为和谐社会建设奠定和谐的心理基础已经成为举国上下的共识。

促进人的心理和谐需要有科学心理学指引，加强心理健康教育需要有合适的教材。近年来，国内虽然也陆续出版了一些心理学或心理健康教育方面的图书，但不够系统，缺乏总体规划。正因为如此，我们组织了一批心理学专家、学者，编写了这套反映我国心理学发展及心理健康教育理论成果的“新世纪心理与心理健康教育文库”。

“新世纪心理与心理健康教育文库”具有系统性。文库参照心理学学科体系和我国现实需要，分为基础理论、应用理论和技术与实践三个系列。

“新世纪心理与心理健康教育文库”具有权威性。文库是国家出版基金资助项目；文库撰稿人的选择面向全国，每一本图书都由该领域的专家学者撰稿；文库的统稿工作由国内权威心理学家和心理健康教育专家负责完成。

“新世纪心理与心理健康教育文库”具有前沿性。文库在全国范围选聘心理学和心理健康教育领域的专家学者撰稿，既可以吸收心理学与心理健康教育的权威理论和最新研究成果，也可以保证所选内容资料贴近时代、贴近生活、贴近实际。

“新世纪心理与心理健康教育文库”具有实用性。文库在强调系统性、理论性、科学性的同时，更加强调实用性。力求做到理论联系实际，给出的理论实用，给出的技术可行，给出的方法可操作。

“新世纪心理与心理健康教育文库”理论性、实用性、资料性、工具性兼备，是心理学与心理健康教育的“百科全书”。它可以作为从事心理与心理健康教育工作的管理者和研究者的参考书、工具书；可以作为心理健康教育教师继续学习、自我提高的自修图书；可以作为心理健康教育教师的培训用书；可以作为师范院校心理与心理健康教育专业的教材或参考书。

我们相信，“新世纪心理与心理健康教育文库”对于从事心理与心理健康教育工作的人士会有所帮助；对于我国的心理与心理健康教育工作会起到推动促进作用；对于促进人的心理和谐、促进社会心理和谐会发挥一定作用。

我们希望，这套文库能够得到广大心理与心理健康教育工作者的认可、接纳。

郑日昌

于京师园

前言

Preface

心理测量是当代心理学各个领域从事理论研究和实际应用的重要手段。它是依据一定的心理学理论，使用一定的操作程序，给人的能力、人格及心理健康等心理特性和行为确定出一种数量化的价值。广义的心理测量不仅包括以心理测验为工具的测量，也包括用观察法、访谈法、问卷法、实验法、心理物理法等方法进行的测量。虽然举世公认中国人是最早使用测验，也最重视测验的，然而，由于中国传统儒家文化的特点，心理测量真正得到发展却是在西方国家，随着工业革命的成功，心理测量得到了迅速的发展。晚清时期，随着西学东渐，心理测量学传入我国。虽然近代的中国经历了许多风风雨雨，然而心理测量学在我国的发展却从未间断过，其所涉及的领域也不断扩大。特别是改革开放以来，心理学越来越被社会所肯定，心理测量学也在各主要领域得到了迅猛的发展。

近年来，随着我国社会的飞速发展，人民生活水平的日益提高，人们对于增进心理健康产生了越来越强烈的需求。人们越来越深刻地认识到提高全民族心理素质的重要性，同时我国政府也已经明确地强调注重提高人民的心理素质，心理测量也越来越多地被应用在实际生活中。通过对个体的智力、能力倾向、创造力、人格、心理健康等各方面的心理测量，可以对其进行全面的描述，并解释个体的心理特性和行为。同时可以对同个体的不同心理特征间的差异进行比较，从而确定其相对优势和不足，发现行为变化的原因，为决策提供信息。

当前，心理测量虽然在我国得到了蓬勃发展，然而如何使其得到健康的发展，保持良好的发展势头，确实是值得我们进一步思考的。本书主编之一郑日昌先生是国内最早系统讲授心理测量的专家学者之一，为推进心理测量的科学研究与实践应用不遗余力，近二三十年，陆续出版了一系列基于自身学术研究与教学实践的心理测量教材，譬如湖南教育出版社 1987 年版的《心理测量》、高等教育出版社 1990 年版的《考试的教育测量学基础》、人民教育出版社 1999 年版的《心理测量学》、高等教育出版社 2007 年版的《心理测验与评估》、中国人民大学出版社 2008 年版的《心理测量与测验》等。如前所述，科学的发展是永无止境的，心理测量的发展，无论是在国内还是在国外，都在不断进行着，每年都会有一些微观的研究成果，而每隔几年或十几年，又会有更具有综合性和长效性的中观或宏观研究成果。虽然，上述每一本教材都力争把握心理测量发展的脉搏，但几年之后便难免落伍，需要与时俱进，不断把最新的且对教学与研究富有指导意义的内容引进新的一本教材中，这就是我们这本《心理测量理论》编写的宗旨。

本书以上述心理测量理论教材为基础，围绕中国心理学教学指导委员会确定的心理学专业知识体系中心理测量课程的理论部分，由郑日昌、孙大强两位教授担任主编，确定编写原则、结构、内容、体例和样张，并负责最后的修改和定稿。参与编写的作者都是长期从事心理测量教学和实践工作的专业人员。各章编者按序如下：第一章吴九君、孙大强、郑日昌；第二章尹志新、徐慊、包卫、郑日昌；第三章尹志新、孙大强、郑日昌；第四章李军素、孙大强、郑日昌；第五章郑日昌、包卫；第六章包卫、郑日昌；第七章郑日昌、张小英；第八章孙大强、徐慊、叶玮琳、郑日昌。刘视湘、孙庆君参与了编写和修订工作。

限于笔者的精力与水平，难免有不周之处，希望细心的读者去发现和指正。这里借用一句套话聊表自咎：科学研究与写作总是一件遗憾的事情，因为总会在事后才发现原来可以做得更好。

编　者

目 录

Contents

第一章　心理测量概述及发展简史

【本章提要】

学习心理测量，必须准确把握心理测量的基本概念和深刻理解心理测量的发展历程，这将成为进一步学习心理测量并开发和运用心理测量工具的起点。本章重点介绍了心理测量的基本概念、性质与问题，并回顾了中西方心理测量的发展简史。

【学习重点】

1. 理解心理测量的基本概念。
2. 掌握四种量表级别。
3. 理解心理测量的性质与问题。
4. 理解心理测量与心理测验的含义。
5. 了解西方心理测量史的代表人物与关键事件。
6. 了解中国古代对心理测量的应用与贡献。

【重要术语】

测量　测量要素　量表　测验　心理测量　心理测验

普罗泰戈拉（Protagoras，约公元前 490 或 480 年—公元前 420 或 410 年）说："人是万物的尺度。"孟子曰："权，然后知轻重；度，然后知长短。物皆然，心为甚。"人类从远古的蒙昧时期就已经开始了对身边事物的有意识或无意识的测量估算，大到古希腊贤人泰勒斯对地球大小的估算，中到天狼星的隐现与尼罗河潮涨潮落的关系，小到预测个人的前程吉凶祸福，人类几乎无时无刻不在算计、评估。这种算计、评估被规范化了，其实就是我们要讲的测量。

在日常生活中我们经常接触各种各样的心理测验，使用心理测验的目的是将人的心理属性区分开来，了解自己的心理属性，扬长避短，为积极有效的生活提供心理测量学依据。为了有效利用心理测验，正确发挥心理测量学的科学与实践价值，我们必须对心理测量的基本概念和心理测验的划分有清楚的认识与理解。本章将对心理测量与心理测验的基本知识进行概要介绍。

第一节　心理测量及其相关概念

一、什么是测量

（一）测量的定义

测量就是根据一定的法则用数字对事物加以确定。“一定的法则”是指在测量时所采用的规则或方法。如，用温度计测物体的温度，依据的是热胀冷缩规律；测量人的智力，是根据智力理论编制测验，了解被试在测验上的得分等。“事物”是指我们所感兴趣的东西，即引起我们兴趣的事物的属性或特征，测量就是确定这些属性或特征的差异。一般来说，用数字对事物加以确定，就是确定出一个事物或事物的某一属性的量，即根据特定的法则，采用一定的操作程序，给事物确定出一种数量化的价值。

（二）测量的要素

测量包括两个要素，即参照点和单位。

1．参照点

参照点是计算事物的量的起点。参照点有两种：一种是绝对零点，如测量物体轻重、长短时使用的都是绝对零点。另一种是人定的参照点，即相对零点，如以海平面为测量陆地高度的起点，以冰水混合物为测量温度的起点。心理测量中所用的参照点都是人定的相对零点，这种参照点有一个很大的限制，就是从该点起计算的数值不能以“倍数”的方式解释。如甲的智商为100，乙的智商为50，不能说甲的智力是乙的两倍，因为没有零智力。

2．单位

单位是对量具的基本要求，没有单位就无法测量。理想的单位需要具备两个条件：一为有确定的意义，即同一单位在大家看来意义是相同的，不允许有不同的解释。二为有相等的价值。也就是说，第一单位与第二单位间的距离等于第二单位与第三单位间的距离。长度、重量等物理测量的单位符合这两个条件，而心理与教育测量所用的单位则不等值。如早期智力测验采用的智龄，是以年龄作为智力的单位，因为智力发展的速度先快后慢，1岁与2岁之间的差别明显大于31岁与32岁之间的差别。

（三）测量的量表

要测量某个事物，必须有一个定有单位和参照点的连续体，将要测量的每个事物放在这个连续体的适当位置上，看它距离参照点的远近，以此得到一个测量值，这个连续体就叫量表（Scale），即测量的量表是指在进行测量时体现了测量规则的连续体。根据测量的精确程度不同，斯蒂文斯（S. S. Stevens）将测量从低级到高级分成四种水平，即命名量表，顺序量表，等距量表，比率量表。高级量表除包括低级量表的条件假设和功能外，还有其自身的特点。

1. 命名量表（nominal scale）

也叫类别量表或称名量表，它是测量水平最低的一种，只是用数字来代表事物或把事物归类，没有任何数量的意义，只起着标志事物的作用，因而没有序列性、等距性和可加性。命名量表不具备量值、等距（单位）和绝对零点的特征，从本质上而言它不是一个真正意义上的量表。当信息更多的是具有质的特征而非量的特征时，我们就使用类别量表。

例如，人分为男人和女人，用“1”表示男人，“2”表示女人，这就是用数字表示人的性别属性，而这里的1+1与2之间是没有任何现实意义的，并不意味着两个男人和一个女人是等价的。又如在电子线路中，用“1”表示高电位，“0”表示低电位等。

命名量表的数据是计数数据，只能计算次数的多少。它所适用的统计方法属于次数统计，如频数、众数、百分比、偶发事件相关（如四分相关、Φ相关）以及卡方检验等。

2. 顺序量表（ordinal scale）

顺序量表也叫等级量表，它比命名量表水平高，指明类别的大小或含有某种属性的多少，如学生的考试名次、能力等级、对某事物喜爱的程度等。它所适用的统计方法有中位数、百分位数、斯皮尔曼等级相关和肯德尔和谐系数等，但不能做加、减、乘、除运算。在心理学中，人的多数心理特征是符合顺序量表的要求的。

例如，学生的成绩可以分为优、良、中、及格和不及格5个等级，相应地用五个数字5、4、3、2、1来表示。数字5、4、3、2、1构成了5>4>3>2>1的位次关系，但不能说各个数字之间的距离（或单位）相等。顺序量表具有区分性和序列性，但不具有等距性，也没有可加性，譬如奥运会的百米金牌得主可能遥遥领先于亚军，但是亚军和第三名可能也就伯仲之间。

3. 等距量表（interval scale）

等距量表不仅有大小关系，而且有相等的单位。其数值可以相互做加、减运算，但没有绝对的零点，不能做乘、除运算。它所适用的统计有平均数、标准差、积差相关以及t检验和F检验。

例如，10℃与15℃的差别，同15℃与20℃的差别是一样的，我们可以说某物温度比另一物高多少，但不能说某物温度是另一物温度的多少倍。

等距量表在心理学和教育学中用的较多，这主要是因为：第一，心理与教育中的许多测量结果都可以转换为等距量表，并且，心理和教育测量中所要测量的人的智力、成就和能力等在客观上并没有绝对零点，这与等距量表的特征是一致的。第二，等距量表具有一个良好特征，即如果我们对等距量表上的每一个观测值加减或乘除一个数，将不改变这些数值之间的关系。这样，我们将一个等距量表上的观测值转换到另一个不同的等距量表上去，就可以对不同测量方法得到的结果加以比较。第三，等距量表能够应用多种统计方法对观测值进行分析，充分利用了观测值的信息，能够找出数值信息所隐含的规律。

4. 比率量表（ratio scale）

也叫等比量表，是最高水平的量表，既有相等单位又有绝对零点。这种量表在物理测量中容易见到，如长度、重量等。所得数值可做加、减、乘、除运算。它所适用的统计除上述几种外，还可以计算几何平均数及变异系数等。例如，质量、长度、光的亮度、感觉量表等都是比率量表。但由于大多数心理特征难以找到有意义的绝对零点，所以此种量表在心理测量中不常用到。

通过对上述四个水平的量表的比较我们可以发现，比率量表含有其他三种测量的所有信息；从称名测量到比率测量，可以进行的量化处理方式越来越多，可从数据获得更多的信息。有些心理特征的测量数据可以通过某些数理手段从较低层次的量表转化为较高层次的量表，从而提高数据的利用率；但是也要切忌滥用数理转化手段，使转化后的生成数据违背或偏离了人的心理特征的客观规律。

二、心理测量与心理测验

因为人的心理活动具有隐蔽性，而行为是心理活动的表现，所以我们用行为取代心理作为测量对象。

前已提及，测量是根据一定的法则用数字对事物加以确定。根据这一定义，所谓心理测量（psychological measurement），就是根据一定的法则用数字对人的行为加以确定。即根据一定的心理学理论，使用一定的操作程序，给人的行为确定出一种数量化的价值。

与心理测量密切相关的概念是心理测验。在这网络信息化时代，我们经常与“心理测验”不期而遇，无论是在科教频道还是娱乐频道，经常会听到或看到通过你喜欢的颜色、你喝水的姿势或者你如何扔掉一张废纸来识别你的个性特征的“心理测验”。那么，这些是我们心理学所说的“心理测验”吗？美国心理与教育测量学家布朗（F. G. Brown）① 认为，心理测验是“测量一个行为样本的系统程序”。美国心理测量专家安娜斯塔西（A. Anastasi）给心理测验（psychological test）所下的定义也被广泛接受，她指出“测验是对行为样本的客观和标准化的测量”。通俗地说，心理测验就是通过观察人的一些有代表性的行为，对于贯穿在人的全部行为活动中的心理特点作出推论和数量化分析的一种科学手段。它是心理测量的一种工具和手段，是根据一定法则对人的行为用数字加以确定的方

---

① BROWN F G. Principles of educational and psychological testing [M]. New York: Holt, Rinehart and Winston, 1982.

法。在安娜斯塔西给心理测验下的定义中，有三个关键词：行为样本、标准化和客观。

行为样本。每个心理测验都要求被试做某些事情。被试的行为是用于测量某些具体的属性或预测某些具体的结果。因此，那些不要求被试做出任何外显行为的测量（如X光检查）不在心理测验的范围之内。心理测验的诊断或预测价值，取决于它预测相对广泛和重要的行为领域的程度。

心理测量中行为样本的使用有以下几点内在要求：首先，在测量或界定一个特定属性的行为时，心理测验并非要测量所有可能出现的行为。例如，假设你打算开发一个测量写作能力的测验，一个策略就是从个体的学期论文或系目清单中收集他已经写出的任何东西并对此评价。这种程序可能会很精确，但不实际。相反，心理测验会通过努力收集一个系统的行为样本，使得这个繁琐的程序达到最优化。在这种情况下，一个写作测验包括一系列短文、样本文学、备忘录等诸如此类的东西。

采用行为样本测量心理变量的第二个内涵是，一个测验的质量主要是由样本的代表性所决定。测验中的行为必须能够代表在测验情形之外出现的行为。要求不同寻常的或独特反应的测验，不适用于要求对问题或情形的反应与日常生活中可观察的反应相类似的测验。当然，在这一点上必须指出，测验项目不必与测验所预测的行为非常相似，而只需要证实两者之间的经验性对应。

标准化。心理测验的标准化是指测验编制和使用的规范性，其宗旨是为了控制测量误差并使结果具有可比性。测验的编制必须按照统一流程以保证其科学性，测验的施测、评分和解释必须严格遵守统一规则，即测验的条件对所有被试必须是相同的，使不同被试所获得的分数可加以比较。

客观性。理论上，如果测验的实施、评分、分数解释等与特定主试的主观判断无关，则该测验就是客观的，即不管主试是谁，任何一个被试都应该获得相同的测量结果。当然，目前的心理测验尚不能达到完满的客观性。但是，客观性至少是测验编制的目标，并且在大多数测验中已经达到相当高的程度。

如此看来，坊间和媒体上流行的很多所谓“心理测验”其实并不符合科学心理测验的要求。

对人的心理所进行的实验研究和神经生理学测定都可看做是心理测量，却不属于心理测验。心理测量的研究范围和方法比测验广泛得多。

在许多场合，心理测量与心理测验常被作为同义词来使用。的确，这两个概念的内涵在很大程度上是重叠的，但又存在显然的区别。心理测验是了解人心理的工具，主要在“名词”意义上使用；而心理测量通常是以测验为工具来了解人类心理，主要在“动词”意义上使用。因此相对而言，心理测量的意义更为广泛一些。能被用于实际心理测量的心理测验才是真正有效的测验工具。当然，不使用规范标准工具的心理测量活动也不能称之为科学的测量。

第二节 心理测量的性质与问题

美国心理学家桑代克和教育测量学家麦考尔曾先后提出，“凡客观存在的事物都有其数量”①，“凡有数量的东西都可以测量”②。随着科技的发展，人们不断地尝试对人的感知、记忆、思维、想象、注意、情绪以及能力、气质、性格等心理特性采用各种方法进行测量，加深了对人类心理现象的了解。

一、心理测量的性质

与物理测量相比，心理测量有其自身的特点：

（一）心理测量的间接性

在许多自然科学中，测量是一个相对直接的过程，包括评估客体的物理特征，例如高度、质量和速度等。然而在很大程度上，诸如智力、创造力、人格等心理特质并不能使用与测量物理属性相同的方法来进行测量。心理测量是一种间接测量。我们无法直接测量人的心理，只能测量人的外显行为，也就是说，我们只能通过一个人对测验题目的反应来推论他的心理特质。

特质是描述一组内部相关或内在联系的行为时所使用的术语，是在遗传与环境影响下，个人对刺激作反应的一种内在倾向。它是个体所特有的、稳定的、独立的特征。但特质比较抽象，不能直接被测到。人的心理活动与行为具有因果关系，由“果”推“因”是科学研究的基本方法之一。我们可以根据人的行为来推断他的心理特点。例如，一个人喜欢阅读机械方面的书籍，喜欢装配修理电器或玩具，喜欢用机器做东西，喜欢制图，喜欢修理计算机或自行车，我们就可以推论这个人具有机械兴趣的特质。又如一个人喜欢参加各种社团活动，喜欢结交新朋友，乐于帮助别人，我们就可以说这个人具有社会活动型的特质。

心理测量的间接性，实际上反映了哲学上的可知论与怀疑论的争端：人心是否可测？柏拉图在《高尔吉亚篇》中提到：“无物存在；即使有物存在，人也无法认识它；即使可以认识它，也无法把它告诉别人。”伯特兰·罗素也在其著作《哲学问题》中提到：“哲学上引起最大困难的一个区分就是‘现象’与‘实在’的区分，事物好像是什么与它究竟是什么的区分”。心理特质的测量是间接的，是通过“现象”来推断“实在”，然而，通过人的外显行为是否能在可接受的范围内推断人的心理特质，是值得思考也必须思考的问题，这也提示我们避免把人

---

① THORNDIKE E L. The seventeenth yearbook of the national society for the study of education [M]. Bloomington, IL: Public School Publishing Co. , 1918: 16.

② MCCALL W A. Measurement [M]. New York: Macmillan, 1939: 18.

的心理过于简单化；人不是机器，但是在某种意义上，人又是复杂的机器。如果把人简单看做机器，就难免陷入机械还原论的窠臼了。

（二）心理测量的相对性

我们判断一个人的行为时，没有绝对的标准，即没有绝对零点，我们有的是一个连续的行为序列，只有把他的行为与某个参照系加以比较才能作出判断。所谓测量就是看每个人处在这个序列的什么位置上，由此测得一个人智力的高低、兴趣的大小等，都是与所在团体的大多数人的行为或某种人为确定的标准相比较而言的。心理测量的相对性直接决定了针对心理测量的解释与推论也是具有相对性的。例如，我们通过对某班学生的数学水平进行测量，认为某同学数学水平较高，这种判断本身就是将他与班内其他同学相比较后得出的结论。这种推论是相对的。如果将该同学与其他班的同学进行比较就不一定得出他数学水平高的结论了。同时，每个同学都在不断进步中，如果该同学的进步速度低于班内其他同学，那么，经过一段时间再进行测量时，就不一定得出该同学数学水平高的判断了。另外，在跨文化意义上，心理测量的相对性尤其值得重视，避免工具与方法论上的沙文主义，避免“优势文化”对“弱势文化”的强行解读，充分意识到“尺有所短，寸有所长”，各擅胜场的道理。

（三）心理测量的客观性

测量的客观性实际上就是测量的标准化问题，这是对一切测量的共同要求。经过人们长期的努力探索，心理测量的标准化有了很大改进，基本上做到通过客观的刺激、客观的流程得出较为客观的结果。

正如心理测量本身具有相对性一样，心理测量的标准化和客观性也是相对的，并不存在绝对意义上的客观，事物的本质是与其所存在的时空一体并因之变化发展的。但是这种相对意义上的客观依然是非常重要的，实际上，心理测量的客观性是通过过程的一致性和可控性，保证结果的共同解释基础和对结果的可回溯性，即通过过程保证结果，即便结果未必是“好的”，但是结果是建立在同一解释参照系统的。正因如此，美国国家科学院的一个小组得出这样的结论：心理测量是对个人作出可行的判定提供必要信息的最好、最公正也是最经济的方法（Wigdor & Garner，1982）。这种情况，一如中国现行的高考制度：虽有弊端，但因其过程公平，目前仍不失为最佳选择。

一般来说，标准化程度越高的测验，其测量结果的客观性程度也越高。

二、心理测量中的问题

（一）对于任何特质的测量都不存在普遍认同的一种方法

因为对某种心理特质的测量总是建立在被认为与该特质相关的行为研究的基础上间接进行的，通常可能发生这样的情况：两个理论家谈论同一个特质，却选择不同类型的行为给该特质下操作性定义。不同的操作性定义会得出不同的测量程序，就很可能导致对同一特质的不同评价。例如，针对同一岗位的胜任特征不同的选聘决策者会有不同的界定，有人可能认为以往工作经验与成绩最重要，选拔测试题就偏向于考察这些方面；而另一位决策者可能更看重个人的潜质，选拔测试也会跟前者大不一样。两位选拔决策者一位是看重“过去”已有结果的部分，一位是看重“未来”尚未有定论的前瞻性的部分，测量和评价方法几乎必然有所不同，同时在短时间内，因为人财物力的约束，不可能对应聘者进行全面综合的考评。

（二）心理测量通常是基于有限的行为样组的

正如上例所示，两位选拔决策者都是根据自己的经验与理念设定考题，这考题，也即行为样组是有限的，要通过有限的行为样组来推断行为总体。为了提供一个适当的行为样组，必须决定测题的数量和内容广度，这是产生一个良好测量的最主要的步骤。

（三）测量的结果总会受到误差的影响

大多数心理测量是基于有限的可观察行为样组，并且通常是在某一时间范围内的取样。上述例子，同一个人，应聘同一个岗位，由不同的选聘决策者负责就会有不同的过程，从而很可能会有不同的结果；即便是同一个人，先后两次被同一个选聘决策者考核，也会因为时间、地点、天气、个人身心状态、自身预期等多种不确定因素而导致测试成绩有差异。这种由行为抽样和测验情境的不同产生的分数不一致与误差有关。因此，心理测量中一个永存的问题就是如何估计在特定观察情境中所出现的误差的大小。

（四）测量量表缺乏定义清晰的单位

依然是在上述例子中，如果多个人参加这次测试，小王得了 68 分，小李得了 78 分，小张得了 88 分，我们一般情况下是无法说明小张与小李之间的差距是否和小李与小王之间的差距是等量齐观的。阐明测量量表属性，标示测量单位，并解释所得数据的意义是个复杂的问题。无论什么时候，在编制一个心理测量工具、设计评分系统以及作统计分析时都必须考虑到这一点。

（五）心理特质的界定须说明它与其他特质或可观察现象间的关系

虽然心理测量建立在可观察的反应基础上，但是只有当它能够按照所依赖的理论结构进行合理解释时，它才具有意义，或者说它才有用处。鉴于此，洛德和诺维克（Lord & Novick，1968）强调指出，从两个水平界定心理测量的特质是很重要的。第一，正如学者所指出的，必须根据可观察行为来界定特质，这类定义说明了如何进行测量；第二，必须在理论系统内根据它与别的特质间的逻辑或数学关系来界定特质，这类定义为所获得的测量结果的解释提供了基础。如果这类关系在实际经验中不能被证实，所获得的测量结果也就毫无价值了。获得一组心理测量和其他不同特质的测量或现实生活事件的测量之间的相关程度的证据是测验编制中最重要的问题，其实也就是我们在效度一章将要讲到的实证效度与逻辑效度。

三、不科学心理测量的危害性

遗憾的是，并非所有量表都是精心编制的。许多量表实际上只是“拼凑”出来的，研究者往往把一些自以为能组成合适量表的项目凑在一起，而并不考虑这些项目是否有共同的因（因此构成一个量表）或共同的果（因此构成一个指标）。

在量表编制过程中，研究者可能没有利用理论，也可能因为错误地解释了量表的所测而得出一个关于理论的错误结论。这可能导致的一个严重问题是，某些研究者会据此贸然得出某特质重要或不重要、某建构正确或不正确之类的结论。其实，他们所用的量表并不能反映他们所要研究的变量。通常，人们评估替代物之间的关系，并用这些替代物代表所关注的变量。但是可观测的替代物和不可观测的变量很容易混淆。

此外，如果一套劣质测量工具是唯一可用的量具的话，使用这个量具的代价可能要比得到的好处更大。为了避免灾难性结果需要立即作出决策，为了决策就不得不凑合使用手头的所谓量具，用不能评估对象的量具进行评估，一定会导致错误的结论。我们应该认识到，在测量程序有问题的时候，我们必须对结论作相应的调整。

有些研究者为了降低被试的负担，可能会使用过分简短的量表。然而，选择一份不可靠的量表或问卷，无论被试如何喜欢它的简短，都不可行。一半被试做一份可靠问卷所能产生的信息，比全部被试做一份可靠性不足的问卷所能产生的信息还要多。如果不能确定数据的含义，所收集的数据就是无关数据。因此，让被试完成能产生有效数据的较长问卷是对他们时间和精力的有益利用，而让被试完成“简短便捷”但不能产生有意义数据的问卷是对他们时间和精力的浪费。

第三节　西方近代心理测量与测验的发展

心理测量的方法有很多，应用最广的是心理测验；事实上正如前文所述，无论是在理论探讨中还是实践中，很多时候我们是难以把心理测量与心理测验截然分开的，因此我们在探讨心理测量与测验的发展时，也不可避免地将以“双螺旋”的模式来呈现这一过程。

概览心理测量与测验的历史背景，可以提供观察问题的视角，并有助于理解当今的各种测验；参照心理测验的前身，有助于了解当代心理测量与测验的发展。心理测量与测验的历史根源已经无从考证。不过多数人会提到在中国盛行了1 000多年的科举考试制度乃至至少2 000年以上的人事甄别选拔制度与方法。在古希腊，测验附属于教育过程；在中世纪，欧洲的一些大学授予学位和荣誉时，采用正式考试。不过，为了确认使当代测验得以形成的主要发展，我们只要追溯到19世纪。

一、心理测验产生的社会背景和对个体差异的研究

心理测验产生的最初原因是，在西方一些国家经过文艺复兴的洗礼，社会上对智力落后者和精神病患者开始逐渐实行人道主义，欧美许多国家开始建立社会收容所来护理智力落后者，这就急需建立收容标准和客观的分类系统；另一方面，工业革命成功后，逐渐摆脱封建桎梏、快速发展的资本主义经济对劳动力的需要急剧增加，工厂大量采用童工，许多地方官与工厂主订约，每雇佣20个童工，必须带一个低能者，因此有必要开发适当的工具和手段以便有效识别。

在19世纪以前，智力落后者（mental retard）和精神异常者（insane）常常被忽视、禁闭，甚至拷打。随着社会的进步和对心理疾病了解的增加，欧美对智力落后者和精神病人的态度有所好转，有些国家还建立了特殊的医疗机构来收容他们。出于对智力落后者和精神病人治疗和帮助的需要，这就急需建立一种客观的分类标准和鉴别方法。

法国医生埃斯基罗尔（Esquirol）首次提出了区别智力落后者和精神病者的方法：用观察个体使用语言的能力来判断个体的智力水平，第一次对智力落后与精神病作出了明确区分。另一位法国医生塞甘（Seguin）出版了《白痴：用生理学方法来诊断与治疗》一书，专门研究从感觉辨别力和运动控制力方面来训练智力落后儿童，其中的一些方法如形状板（form board，要求个体尽快把不同形状的积木插入相应的凹处）为后来的非言语智力测验所采用。同时，塞甘还于1837年建立第一所专门教育智力落后儿童的学校。1848年，塞甘移居美国，他的思想在美国得到普遍重视和进一步推广。

实际上，心理测量的发展还与科学界对于人的个体差异性的认可有关。科学家关于个体差异性的最早重视，源于一起天文学小插曲。1796年，英国格林威治天文台的皇家天文学家N. 马斯基林因为助手金内布鲁克观察星体通过的时间比自己迟0.8秒，认为他“私心自用，不依法行事”而将他辞退。此事在20年后引起另一天文学家贝塞尔的注意，他通过研究认为，这是一种不可避免的个人观察误差。于是引起了学者们对个体差异的研究。

二、心理测验的先驱

（一）冯特的实验心理学

1879年，威廉·冯特（W. Wundt）在莱比锡大学建立第一所心理实验室。

冯特本来的目标是想发现人类行为的一般趋势，注意的焦点是人类行为的共同性而不是人类行为的差异性。然而在研究中发现，对于同一刺激，各人的反应经常不同。起初以为是由于实验手续上的错误，经过长时间的实验才认识到，这种差异并非由于偶然的错误，而是由于个体间能力上真正的差异。这引起了人们对个体差异的研究兴趣。而要研究个体差异就必须要有测量工具，由此便推动了测量运动。

冯特在实验室中证实了个体差异的存在，并发明了测量思维敏捷性等方面个体差异的工具。早期的实验心理学和心理物理学为心理测验的发展奠定了基础。

科学心理学创始人：冯特

（二）高尔顿的遗传理论测量

最先倡导测验运动的是优生学创始人、英国生物学家和心理学家高尔顿（F. Galton）。高尔顿开创了个别差异心理学研究，并采用了定量研究方法。

1869 年，他出版了《遗传的天才》一书，指出人的能力是由遗传而来的，并设想人的能力分布是常态的，其差异是可测量的。他在调查遗传问题的过程中认识到，有必要测量那些有亲缘关系和无亲缘关系的人们的特性，以确定其相似程度。他还在 1884 年的国际博览会上设立了一个人类测量实验室，参观者付 3 便士就可以测量到自己的某些身体素质和视听觉的敏锐性、肌肉力量、反应时以及其他一些简单的感觉—运动功能。博览会闭幕后，该实验室迁移到伦敦的南圣顿博物院，在这里继续开办了 6 年之久。他用这种方法系统收集了 9 337 人的生理、感知觉方面的个人资料，第一次大量系统地测量了个体差异。高尔顿还设计了许多简单的测验，如判断线条的长短与物体的轻重等。他在 1883 年出版的《人的能力研究》一书中说到：“外部世界的信息是通过我们的感觉到达于我们的大脑的。我们的感觉越敏锐，获得的信息便越多；获得的信息越多，我们的判断与思维便越有用武之地。”高尔顿还注意到，白痴对于冷、热、痛鉴别能力较低。这一观察结果使他进一步确信，感觉辨别能力基本上是心智能力中最高的能力。

高尔顿还是应用等级评定量表、问卷法及自由联想法的先驱。他的另一个重要贡献是把统计方法应用于对个体差异资料的研究。他将以前数学家们研究出来的统计技术改造为简单形式，使那些未经专门训练的调查者也能使用。他不但扩充了古特莱特（Guetelet）的百分位法，还创造了一种粗浅的计算相关系数的方法。他的学生卡尔·皮尔逊（Karl Pearson）推进其事业，创立积差相关法，成为测量学重要的工具。

高尔顿堪称直接推动心理测验产生的第一人。

（三）卡特尔的个别差异研究

詹姆斯·卡特尔（J. M. Cattel）是另一位推动心理测量产生的重要人物。卡特尔早年留学德国，师从冯特。他将新兴的实验心理学和刚刚兴起的测验运动结合起来，不顾导师的反对，完成了题为《反应时的个别差异》的博士论文。1888年在剑桥大学任教期间，与高尔顿交往甚密，深受其影响，在差异测量方面的兴趣得到加强。回美国后，在宾夕法尼亚大学任教，合冯特、高尔顿二者之学，以各种心理测验来研究个体差异。他在自己的实验室内编制了测验50个，包括测量肌肉力量、运动速度、痛感受性、视听敏度、重量辨别力、反应时、记忆力以及类似的一些项目。他于1890年在《心理》杂志上发表的论文《心理测验与测量》描述了这些测验，这是“心理测验”这一术语第一次出现在心理学文献中。他指出“心理学若不立足于实验与测量上，决不能有自然科学的精确”，“如果我们规定一个统一的手续在异时、异地得出的结果可以比较、综合，则测验的科学性和实用性都可以增加”。他当时就极力主张测验手续和考试方法应有统一规定，并要有常模以便比较。他的所有这些观点都是测验编制的重要指导思想。

詹姆斯·卡特尔

卡特尔认为生理能量与心理能量密切相关，因此他对智力的测量主要是对感觉辨别力、反应时、动作过程等的测量。卡特尔的学生维斯勒（Clerk Wissler，1901）进行了一项开创性的研究工作。他搜集了哥伦比亚大学和伯纳德大学300名学生的智力测量分数和学习成绩，试图以学生的智力测量分数预测学习成绩。但研究结果令人失望，因为二者的相关极低。维斯勒的研究证明用简单的心理过程测量智力的方法是错误的，这启发后来的研究者用其他途径来研究智力的差异，为后来比奈—西蒙智力测验的制定提供了借鉴。

维斯勒的研究产生这一结果的原因，一方面是因为他们仅测量了一些简单的心理活动，另一方面可能是因为他们采用的研究方法，维斯勒所选取的研究对象都是一些聪明的大学生，智力水平可能都很高，缺乏样本的代表性，而且学业成绩也不一定是智力高低的最好代表（克伦巴赫，1984）。后来的研究重新证实了反应时与智力的相关（Jensen，1982；Sternberg，1985），并且把反应时当做智力测验的一项重要指标。

（四）克雷佩林的精神病理学研究

埃米尔·克雷佩林（Emil Kraepelin，1856—1926），德国精神病学家，现代精神病学的创始人。克雷佩林以精神病病原学的研究而著称。他认为对精神病应该采取科学的观点，因为精神病是为某种因素所决定的；精神失常的人可能自然康复，也可能不会。1896年，他通过对许多患者的仔细观察和症状的统计表格，提出有两种主要的精神病：躁郁性精神病（manic-depressive insanity，即今日的情感性疾患）和早发性痴呆（dementia praecox）。他认为心理疾病的病因系由生物机能上的丧失功能所致，所以，应是跨文化的普遍性现象。在以上基础上，他把精神病进一步分为多个亚型：早发性痴呆可以再分成青春期痴呆、紧张症和妄想狂；躁狂抑郁性精神病则可以有更多的细分，取决于躁狂抑郁周期的规律性或非规律性。正因如此，他被后人公认为精神病的杰出分类学者，也有人将他看做为现代精神疾病分类的先驱。经过他的分类，精神病的研究、诊断和预后成为合法的医学分支。

他在精神病学方面，站在实验心理学与比较精神病学的立场，纠正了过去对精神错乱、脑疾病、妄想症、癫痫症、神经病、早发性痴呆等的错误观点。在心理学方面，对精神作用进行了量的研究，提出了“作用曲线分析”的实验成果，并对酒精的中毒作用进行了研究。他是人格测验的先驱，最早用自由联想测验来诊断精神病人。

（五）艾宾浩斯的记忆研究

艾宾浩斯（Ebbinghaus）在1885年发表了著名的著作《记忆》，开启了用实验方法研究记忆的先河，使他成为第一位对记忆这种高级心理过程进行科学定量研究的心理学家。1897年，艾宾浩斯用算术运算、记忆广度、句子填充测验施测于小学生，最复杂的是句子填充，其结果与学业成绩十分相符，这大大有别于卡特尔的低级心理过程的测验。

（六）比奈和比奈—西蒙智力量表的产生

在心理测量领域，高尔顿、卡特尔、艾宾浩斯、皮尔逊、斯皮尔曼等都是早期心理测量先驱的代表人物，而比奈被称为心理测量的鼻祖，他是发明智力测验常模量表的第一人。

美国著名学者波林（E. G. Boring）指出，在测验领域中，“19 世纪 80 年代是高尔顿的 10 年，90 年代是卡特尔的 10 年，20 世纪头 10 年是比奈的 10 年。”

心理测量鼻祖比奈

1904 年法国教育部委派许多医学家、教育家与科学家组织一个委员会，专门研究公立学校中低能班的管理方法。比奈是委员之一。他决心将测验的理论研究变为实际的应用，不顾众人的反对，极力主张用测验法去辨别有心理缺陷的儿童。经过细心研究，1905 年，比奈（A. Binet）与助手西蒙（Simon）合作，编制了世界上第一个智力测验量表——比奈—西蒙量表（Binet-Simon Scale），同年他在《心理学年报》上发表《诊断异常儿童智力的新方法》一文介绍此量表，史称 1905 年量表。

1905 年量表包含 30 个项目，由易到难排列，可用来测量各种能力，特别是判断、理解、推理能力。测验包括一些感知觉方面的题目，但语言部分占了很大比例。测验适用于 3—14 岁的低能儿童，也可用来对正常儿童作某种程度的区分，以通过的题目数来衡量智力的高低。

1908 年比奈对量表作了修订，测题达到 59 个，测题按年龄分组，组别为 3—13 岁共 11 个年龄组，每组的测题都保证该年龄组儿童有 80%—90% 的人能通过，采用智力年龄计算成绩，并建立了常模。该测验还使用了现代智力测验的一些重要概念，如效度等，这是心理测量史上的一个创新。1911 年比奈对量表进行了第二次修订。同年比奈不幸去世，终年 54 岁。

比奈的成功不是偶然的，他曾经测量过人的头盖骨，研究过面相、手相和字相，他是费了许多功夫，试了许多方法，走了许多歧路，才得到成功的。

目前世界上的智力测验很多，其基本原理和主要方法都是由比奈奠定的，在心理测量的发展史上，比奈的贡献是不可磨灭的。因此，美国心理学家宾特纳（R. Pintner）说："在心理学史上，如果我们称冯特为实验心理学的鼻祖，我们不得不称比奈为心理智力测量的鼻祖。"

三、心理测验的发展

心理测验运动自20世纪初兴起，20年代进入狂热，40年代达到顶峰，50年代后转向稳步发展。在此期间测验主要有以下几个方面的发展：

（一）智力测验的发展

比奈—西蒙量表问世后，迅速传至世界各地，其中最著名的是美国斯坦福大学推孟（L. M. Terman）教授1916年修订的斯坦福—比奈量表，其总测题为90题，适应的年龄组为3—14岁儿童，另加普通成人组和优秀成人组，其最大的改变是采用了智商（intelligence quotient，即IQ）的概念，从此智商一词便为全世界所熟悉。此后，它分别在1937，1960，1972，1986和2003年被五次修订。

1939年，韦克斯勒（D. Wechsler）发表了第一个用于16—60岁成人智力的韦克斯勒—贝勒维量表（W-BI），此后该量表又发展成为韦克斯勒成人智力量表（WAIS，1955；1981年修订本WAIS-R）和儿童智力量表（WISC，1949，测量对象为6—16岁儿童；1974年修订本WISC-R；1991年WISC第三版WISC-Ⅲ出版；2003年第四版WISC-IV发行）。1967年韦氏幼儿智力量表（WPPSI）出版。韦克斯勒智力量表的特点一是在1949年出版的WISC中用离差智商代替比率智商；二是由各个分测验结果可以得到言语、操作和总体三个分数，既可以区分个别间差异，又可以评定个别内差异。对人的智力的描述，从笼统地谈聪明不聪明，转向区分智力的不同侧面，说明人人皆有所长和所短。

1938年，英国心理学家瑞文（J. C. Raven）出版了瑞文标准推理测验，这是一个著名的非文字智力测验，既可弥补语言文字量表在理论上的缺陷，又可以用于文盲和有语言障碍的人。既可用于个别测验，又可用于团体测验。1947年瑞文又出版了彩色推理测验和高级推理测验。

推孟的研究生奥蒂斯（A. S. Otis）编制出的团体智力测验扩大了测验的应用范围。在此基础上，第一次世界大战期间美国军队出于对官兵选拔和分派兵种的需要，发展出军用甲、乙两种测验，对200万官兵进行了智力检查。战后该测验经改造广泛用于民间，为教育和工商各界普遍采用。

近年来，斯坦福—比奈量表与韦克斯勒量表的新版变革，以及考夫曼儿童成套评价测验、达斯（J. P. Das）等人的DN认知评价系统，都表明了对于智力本质的进一步探讨及其在测量中的应用。

(二) 教育测验的发展

在教育测验方面，我国公元606年隋朝就开始了科举考试，但欧洲学校一直没有笔试的传统，直到1702年英国剑桥大学才开始使用笔试录取学生。1845年美国也开始用笔试考核毕业生。客观的标准化教育测验的最初尝试者是英国格林威治医院的教师费舍（George Fisher）。他收集很多学生的书法、拼写、算术、语法、作文、历史、自然、图画等科的成绩，汇编成《量表集》，作为衡量学生各科成绩的标准。费舍对收入量表集的学生的成绩评定了等级，其他学生的各科成绩与这些标准相比就能判断出其优劣程度。收入量表集的学生相当于我们现在的常模样本组，量表集相当于常模量表。费舍的工作是教育测验史上重大的进步。但其各科成绩的等级评定是费舍本人主观决定的，缺乏客观的依据。

1904年，美国心理学家桑代克（E. L. Thorndike）出版了《心理与社会测量导论》一书，这是关于测验理论的第一部著作，该书系统地介绍了统计方法及测验编制的基本原理，为测验的发展奠定了基础，并提出“事物的存在必有其数量”的著名观点。1909年，桑代克根据统计学“等距”原理为测验量表确定了单位。此外，他还编制了书法量表、拼写量表、图画量表、作文量表等。桑代克在测验原理及实践研究中的突出贡献使他被称为教育测量的鼻祖。

在桑代克的推动下，各国相继成立了专门管理考试的机构，组织专家编制、实施和管理测验。如美国教育测验服务社（Educational Testing Service，即ETS）成立于1947年，为学校及政府机构编制了许多测验程序，如专门测量国外留学生的“作为外语的英语考试”（Test of English as a Foreign Language，即TOEFL），研究生入学考试（Graduate Record Examination，即GRE），用于大学入学的学能测验（SAT）等。另一个以大学入学考试起家的美国大学测验中心（ACT），成立于1959年。

桑代克

(三) 人格测验的发展

中国古代很早就开始使用观察法、等级评定法评定人格，但古代对人格的评定往往与知识、能力相混同，而且过于侧重于品德的一面，因而难以进行测量。

人格测验的先驱是克雷佩林（E. Kraepelin），他于1892年最早使用自由联想测验来诊断精神病人。此后，自由联想法一直是一种重要的临床诊断方法。人格测验的产生也主要是出于对病理诊断的需要。人格测验最先是被应用于临床，后来才应用于测量正常人的人格。

1917年，伍德沃斯（R. S. Woodworth）编制了第一个现代意义上的人格问卷，即伍德沃斯个人资料调查表，用于鉴别不能从事军事工作的精神病患者。问卷包括100多个关于精神病症状的问题，让被试根据自己的情况回答，称为自陈问卷（Self-Report Inventory）。该量表后来一直被奉为情绪适应调查表的范本。

自陈量表被认为是客观化和标准化的人格测验，在人格测验中占主导地位。著名的人格测验主要有明尼苏达多相人格测验（MMPI）、加利福尼亚心理调查表（CPI）、卡特尔16种人格因素问卷（16PF）、艾森克人格问卷（EPQ）等。

与自陈量表相对的是投射测验。1921年，瑞士精神病医生罗夏（Herman Rorschach）发表了第一个投射测验，即著名的罗夏墨迹测验，该测验通过被试对墨迹图的反应来区分正常人和精神分裂症患者，也可区分不同人格类型的正常人。另一个著名的投射测验是莫瑞（Murray）和摩根（Morgan）于1935年发表的主题统觉测验（TAT）。此外，还有句子完成测验、绘画测验等。后来，哈特松（H. Hartshorn）和梅（M. A. May）开创了品德测量的情景测验法，该方法是通过观察被试在特定情景中的行为以对其品德和人格进行评价。投射测验先被用于临床诊断，后也被用于测量正常人的人格和动机等。

上述心理测验的发展，主要受了两方面因素的影响。一是心理学理论的发展。1904年英国心理学家斯皮尔曼（C. Spearman）提出智力的二因素论，认为人的智力可分为普通因素和特殊因素两部分，比奈测量的是普通因素。后来人们对特殊因素感兴趣，编制出各种特殊能力测验。20世纪30年代智力的多因素论兴起，瑟斯顿（L. L. Thurstone）由因素分析求得七种基本智力因素，即数字计算、语文理解、词汇流畅、空间关系、机械记忆、知觉速度和归纳推理等，随之发展出一批多重能力倾向测验。60年代美国南加州大学吉尔福特（J. P. Guilford）的智力结构理论提出发散思维为智力的因素之一，从而开拓了创造力测量的新领域。二是统计学方法的进步。早期的心理测验主要应用相关法进行研究。20世纪30年代后，因素分析法盛行，不但推进了能力测验的发展，还促进了人格理论和人格测验的发展，如卡特尔16种人格因素问卷就是采用因素分析法编制的。当代信息加工测验的发展与一系列新的数学模式的提出是同计算机的应用分不开的。

表1－1是对西方近现代心理测量史中重要事件的简单概括。

表 1－1　西方近现代心理测量史中的重要事件

1845 年	教育家贺瑞斯·梅因（Horace Mann）指导的波士顿学校委员会首次印刷并使用测验。
1864 年	乔治·费舍（George Fisher），英国小学校长，编制了一系列由问题和答案样本组成的量表，用于评估学生对考试问题的回答。
1869 年	高尔顿的《遗传的天才》发表，标志着对个体差异的研究开始。
1882 年	克雷佩林使用词语联想技术研究精神分裂症。
1884 年	高尔顿在伦敦的国际健康博览会上开设人体测量实验室。
1888 年	J. M. 卡特尔在宾夕法尼亚大学开设测量实验室。
1893 年	约瑟夫·贾斯特罗（Joseph Jastrow）在芝加哥的哥伦比亚展进行感觉运动测验。
1897 年	J. M. 莱斯（J. M. Rice）发表了他关于美国学生拼写能力的研究结果。
1904 年	查尔斯·斯皮尔曼提出了心理能力二因素论。第一本关于心理测量的专业书籍，桑代克的《心理和社会测量导论》出版。
1905 年	第一版比奈—西蒙智力量表出版。
1908 年	比奈—西蒙智力量表修订版出版。
1908—1909 年	J. C. 斯通（J. C. Stone）和 S. A. 柯蒂斯（S. A. Courtis）发表算术标准化测验。
1909 年	卡尔·荣格（Karl Jung）编制了标准化的词语联想刺激表，用于分析心理的复杂性，并建立了相关的常模。
1908—1914 年	桑代克编制了算术、书写、语言和拼写的标准化测验，包括儿童书写量表（Scale for Handwriting of Children，1910）。
1914 年	亚瑟·奥蒂斯（Arthur Otis）根据推孟修订的斯坦福—比奈智力量表，编制了第一个团体智力测验。
1916 年	陆军甲种测验和陆军乙种测验，第一个团体施测的智力测验，用于美国军队招募。
1926 年	学能测验（Scholastic Aptitude Test，SAT）首次用于大学入学申请者。
1927 年	针对成人的斯特朗职业兴趣量表第一版出版。
1936 年	研究生资格考试（GRE）首次用于筛选参加研究生入学考试的申请者。
1937 年	斯坦福—比奈智力量表修订版（分为 L 型和 M 型）发表。
1938 年	亨利·默瑞发表《对个性的探究》。O. K. 伯罗斯发表第一版《心理测量年鉴》（*Mental Measurement Yearbook*）。
1939 年	韦克斯勒—贝勒维智力量表出版。
1942 年	明尼苏达多相人格调查表（MMPI）出版。
1949 年	韦克斯勒儿童智力量表出版，用离差智商代替比率智商。
1960 年	斯坦福—比奈智力量表第二次修订，L-M 式出版。
1970—2002 年	电脑越来越多地运用在测验的设计、施测、计分、分析和解释上。
1971 年	美国联邦法院决定修订测验，用于与工作相关的人事选拔。
1980—2002 年	项目反应理论不断发展。
1981 年	韦克斯勒成人智力量表修订版发表。
1985 年	《教育和心理测验标准》（*Standards for Educational and Psychological Testing*）出版。
1986 年	斯坦福—比奈智力量表第四次修订出版。
1989 年	MMPI 第二版出版。韦克斯勒学龄前和小学智力量表修订版出版。
1990 年	韦克斯勒儿童智力量表第三版出版。
1997 年	韦克斯勒成人智力量表第三版出版。

（续表）

1998 年	《心理测量年鉴》第十三版发表。
1999 年	已出版的《测验第五版》（*Test in Print* V）和《教育和心理测验标准》修订版出版。
2003 年	斯坦福—比奈智力量表第五次修订出版。韦克斯勒儿童智力量表第四版（WISC-IV）出版。
……	……

第四节 中国古代的心理测量思想与近代心理测量的兴起

我国古代虽然没有心理测量之说，但蕴涵着丰富的心理测量思想，在心理健康、个性心理、能力评估方面都带给我们很多有益的启示。在中国的文化典籍中，记录了不少文人学者在知人识才方面所做的有益探索，几千年的文明历史蕴涵着丰富的心理测量思想，研究和挖掘我国古代心理测量思想，对于弘扬我国古代文化遗产，加强心理测量的应用性研究，促进当今心理测量的发展，具有重要的现实意义。

一、心理健康测量思想

中医传统的诊断方法望、闻、问、切实际上就是一种对疾病的心理测量方法。《黄帝内经》为这些诊断方法奠定了基础。这些诊断方法整合了治病的内外因素。《黄帝内经》中写道："圣人之治病也，必知天地阴阳，四时经纪，五脏六腑，雌雄表里，刺灸砭石，毒药所主，从容人事，以明经道，贵贱贫富，各异品理，问年少长，勇怯之理，审于分部，知病本始，八正九候，诊必副矣。"意思是说，医生在诊断疾病时，应联系到四时气候、地方水土、生活习惯、性情好恶、体质强弱、年龄、性别、职业等等。这可说是比较全面的心理诊断了。

二、个性心理测量思想

中国古代医书《黄帝内经》中首次采用阴阳观念对人的气质进行分类。阴阳并非指两种具体的事物，而是两种有较高水平的抽象概念。阴，代表消极、退守、抑制、柔弱、阴性等特征及具有这些特征的事物；阳，代表积极、进取、兴奋、刚强、阳性等特征和具有这些特征的事物。由于各人所具备的阳性特点和阴性特点各不相同，人的气质可以分成五类：太阴、太阳、少阴、少阳、阴阳和平五类人，这实际上是最早的人格分类。古希腊著名医生希波克拉特和古罗马著名医生盖伦根据人体内四种体液（血液、黏液、黄胆汁、黑胆汁）的比例，把人的气质分为多血质、胆汁质、黏液质、抑郁质四种类型。与之相比，《黄帝内经》的五分法更为合理，因为前者就抽象的阴阳特性立论，而后者则是以四种具体的特质为基础的。另外，《黄帝内经》还采用阴阳五行分类，五行是指金、木、水、火、土，这五种物质与人的生活具有最直接的关系。

《周易》认为，效法天的元、亨、利、贞四种特性，每个人都应具备仁、义、礼、智四种德行。在此基础上，《尚书·皋陶谟》篇中提出了“九德”，即“宽而栗，柔而立，愿而恭，乱而敬，扰而毅，直而温，简而廉，刚而塞，强而义。”这也就是把个性划分为九种类型：一是宽宏大量而又严肃敬谨；二是性格温柔而又坚持己见；三是行为谦逊而庄重自尊；四是具有才干而又谨慎认真；五是柔顺虚心而又刚毅果断；六是正直不阿而又态度温和；七是大处着眼而又小处着手；八是性格刚正又不鲁莽行事；九是坚强勇敢而又诚实善良。这种个性分类法对后世影响很大。

孔子对人的个性也十分重视，他曾经说过：“不得中行而与之，必也狂狷乎？狂者进取，狷者有所不为也。”（《论语·子路》）意思是说，假如找不到中行的人做朋友，那就一定会交上狂者或狷者。狂者富有进取精神，敢作敢为，相当于外倾型；狷者拘谨，什么事都不肯干，相当于内倾型。由此看来，孔子把人按性格分成三类：狂者、中行、狷者。宋代的朱熹和明代的王守仁都与孔子持同样的观点。我们知道瑞士心理学家荣格也曾把性格划分为三类：外倾型、内倾型和中间型，与孔子的划分基本相似，但却较孔子晚了两千多年。

孔子还发现，不仅人的性格类型之间存在差异，性格品质也不相同。他的许多言论都涉及了这个问题，如“闵子侍侧，如也；子路，行行如也；冉有子贡，侃侃如也”、“柴也愚，参也鲁，师也辟，由也彦”（《论语·先进》）、“由也果，赐也达”（《论语·公冶长》）等，表现出学生在理智、情感、意志及对现实的态度方面的不同。这些材料说明，孔子对性格差异的了解是相当全面的。

荀子对个性心理差异的论述主要是关于“通士”、“公士”、“直士”、“悫士”、“小人”等特点的分析，可以说是划分的几种不同的性格类型，简单说来就是：通士通达事理，公士公正无私，直士正直坦诚，悫士忠厚务实，小人言行无常。

战国时期关于周代诰誓辞命的作品《逸周书》中也列举出12种不同的个性及其特征。具体为：日益者、日损者、有质者、无质者、平而固守者、鄙心假气者、有虑者、愚依人者、果敢者、弱志者、质静者以及妒诬者。(《官人解》)

到秦汉和三国时期，由于用人的实践要求，个性的研究就偏重于其优缺点了，刘劭就是代表。他不仅继承了历代研究个性的方法即先秦朴素的阴阳五行说，还明确地提出了物生有形、形有精神的形神观。他认为，人是“含元一以为质，秉阴阳以立性，体五行而著形”的。他不仅指出元气、阴阳、五行、形体和性格特征的关系，而且还根据人所具有的不同性格特征，把人的性格划分为12种类型，并对每一种性格类型的基本特征、优缺点等都作了详细、深入的剖析。(《人物志·体别》)

三、能力测量思想

我国最古老的一部历史文献《尚书》中说，“知人则哲，能官人。”意思是说，只有聪明睿智的人，才能了解别人，才能用人得当。

两千五百多年前，伟大的教育家孔子就根据自己的观察把人分为中人、中人以上和中人以下，这实际上相当于测量学中的称名量表和顺序量表。“中人以上，可以语上也，中人以下不可以语上也”，意思是说智力在普通人以上的可以给他高等教育，智力在普通人以下的不能给他高等教育，要因材施教。

孟子也说：“权，然后知轻重；度，然后知长短。物皆然，心为甚。”这就包含了将人的能力、品格等心理特性加以量化的思想。这比桑代克（1918）的“凡物之存在必有其数量”和麦柯尔（1922）的“凡有数量的东西都可以测量”名言要早两千多年！

韩非提出以实践检验认识是否正确的方法，也可以用于对人的心理的了解和鉴定。他指出“人皆寐，则盲者不知，皆嘿，则喑者不知。觉而使之视，问而使之对，则喑盲者穷矣。不听其言也，则无术者不知；不任其身也，则不肖者不知；听其言而求当，任其身而责其功，则无术不肖者穷矣。夫欲得力士而听其言，虽庸人与乌获不可别也，授之以鼎俎，则罢健效矣。”他又举例说：比如要区别宝剑的利钝，如果只看它的颜色，专家也难以马上断定；如果实地去砍刺一下，则一般人也能分辨清楚。要判断马的良驽，如果只看它的形状，专家也不能立刻辨别清楚；如果实地让它驾一趟车，则普通人也能判定马的优劣了。因此，韩非说：“观容服，听辞言，仲尼不能必士；试之官职，课其功伐，则庸人不疑于愚智。”在这里韩非提出了以实践检验人的心理素质的观点。

关于人的能力和人才使用的问题，《汉书》中《慎子・民杂篇》写道：“民杂处而各有所能，所能者不同。此民之情也。大君者，太上也，兼蓄下者也；下之所能不同，而皆上之用也。是以大君因民之能为资，尽包而蓄之；无能去取焉。是故不设一方以求于人，故所求者无不足也。大君不择其下，故足。不择其下，则易为下矣。易为下，则莫不容，莫不容故多下，多下之谓太上。”

这段话里包含三个基本思想：第一，人的能力是有个体差异的，即所谓“各有所能，所能不同。”第二，要善于根据人们的能力特点去使用他们，尽量地兼收并蓄，而不要有所去取，即所谓的“因民之能为资，尽包而蓄之；无能去取焉。”第三，要不拘一格地去使用人才，这样才会人才济济，再也不会感到人才不够用了，即“不设一方以求于人，故所求者无不足也。”

而我国著名的《孙子兵法》认为“将者，智、信、仁、勇、严也”就是说统帅三军的将领必须具备才智、诚信、仁慈、勇敢、威严等五个条件。这说明我国古代很重视人才的鉴别和使用，而这是现代测量的主要应用之一。

三国时刘劭著的《人物志》一书，是一部论述能力问题的古代专著。1937

年美国人施赖奥克（J. K. Shryock）曾把《人物志》翻译到美国，书名为《人类能力的研究》。刘劭在书中把人分成圣贤、豪杰、傲荡、拘栗四种："心小志大者圣贤之伦也；心大志大者，豪杰之隽也；心大志小者，傲荡之类也；心小志小者，拘懦之人也"。这里包含了等级评定的思想。刘劭认为"众人之察不能尽备"，只能"观其感变，以审常度"，意思是人的所有行为是不能完全被观察到的，只能通过观察其有代表性的行为来推测他的一般心理特点，这与现代心理测验中对"行为样组"的测量是一致的。他还提出通过词，以回答法("应赞"）来观察人的智力。刘劭认为由于人的才质"不同量"，人的能力也就呈现出种种差异。在《人物志·才能》篇中他把人的才能划分为八种类型，并对每一种才能类型的基本特征、优缺点等都作了详细、深入的剖析，具体为自任之能、立法之能、计策之能、人事之能、行事之能、权齐之能、司察之能、威猛之能。译成现代汉语就是：有的善于自我修养，道德高尚；有的能够创立法制，让人遵守；有的善于出谋划策；有的精通人情事理；有的善于巡视各方，督责办事；有的惯于机巧应变，运用奇计；有的善于考察善恶，辨别是非；有的表现威猛勇敢，处事严肃。他还就各种不同能力的人所应就任的官职作了说明。

6 世纪初，南朝人刘勰在《新论·专学篇》中提到，"使左手画方，右手画圆，无一时俱成"，"由心不两用则手不并运也"。这是世界上最早的分心测验，比西方心理测验的出现要早 1 300 多年。

世界上最早的婴儿发展测验也出自中国民间。自 6 世纪中叶以来，"周岁试儿"在我国江南就已成风俗。颜之推著的《颜氏家训》中《风操篇》对此有详细记载："江南风俗，儿生一期（一周岁），为制新衣，浴盥装饰。男则用弓矢纸笔，女则刀尺针缕，并加饮食之物及珍宝服玩，置之儿前，观其发意所取以验贪廉、智愚，名之为试儿。"美国的盖塞尔（A. Gesell）到 20 世纪 20 年代才用类似的方法在实验室条件下纪录幼儿的动作和顺应行为等方面的发展。颜之推在《名实篇》中的"人之虚实真假在于心，无不见乎迹"指出了心理与行为的密切关系，强调客观了解心理的可能性。

中国古代很早就重视人才的测量和选拔。如商周时代的教育考试内容是礼、乐、射、御、书、数等服务于祭祀、御车、作战需要的六艺；汉代则笔试法律、军事、农业、税收和地理等五经内容。

中国古代最值得称道的心理与教育测量实践活动是隋炀帝创行的开科取士制度，它兴盛于隋唐，延续至清末，历时 1 300 多年。我国科举考试中的帖经和对偶相当于目前西方言语测验中常见的填字和类比。欧美各国的文官考试制度就是直接移植于中国的科举取士制度的。

清朝后期出现的七巧板又称益智图，通过对拼图过程的不断探索，可以训练和提高智力。形状大小不同的七块小板能够组成近百种的生物和实物图样，这可以看做最早的创造力测验之一。七巧板的操作属于典型的发散式思维活动，操作的结果就是形象的转化，对操作者的知觉整合能力和空间想象能力有较高的要求。我国民间流行的九连环是另一种智力游戏，它通过巧妙设计，把数量不等的金属环（最多为九个环）套在一个条形横板上，当中用一个剑形框柄贯通。其设计之精巧可以和现代的魔方、魔棍等操作性玩具相媲美，是比现代认知心理学中著名的河内塔任务更复杂的操作性问题解决任务。而西方直到 1914 年才有五巧板。刘湛恩写的《中国人的非文字智力测验》一书，把七巧板、九连环介绍到国外，著名心理学家伍德沃斯（Woodworth）对九连环极为赞赏，称之为“中国式的迷津”。后来，五巧板、七巧板已经发展成为标准化纸笔测验，可应用于团体测验，测试方便，计分准确。

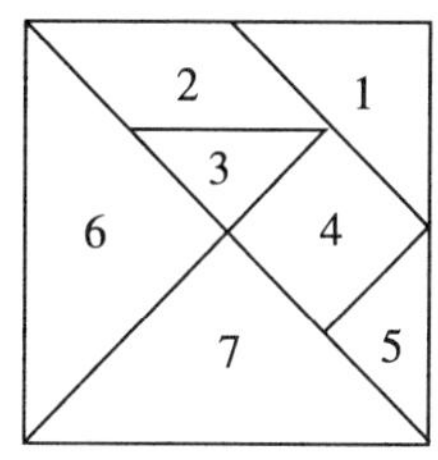

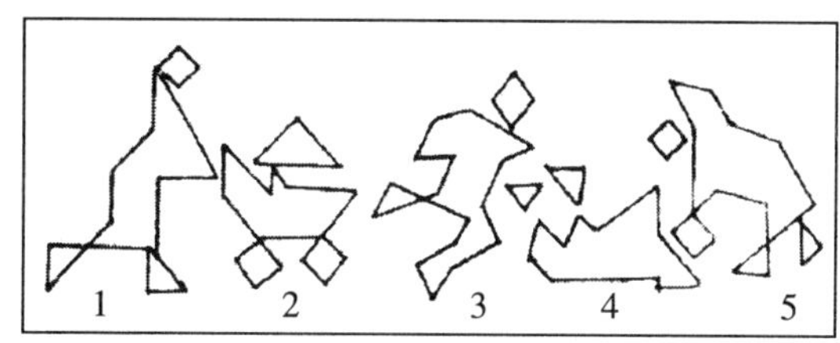

图 1－1 七巧板

1. 人走路，2. 车，3. 人奔跑，4 和 5. 二兽撕打

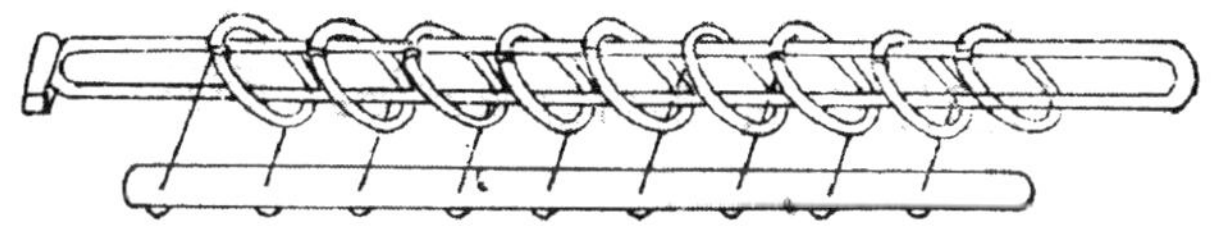

图 1－2 九连环

综上所述，中国古代对心理与教育测量和测验的贡献是多方面的。孔子、孟子等关于个别差异及其可测量性的论述，盛行千年的科举取士制度和流行民间的智力型游戏等都在心理测量和测验发展史上留下了深深的足迹，并在多方面给后人以启示。

四、中国古代心理测量的方法

心理测量涉及的内容复杂且不易控制，因此测量起来困难较大，但并不是不可测，因为人的心理活动会通过言语、表情和行动表现出来。中国古代心理测量的方法，概括起来主要有以下几种：

（一）观察法

在先秦两汉的古籍中，提出观察人物具体方法的主要有《太公・六韬》、《逸周书》和《吕氏春秋》。《太公・六韬》中谈到“六守”“八证”法。“六守”是指：富之以观其无犯，贵之以观其无骄，付之以观其无转，使之以观其无隐，危之以观其无恐，事之以观其无穷。“八证”是指：问之以言，以观其详；穷之以辞，以观其变；与之以间，以观其诚；明白显问，以观其德；使之以财，以观其廉；试之以色，以观其贞；告之以难，以观其勇；醉之以酒，以观其态。《逸周书》中提出观察和识别人的“六征”法，确立了“观诚”、“考言”、“视声”、“观色”、“观阴”、“揆德”等六个方面的观察模式。其内容十分丰富，仅“观诚”一点，就分了六个方面，列举了28项观察内容。（《官人解》）《吕氏春秋・论人》提出了“八观六验”的知人法。八观为：“凡论人，通则观其所礼，贵则观其所进，富则观其所养，听则观其所行，止则观其所好，习则观其所言，穷则观其所不受，贱则观其所不为。”

三国时期，诸葛亮从“地无常形、人无常性”的观点出发，主张从稳定的情境中考察识别人。他在《心书》中指出知人性的方法有七种，即：问之以是非而观其志，穷之以辞辩而观其变，咨之以计谋而观其识，告之以祸难而观其勇，醉之以酒而观其性，临之以利而观其廉，期之以事而观其信。

刘劭总结前人经验提出了自己的一套鉴定方法，即“八观”和“五视”。所谓“八观”是指：“一曰观其夺救，以明间杂；二曰观其感变，以审常度；三曰观其志质，以知其名；四曰观其所由，以辨依似；五曰观其爱敬，以智通塞；六曰观其情机，以辨恕惑；七曰观其所短，以知所长；八曰观其聪明，以知所达。”（《八观》）这“八观”与前面所述相比有以下优点：第一，观察的对象在时空上距离较小，容易操作；第二，观察的特征比较深沉，富于内涵；第三，所求取的目标比较集中，具有较高的使用价值。刘劭又提出“五视”法：“居，视其所安；达，视其所举；富，视其所与；穷，视其所为；贫，视其所取。”（《效难》）其主要特点是：第一，选择了最佳观察时机，竭力抓住观察对象无意或不能掩饰自己真实思想的休闲、得志、富裕、穷苦和贫困等五个关键时期；第二，确定了最佳观察目标，即乐于做的事、努力推荐的人物等。当然在现实生活中，这样的最佳观察时机和观察目标虽然存在，但并不很多，然而，这样的观察资料却具有很高的信度和效度，这正是“五视”法的主要优点。“八观”是根据一个人的某种心理品质或行为表现，来了解其才性特点；“五视”则是观察一个人在某种条件下的行为表现来判断其才性特点。二者结合起来判断一个人的个性，将是十分实用和有效的。

（二）访谈法

我国古代心理测量常将访谈法与观察法结合使用。如《太公六韬》“八证”

法中有三条提到访谈法，即问之以言以观其详，穷之以辞以观其变，明白显问以观其德；《逸周书》提出观察和识别人的“六征”法中，第二征考言、第三征视声就涉及访谈法，主张：“听其声，处其气，考其所为，观其所由，以其前观其后，以其显观其隐，以其小观其大，此之谓视声。”《吕氏春秋·论人》中提出了“八观”的知人法，其中第六观即“习则观其所言”，就是指通过日常的言谈来了解一个人的意思。诸葛亮提出的“七观”中有：问之以是非而观其志，穷之以辞辩而观其变，咨之以计谋而观其识，也带有访谈法的性质。

（三）自然实验法

由于个性的复杂性，不宜采用严格控制条件的实验室方法，我国古代学者就采用自然实验法。具体做法是：研究者根据研究的目的，在日常生活的情境下，创设各种实验情景，主动引起待研究的那种个性特征的表现，然后加以观察、记录、分析、概括，最后确定个性特征。最早使用自然实验法进行心理测试的记载见于《尚书·尧典》，书中指出尧为了将帝位传给德才兼备、能胜任领袖地位之人，在对舜数年考验之后，还“纳舜于大麓，迅风雷雨，弗迷。”这就是一个典型的采用自然实验法的情境测试，比西方早了几千年。

另外，《庄子·列御寇》篇中引用了孔子的一段带有自然实验性质的九种鉴别人们心理特点的方法：“故君子远使之而观其忠，近使之而观其敬，烦使之而观其能，卒然问焉而观其知，急与之期而观其信，委之以财而观其仁，告之以危而观其节，醉之以酒而观其侧，杂之以处而观其色。九征至，不肖人得矣。”孔子的这九种知人之法，对后世的影响很大。《吕氏春秋·论人》中提出了“八观六验”的知人法，其中“六验”的具体考核方法就带有自然实验法性质，即“喜之以验其守”、“乐之以验其僻”、“怒之以验其节”、“惧之以验其特”、“哀之以验其人”、“苦之以验其志”。

我国古代个性心理测量的方法还有个案调查法等，虽然这些方法在数量化方面没有达到现代心理测量的水平，但主试能系统地收集被试在多种情境中的行为表现，综合各方面的资料进行评价，这些特点和长处值得我们借鉴。

五、近代心理测量在中国的兴起

辛亥革命以后，中国学者吸收了西方先进的测量理论和方法，开始了现代心理测量的探索。1916 年，樊炳清首次将比奈—西蒙智力量表介绍到中国。1920 年廖世承和陈鹤琴先生首次在南京高等师范学校开设了心理测验课。1921 年，他们二人合著出版了《心理测量法》一书。1922 年，费培杰将比奈量表译成中文，同年中华教育改进社聘请美国教育心理测验专家麦考尔（W. A. McCall）来华讲学并主持编制测验。麦考尔对当时编制的测验评价很高，认为它们达到了美国的水平，有的测验项目还优于美国。1924 年陆志伟修订斯坦福—比奈智力量表，1936 年又做了第二次修订。1931 年由艾伟、陆志韦、陈鹤琴、萧峥嵘等倡议，组织并成立了中国测验学会。1932 年《测验》杂志创刊。此时我国的智力测验和人格测验约 20 种，教育测验 50 种。丁瓒等于 1946，1947—1952 年分别将 TAT（主题统觉测验）与韦克斯勒—贝勒维测验用于临床。1948—1951 年间，刘范使用过 RIT（罗夏墨迹图测验）。

解放后，由于受苏联和“左”倾错误的影响，我国的心理测验长期处于停滞状态。十一届三中全会后，心理测验又获得了快速发展。1984 年第五届全国心理学年会成立了以北师大张厚粲教授为首的测验工作委员会（后改为测验专业委员会），加强了对测验工作的指导。此后相继出现了郑日昌编写的《心理测量》，戴忠恒编写的《心理与教育测量》和王汉澜主编的《教育测量学》等，标志着我国的测验理论研究逐步走向成熟。

中国的心理测量学家们首先在部分高校开设了心理测量课程，并消化和吸收了西方的测量理论，修订了一些国际上应用比较广泛的标准化纸笔测验，如林传鼎、张厚粲修订的《韦氏儿童智力量表》，吴天敏修订的《中国比内测验》，龚耀先修订的《韦氏成人智力量表》、《韦氏成人记忆量表》、《艾森克人格问卷》、《韦氏学前和幼儿智力量表》和罗夏墨迹测验，宋维真修订的《明尼苏达多项人格问卷》，以及张厚粲修订的《瑞文标准推理测验》等。此前在港台流行的刘永和修订的《卡特尔十六种人格问卷》、张妙青修订的《明尼苏达多相人格问卷》以及《爱德华个性偏好测验》等也传到内地。至 1990 年，国外流行的十大测验已全部引入中国。这些心理测验首先应用于精神卫生、特殊教育、学前和小学教育等领域。

20 世纪 80 年代中期后，心理测验的开发和应用有一些新特点。首先，由修订国外开发的测验发展到开始编制一些针对中国人的测验，如张厚粲在中国儿童发展中心帮助下编制的《中国儿童发展量表》，郑日昌等编制的《大学生心理健康问卷》、中小学心检系统等；其次，将测验的修订和编制拓展到了职业定向和人事选拔等多个方面，如戴忠恒等人修订的《基本能力测验》和凌文辁等修订的《Holland 氏职业定向测验》，由中国科学院心理研究所、北京师范大学、北京大学等单位联合开发的飞行员心理选拔测评系统，以及在国家人事部组织下由北京师范大学等单位共同编制用于公务员选拔的《行政职业能力测验》，由教育部组织北京师范大学、天津师范大学、北京大学有关专家编制的大学生心理健康测评系统等。心理和教育测量的使用也扩展到了管理、军事和人事等多个领域。

最近还兴起了情境测验、计算机模拟测验、网络测验和自适应测验等。标准化纸笔测验可以很好地度量人们的知识水平，但不足以考察人们复杂的个性特征；情境测验可以很好地体现个体差异性；计算机模拟测验可以模仿人的高级认知加工过程，以推断人的思维过程。

在心理测验实践方面取得重大成就的同时，我国的测验工作者也在开展心理测验理论的研究。除介绍经典测验理论外，我国学者还将项目反应理论和概化理论介绍到国内（张厚粲，丁艺兵，1985；余嘉元，1987；彭凯平，1989；漆书青，戴海崎，1992，1998），并进行了理论和实践研究。目前，教育与心理测验在我国空前繁荣，测验在考试制度的改革、医疗、管理、军事等领域正发挥着越来越重要的作用。

【建议参考资料】

1. 戴海崎，张峰，陈雪枫. 心理与教育测量［M］. 广州：暨南大学出版社，2002.

2. 董奇. 心理与教育研究方法［M］. 北京：北京师范大学出版社，2004.

3. 顾海根. 学校心理测量学［M］. 南宁：广西教育出版社，2000.

4. 辛涛. 项目反应理论研究的新进展［J］. 考试研究，2005（7）：18－21.

5. 张厚粲，徐建平. 现代心理与教育统计学［M］. 北京：北京师范大学出版社，2004.

6. 郑日昌. 心理测量［M］. 长沙：湖南教育出版社，1987.

7. 郑日昌. 心理测量学［M］. 北京：人民教育出版社，1999.

8. 萨克斯，牛顿. 教育和心理的测量与评价原理［M］. 王昌海，译. 南京：江苏教育出版社，2002.

9. AIKEN L R. Psychological testing and assessment［M］. Boston：Allyn and Bacon, Inc.，1985.

10. ANASTASI A. Psychological testing［M］. New York：Macmillan，1988.

11. JUNKER B W，SIJTSMA K. Nonparametric item response theory in action：an overview of the special issue［J］. Applied Psychological Measurement，2001，25（3），211－220.

【问题与思考】

1. 心理测量与心理测验的含义是什么？
2. 怎样理解心理测量的间接性？心理测量的间接性会对心理测量的实际结果有何影响？
3. 试以任一心理特质为例，讲述如何界定和选取行为样本。
4. 中国古代的心理测量与我们现在对心理测量的定义有何异同？
5. 试通过回顾西方近代心理测量发展历程来分析学科发展与社会需求的关系。
6. 列举几个你感兴趣的心理品质，譬如智力、自尊、适应能力等，看看采用命名量表，顺序量表，等距量表和比例量表来评估这些品质会有什么不同？

第二章　心理测量的误差与理论

【本章提要】

实验与测量是心理学成为实证科学的两大基础。无论实验还是测量，其过程和目的都与误差的存在有关。心理测量所倚重的信度、效度等，其本质都是在衡量误差的大小及其影响。因此，有效识别误差来源并进而控制误差，就成为心理测量的重中之重，只有对误差有了深刻的理解和掌握，才有可能在具体的心理测量过程中有的放矢。本章介绍了误差的定义和误差的分类：随机误差与系统误差，详细介绍了误差的来源及其控制方法。基于对误差的不同理解和处理措施，有不同的理论来予以分析和解读，本章重点介绍真分数理论（也称为经典测量理论）及项目反应理论。目前多数心理测量研究与实践依然建立在真分数理论基础上。但随着实践的需要和计算机等支持性技术的发展，项目反应理论受到越来越多的重视。真分数理论与项目反应理论互有优劣，在本章均予以详细介绍。

【学习重点】

1. 理解误差的定义。
2. 理解两种误差的区别和联系以及对测验的不同影响。
3. 了解测验误差的来源有哪些方面，对测验各有什么样的影响。
4. 了解控制测验误差的基本方法。
5. 理解真分数的定义、真分数模型及其假设。
6. 掌握真分数与项目反应理论之间的关系，并理解项目反应理论的优越性。

【重要术语】

测量误差　系统误差　随机误差　真分数　应试动机　观察分数　标准化变异　测验焦虑　经典测验理论　项目反应理论　项目参数不变性　项目特征曲线

测验可以测出一个人的真实特性吗？在什么情况下测验分数可能不正确？答案是测验不可能完全地测出个体的真实特性，并且在几乎所有的情况下测验分数都不是完全正确的。这一点会让大多数人感到特别惊讶，因为人们已经习惯了去信任测验分数。在一些人眼里，测验结果就是他们真实情况的反映。然而事实上，没有任何测验是完全有效或者可信的。也就是说，所有的测验都是不完美的并且存在误差。

你是不是很难相信这一结论？那么回想一下你期末考试时所做的测验。你所得到的分数是你觉得应该得到的分数吗？你的分数比你期望的高还是低？再想一下你其他考试的成绩，它们真的反映出你的技能、知识或能力了吗？或者它们是不是低估了或高估了你的技能、知识或能力？如果你获得的分数总是无法反映出你的真实能力，那么这就与误差有关。这一章我们就来学习测量中的误差和基于误差分析的有关理论。

第一节　心理测量误差的定义与种类

一、误差的定义

测量误差指的是在测量过程中，那些与测量目的无关的因素所导致的测量结果不准确或者不一致的效应。这里包含两层意思：1. 误差是由与测量目的无关的变因引起的；2. 误差是不准确或不一致的测量结果。

准确性与一致性的关系可以用靶环射击来说明。假设有 A、B、C 三支枪，对准靶面中心固定位置后各射数枪，所得结果如图 2－1 所示：

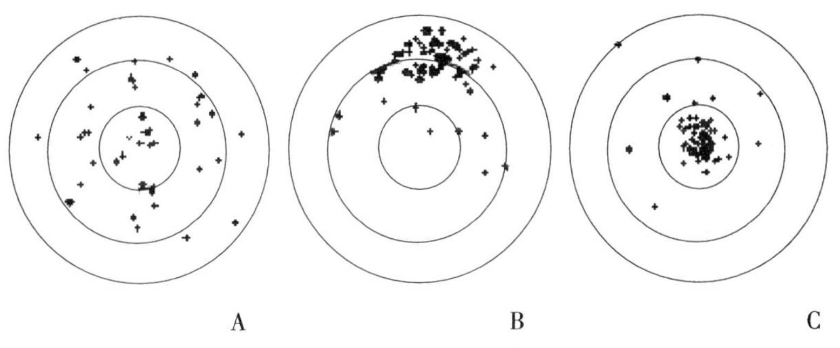

图 2－1　准确性与一致性的关系

从图中可以看出，A 枪的弹着点十分分散，说明既无准确性又无一致性；B 枪弹着点虽然比较集中，但远离靶心，说明一致性较好，但准确性较差；C 枪弹着点大部分集中在靶心，说明一致性和准确性都较好。

测量误差在测验中是普遍存在的。比如，当你在考试前的晚上无法入睡的时候，或者你生病但必须考试的时候，又或者测验事实上需要 45 分钟而你只有 35 分钟时，此时，这些身体或者时间因素都会降低你的测验成绩，使你的测验分数不等于你的真实水平。在现实生活中也存在误差使你的测验分数高于真实水平的情形。比如，当你不小心“看到”你周围同学的答案的时候，或你幸运蒙对的时候，或 45 分钟的测验你却有 52 分钟可以答卷的时候，这些都可能使得你的测验分数高于你的真实水平。

测量误差既可能导致测验结果的不准确，比如上面的情形，也可能导致测量结果的不一致。心理学家常用橡皮尺的例子来说明这一点。工匠通常都不会采用橡皮尺来作为他们测量房屋时的工具，因为橡皮尺的弹性会使得他们每次的测量结果都会由于拉的过紧或者过松而不一致。

我们承认在测量中总会有一些不准确或者误差发生，我们的任务是找出这一误差的来源，并设计方法把它减至最小。

二、误差的种类

上面讲的那些导致测量结果与实际水平不相符的因素可以分为两类，即误差可以分为随机误差和系统误差。

随机误差是指那些与测量目的无关的偶然因素引起的效应，使多次测量产生了不一致的结果，并且这些结果的方向和大小是随机的。比如，当测验题目比较难，大多数人都是猜测答案的时候，这时多次的测量结果就是极不稳定的。还有，当教师每次评卷时的评分标准宽严不一，甚至随心所欲时，每次的测量结果就会很不一致。再比如，几个人用同一杆秤来称同一样东西，由于秤杆高低掌握的不同，就会产生不同的结果。上面这些误差就属于随机误差。

系统误差是指那种与测量目的无关的因素引起的一种恒定而有规律的效应。这种误差稳定地存在于每一次测量当中，尽管测量的结果比较一致，但实测结果与真实水平之间存在差异。比如某 IQ 测验需要阅读，而某个体阅读能力很低，那么他的测验分数就会很低。并且在任何需要阅读的智力测验中其分数都会很低。再比如，在进行数学测验时，如果一个 5 分的填空题的标准答案给错，那么所有答对的学生的成绩都会降低 5 分，这同样是系统误差。

从上面我们看到，随机误差既影响到了测验分数的一致性也影响到了测验分数的准确性，而系统误差却是恒定的，它不会影响测验分数的一致性，只能影响测验分数的准确性。

在后面的学习中，我们将看到随机误差和系统误差会影响到测验的信度和效度，从而影响我们对心理特质真实水平的评估，因此在测量过程中重视这一点是很有必要的。

第二节　心理测量误差的来源及其控制

一、误差的来源

要想使测量准确可靠，必须减少误差；而要控制误差，就必须了解误差的来源。可以导致误差的因素几乎无处不在、无所不包，但像物理测量那样，心理测量的误差也主要来自三个方面：测量工具、测量对象和测量过程。

（一）测量工具

使用最多的心理测量工具是测验（或称为量表）。测量工具所造成的误差主要来自于测验的编制过程，其中项目取样影响最大。当测验的项目较少而取样缺乏代表性时，被试的反应很难代表其真实水平。比如，当数学考试出现偏题时，押中题的人就会得到好成绩，没押中题的人则得不到好的成绩，无法反应个人的真实水平。再比如，如果数学测验的好坏取决于文字理解能力的高低，则该测量也会出现误差。

同时，如果测验的问题带有欺骗性、测验题目模棱两可、形式令人费解或测验过难、题目内容不同质，都会带来测量误差。因此，想要测量可靠，必须选择和编制没有以上缺陷的测验。

最后，因为测验项目是从某一行为总体中选出的行为样本，所以即使是同一测验的复本也不能产生完全相同的测验结果。由于项目内容的不同，同一个学生在不同复本中的成绩可能不同。也就是说，这些内容上的差异也会成为误差的一个重要来源。

（二）测量对象

测量对象即被试本身引起的误差是测量工作中最复杂和最难控制的一类误差，被试真实水平是否得到充分发挥是造成测量误差的主要原因。影响被试真实水平充分发挥的原因既有个体长期的一般变化，也有与特定测验内容和形式以及特定施测条件相联系的暂时的特殊变化，下面我们来详细看一下相关因素。

1. 测验焦虑

测验焦虑是指被试在应试前和测试中所出现的一种紧张的、不愉快的情绪体验。焦虑的产生既有认知因素的作用，也有生理因素的作用。

测验的焦虑会影响被试的反应水平，从而影响被试的成绩。但是，测验焦虑并不是只具有消极作用。如果被试没有一点焦虑，则容易采取满不在乎的态度，成绩大多数会较低。一般来说，适度的焦虑会让人的兴奋性提高，注意力增强，反应速度加快，从而对测验产生积极的影响。但凡事有度，过高的焦虑就会使工作效率下降，注意力分散，思维狭窄，反应速度减慢，从而降低测验成绩。一般而言，测验焦虑水平与测验成绩（特别是能力测验）呈倒 U 形曲线关系，即中等焦虑水平时成绩最好。

国内外大量的研究表明，测验焦虑和主客观两方面因素有关：

（1）能力和测验焦虑成负相关。能力高的人，测验焦虑一般较低，而对自己的能力没有把握的人，测验焦虑较高。

（2）抱负水平和焦虑成正相关。抱负水平过高，求胜心切的人，测验焦虑较高。

（3）患得患失、缺乏自信、情绪不稳、适应不良的人容易产生测验焦虑。

（4）经常接受测验的人焦虑较低，而对测验程序不熟悉的人焦虑较高。

（5）测验成绩对被试关系重大、后果严重或被试承受的压力很大时容易产生焦虑。

（6）被试不了解测验的目的，测验的指导语不清楚，采用了新的题目形式或施测程序，以及有严格时间限制等测验方面的因素，也会导致被试的焦虑。

2. 测验经验

测验经验也是影响成绩的一个重要因素，如果不同受测者对测验的程序和技能熟悉程度不同，所得分数便不能直接进行比较。任何时候只要引入一种新的题目形式或一种新的反应程序，由于受测者对其较为陌生，在理解上可能产生错误，这样就会在最终的测验中带来误差。但是如果对受测者提供足够多的练习和演示，测验成绩就会提高。在大多数的情况下，少量的练习就足够了，但对于很少接触测验的人，练习应稍多一些。

这里也存在另外一种情况，有些受测者经历过多次测验，掌握了一定的答题技巧，他们善于察觉正确答案和错误答案之间的细微差别，会合理安排时间，容易适应新的测验形式，因此经常比那些能力相差不多但缺乏测验经验和技巧的人获得更多的分数。

总之，在测验前，应尽可能使每个受测者都对测验程序有同等程度的了解。

3. 学习、发展和教育

由一般的学习经验或发展变化所引起的测验分数上的差异，在大多数情况下，只构成恒定误差。但有时，大多数人对于某个测验没有准备，只有个别人获得了特殊训练，测验就是不公平的；或者在两次测验的间隔期中，有的人获得了特殊的教育和训练，而其他人没有，在这种情况下，第二次测验所得的分数，既反映了第一次施测时所测量的东西，也反映了在两次施测之间所学到的东西。由于受测者所受的训练量不同，他们的分数就会受到不同的影响。

4. 应试动机

受测者对测验的动机不同，会影响其作答态度、注意力、持久性、反应速度等，从而影响测验成绩。比如，当个性调查表用于选人时，雇主感兴趣的是申请者的典型行为，但有的申请者为了给人留下好印象，在回答时可能考虑雇主期望或社会道德等因素，而不按自己的真实情况作答，从而给测验分数带来误差。

再比如，在鼓励竞争的社会环境里，大多数人具有较强的竞争观念，因而在参加能力和学业等要求最高作为的测验时，能尽力作出最好的回答。而在一些“以和为贵”的团体中，则不太强调竞争，测验的内驱力不高，他们常常随随便便做出回答。在这种情况下，不同团体在测验成绩上的差异反映的就不完全是能力的高低，其中还掺杂有动机效应。

应试动机会影响成绩的各个方面，如果动机效应在反复测量中以一种恒定的方式出现，就会导致系统误差，从而使测验的有效性降低；如果动机效应引起了偶然性的不稳定的反应，这是一种随机误差，会使测验的有效性、可信性都降低。

5. 练习效应

任何一个测验在重复使用时，由于受测者对测验的内容和程序已经相当熟悉，都会产生练习效应从而使测验成绩提高。

在能力测验方面，练习效果的研究大体获得了下列结论：

（1）练习对于智力较高者，效果较为显著。

（2）着重速度的测验，练习效应较为明显。

（3）再作同一个测验比作复本的练习效果要显著。

（4）两次测验之间的时距愈大，练习效果愈小，相距三个月以上，练习效果可忽略不计。

（5）一般的平均练习效果，约在 1/5 个标准差以下，但第二次再测后，练习效果即接近于零。

以上结论只是某些人使用某些测验的研究结果，不一定具有普遍意义；同时，针对不同的测验形式和内容，以及测验可能带来的结果，练习效应也会有不同水平的呈现。

6. 反应倾向

独立于测验内容的反应倾向，也会使得本来能力相同的受测者获得不同的成绩。对于速度测验，由于测验时间有限，而题量又较大，求快与求准两种不同倾向会对测验成绩产生影响；对于是非题，某些人可能有偏好选“是”或选“非”的倾向；对于选择题，有些人可能有偏好选择某个位置或偏好选长项的倾向；对于人格测验题目，有人可能会掩饰自己。所有这些都会给测验成绩带来影响，因此在测验编制时一定要注意控制这些倾向的影响。比如在编制是非题或选择题时，各种正确选项的比例应大致相等，并且做无明确规律的排列，即让正确选项的呈现呈随机分布。

7. 生理变因

不但心理因素会影响测验成绩，生病、疲劳、失眠等生理因素，以及在智力、情绪、体力等方面的生物节律也会影响测验成绩而带来误差。

（三）测量过程

在三种误差来源中，与施测过程有关的误差可能是最容易控制和检验的。通过长期实践，特别是计算机在测量中的使用，测验的标准化水平越来越高，大部分施测条件能够得到控制。但由于心理现象的复杂性，一些偶然因素仍然可能影响测验成绩，比如测试环境、时间、主试因素、意外干扰以及评分记分等。

1. 测试环境

施测现场的温度、光线、声音、桌面高低好坏和座位安排等对受测者都有影响。例如，在测试过程中，光线充足，有利于受测者正常的作答；光线暗淡，则会影响作答的效果。因此，施测者必须注意控制温度、照明、座位状况和摆设以及避免任何会导致受测者分心的事物。

2. 测试时间

时间安排也是影响测试准确性的一个重要因素，如果时间安排不当或时限不统一，必然会引起测验结果的改变。

3. 主试因素

主试者的年龄、性别、体貌及打扮、施测时的言谈举止、表情动作等均能影响测验结果。在施测过程中，如果主试不按照规定实施测验以及计时错误等，都会带来较大误差。特别是当测验具有复杂步骤和说明或测验题目形式模糊不确定时；当主试者在安排测验条件上有较多余地（例如个别施测）时；当测验是对幼儿、有情绪困扰者以及对测验程序不熟悉的人施测时，主试者的影响更大。比如，有些老师会告诉学生猜测，而另一些老师则没有告诉学生这些。这样学生的分数就会随着教师提供的信息量而有所变动。同时，施测者对测验重要性所传达的观点，情绪上支持学生的程度，以及监考的方式均可能不同，如制造紧张气氛，给予特别协助或暗示，这些都会引起测验结果的改变。

4. 意外干扰

在测验环境复杂，特别是当受试人数较多时，容易发生出乎预料的干扰或者分心事件。例如：停电、有人生病、有人作弊、计时表停了、临时发现题目或作答纸印刷不清或装订错误等，无论哪种情况，都会引起不安和扰乱，导致成绩不准确、不一致。

5. 评分记分

随着电脑记分的来临，记分的误差已显著地降低。然而，即使使用电脑记分，也可能发生误差。电脑是高度可信的机器，不太可能是这种误差的原因。但老师和其他测验实施者准备的记分卡，以及提供给设计者与操作者的指导，均可能造成误差。并且学生有时不能正确填写答题卡，也是造成记分误差的另一个潜在来源。当然，如果测验人工评分，就像许多随堂测验那样，误差的可能性更会大量增加。

一般来说，客观题的评分准确客观，而问答题、论文题等自由反应型的题目，评分标准很难掌握，再加上阅卷者的风格、情绪等各不相同，因而很难保证分数的一致性。上世纪 80 年代初，郑日昌（1985）在对高考的系列研究中，曾对高考评分客观性作了调查分析，发现不同阅卷老师对同一学生的试卷评分竟然相差几十分，引起教育领导部门高度重视，从而促进了高考改革和客观性试题的采用。

要想有效地控制与施测过程有关的误差，主试者必须严格遵循标准化程序施测和评分，不得随意改动和发挥，同时要机智地处理各种意外情况。

二、误差的控制

能影响测验分数的变因还有许多，实际上任何与测量目的无关的变因都可能引起误差，某些情况如计分错误或指导语不当，很明显会产生可变误差。其他变因，如个人在有关内容方面的知识或技能，通常会产生恒定的误差效应。然而，当两次测验施测时距长，在两次测验当中可能产生不同的学习或遗忘效果，这不仅会使分数不稳定，而且还可能是个人的永久改变。

要想控制误差，就必须使测验标准化，即测验的编制、施测、评分及对分数的解释都必须标准化，这样才能够控制导致误差的因素，以减少误差，使测验分数更可信、更有效。

标准化的首要前提，是对所有受测者施测相同的或等值的题目，测验内容不同，所测得的结果就无法进行比较。

其次，要想使测验标准化，在测验的编制方面，要注意所搜集的材料的丰富性和普遍性，同时还要注意以下几点：1. 测验项目的取样应当对欲测心理特质具有代表性，只有测验项目真实反映测量对象的特征时，才能保证测验结果的有效性；2. 测验项目的取材范围要同编题计划所列项目相一致；3. 测验项目的难度（特别是能力测验和学绩测验）要适当，区分度要高；4. 编写测验项目的用语要力求精炼简短，浅显明了，减少歧义；5. 初编题目的数量要多于最终所需要的数量，以便筛选或编制复本；6. 测验项目的说明必须简明且完备。

同时，标准化还意味着所有受测者必须在相同的条件下施测，这包括：1. 相同的测验情境。如统一的采光条件、桌椅高度、桌面面积、场所布置等。2. 相同的指导语。指导语应事先拟好，印在测验项目的前面，并且力求清晰、简单、明了，不致引起误解。3. 相同的测验时限。

评分的客观性也是测验标准化的一个重要条件。评分的客观性意味着两个或两个以上的评分者对同一份测验试卷的评定是一致的。只有当评分是客观的时候才能够将分数的差异归于受测者本身的差异。但通过前面的叙述我们也已经看到，要想做到完全客观、一致的评分是比较困难的。对于主观性试题来说，如果不同评分者之间的一致性能达到 90% 以上，就可认定评分是客观的。要想使评分客观化，应该：1. 对受测者的反应及时准确地记录，尤其是在口头测验和操作测验时更应该如此。2. 要有一张标准答案或正确反应的表格，即记分键。3. 将受测者的反应与记分键比较，确定受测者反应应得的分数。

最后，测验的标准化还包括对测验分数解释的标准化，如果对同一施测结果可作出不同的解释，那么测验便失去了客观性。这就要求建立一定的参照标准，使测验分数可以同参照标准进行比较，从而显现其分数所代表的意义。

第三节　真分数理论

一般将测量理论分为经典测量理论、项目反应理论和概化理论三大类，或称三种理论模型。人们将以真分数为核心假设的测量理论及其方法体系，称做经典测验理论（Classical Test Theory，CTT）或真分数理论，而将后两种理论统称为现代测量理论。

真分数理论从 19 世纪末开始兴起，20 世纪 30 年代形成比较完整的体系而渐趋成熟。20 世纪 50 年代格里克森的著作使其具有完备的数学理论形式，而 1968 年洛德和诺维克的《心理测验分数的统计理论》一书，将经典真分数理论发展至颠峰状态，并实现了向现代测量理论的转换。

一、真分数含义

在经典测量理论中，人的心理特质测量之后应表现为一个数值。然而，就像我们前面看到的那样，测量的误差总是存在，这就使得实际测得的数值往往难以和该特质的真实水平值完全一致，它总会略高于或略低于其真实水平值，某些时候甚至还会严重偏离其真实水平值。就像我们本章开头所说的，你有时会觉得测验成绩低估了你的能力，而有时又高估了你的能力，这些都是对误差现象的描述。为了研究的方便，心理学家斯皮尔曼引入了真分数（true score）的概念。真分数的操作定义是无数次测量结果的平均值。同时，把实测的分数称做该特质的观察分数（observed score）。当观察分数接近真分数时，就说这次测量的误差较小。

从真分数的定义可以看出，真分数只是一个理论上构想的概念，在实际测量中是无法得到的，因为无论什么测量工具都不可能没有误差。我们只能通过改进测量工具、完善操作方法来使观察值尽可能地接近真分数。一般来说，只要观察分数与真分数之间的误差不是太大，或者说误差被控制在可接受的范围之内，那么我们的测量就可以被看做是可接受的测量了。

二、真分数数学模型及假设

把任何一个测验成绩都看做是真分数和测量误差的和，这是经典测量理论（CTT）的基本思想。即：经典测量理论假定，观察分数（记为 X）与真分数（记为 T）之间是一种线性关系，并且只相差一个测量误差（记为 E）。用公式表示如下：

$$X = T + E$$

这就是 CTT 的数学模型。这里要强调一点，根据真分数的定义，公式中的 E

指的是引起测量不一致的变因产生的效应，即指随机误差，不包括系统误差，后者不引起分数的改变，因此包含在真值中。

在上式中，E 可能是正的，也可能是负的。这就是说，一个人的实得分数可能大于真值，也可能小于真值，总是围绕着真值上下波动。

根据以上公式，我们可以引申出 3 个相互关联的假设公理：

（1）若一个人的某种心理特质可以用平行的测验反复测量足够多次，则其平均误差为 0，即其观察分数的平均值或期望值会接近于真分数。用公式表示为：

$\varepsilon(X)=T$ 或 $\varepsilon(E)=0$

（2）真分数和测量误差之间相互独立。即：

$\rho(T,E)=0$

（3）各平行测验上的误差分数之间相关为零。即：

$\rho(E_1,E_2)=0$

对 CTT 的这一数学模型及其假设公理，我们可以从以下三个方面来理解。首先，它假定在一定的问题研究范围之内，反映个体某种心理特质水平的真分数是不变的，测量的任务就是估计这一真分数的大小；其次，假定观察分数等于真分数和误差分数之和，即假定观察分数和真分数之间是线性关系，而不是其他关系；第三，测量误差完全随机，并服从均值为零的正态分布。它不仅独立于所测特质真分数，而且还独立于所测特质之外的其他任何变量，这保证了误差 E 中不含有系统误差成分。同时假设公理三所说的各平行测验的误差分数之间的相互独立性也进一步保证了 E 的随机性，使得观察分数的均值可以稳定地趋于真分数。

但是在现实中，用许多个彼此平行的测验反复测量同一个人的同一心理特质的做法往往是行不通的。因为两个相互平行的测验不仅要测量同一特质，并且还要在题目的形式、数量、难度、区分度以及测查等值团体后所得分数的分布方面都要保持一致性，这就使得平行测验的编制变得特别困难。

事实上，我们在实施一个标准化测验时，并不是用很多平行测验来反复测量同一批被试，而是用同一个测验来同时测查许多被试。这是因为，在一个团体中，由于每个人的误差都是随机的，且服从均值为零的正态分布，这样当被试团体足够大时，团体内部的各种随机误差就会相互抵消。此时，该团体的平均真分数就等于该团体内所有被试实得分数的平均值，即多个被试接受同一个测验相当于多个平行测验反复测查一个具有团体真分数均值水平的一个个体。

对于一个团体来说，实得分数、真分数和测量误差之间具有如下关系：

$S_X^2=S_T^2+S_E^2$

即实得分数的变异数等于真分数的变异数加上误差变异数。

这个公式中只涉及随机误差的变异，系统误差的变异包含在真分数的变异中。这就是说，真分数还可以分为两部分：与测量目的无关的变异（S_I^2）和与测量目的有关的变异（S_V^2），即：

$$S_T^2 = S_V^2 + S_I^2$$

根据上面两个公式，我们可以得到：

$$S_X^2 = S_V^2 + S_I^2 + S_E^2$$

这就是说，一组测验分数之间的变异性是由与测量目的有关的变异数、稳定的但出自无关来源的变异数和随机误差变异数所决定的。

随着新的统计分析理论与方法的发展、推广和应用，测量理论和方法也有了质的飞跃。随着计算机技术的发展，经典测量理论（CTT）在教育与心理测量领域的应用逐渐让位于项目反应理论（IRT）。

第四节　项目反应理论概述

一、IRT 的提出与内涵特征

测验能在当今受到重视，经典测验理论扮演重要的角色。然而其也有一些无法解决的问题。为了克服经典测验理论的局限，现代测验理论应运而生。其中影响最大的是项目反应理论（Item Response Theory，简称 IRT），又叫潜在特质理论（Latent Trait Theory），是由美国测量专家洛德（Lord）针对经典测验理论（Classical Test Theory，简称 CTT）的不足提出的一种测验理论。

（一）经典测验理论的不足

经典测验理论的内涵，主要是以真分数模式为理论架构，依据弱势假设（weak assumption）而来，其理论模式的发展已为时甚久，所采用的计算公式简单明了、浅显易懂，适用于大多数的教育与心理测验资料以及社会科学资料的分析，为目前测验学界使用与流通最广的理论。与自然科学相比，社会科学的主要难题在于难以直接、精确地对人类心理和行为加以测量，而要依靠测量理论对其进行推断。然而，传统的经典测量理论存在许多不足和局限性。

1. 统计量的样本依赖性导致参数变动大。经典测验理论所采用的参数，诸如难度、区分度和信度等，都是一种样本依赖（sample dependent）的指标。也就是说，这些参数的获得会因接受测验的受试者样本的不同而不同，都会随着样本的特性而改变。因此，同一份试卷很难获得一致的难度、区分度或信度。经典测验理论为了避免抽样偏差对参数估计的影响，特别强调样本对总体的代表性。但它应用的是随机抽样，而随机抽样的偏差总是存在的，有时还很大。更何况在实际操作中，由于客观条件所限，有时还不能做到真正的随机抽样。IRT 以能力来区分不同项目的难度（P），所以难度不会随着样本的特性、组成不同而有所改变，也就是说项目参数具有不变性（invariance of item parameters）。

2. 能力与难度量表的不一致性导致测量误差大。只有选择最适合被试能力水平的试题才有针对性，但是，在经典测验理论中，被试能力量表是测验的卷面总分，其参照系是全部项目，项目难度量表是被试群体的得分率，其参照系是被试群体。由于两个量表的参照系完全不同，很难找到验证某个项目是否恰好匹配某种能力水平被试的计量方法，这就使得在测验选题时带有一定盲目性，故对测验编制活动的指导价值相当有限。经典测验理论中的被试都做一样的测验项目，以一个相同的测量标准误（standard error of measurement），作为每位受试者的测量误差指标，这种作法并没有考虑受试者能力的个别差异，对高、低能力两极端组的受试者而言，这种指标极为不合理且不准确，致使理论假设的适当性受到怀疑。IRT 的受试者可以依照个人能力不同而做不同的测验，后来的计算机自适应性测验即为 IRT 的应用之一。

3. 信度估计的不精确性导致复本施测难。信度是测验质量的重要指标，也是经典测验理论最基本的概念。但是经典测验理论对信度的估计很不精确，估计值具有笼统性，每个测验都只有一个信度值（或测量误差指标）。经典测验理论的假设是建立在平行复本（parallel forms）测量的概念基础上，然而这种假设在实际测验情境里往往不存在。因为遗忘、动机、焦虑程度等的改变都会影响到测验的结果。因此，平行的测量很难达到，受试不可能在两次测验上得到完全相同的结果。

4. 测验结果拓广的有限性导致预测力缺乏。经典测验理论主要应用标准化技术和随机化技术来控制测量误差，但是在这种技术下获得的结果只能在相同条件下成立，却不能将其推广到非标准化情境中去，使得测验的应用受到限制。而且经典测验理论忽视受试者的试题反应组型（item response pattern），认为原始得分相同的受试者，其能力必定一样。其实不然，即使原始得分相同的受试者，其反应组型亦不见得会完全一致，因此，其能力估计值应该会有所不同，因而不能以受试者目前的表现来预测未来。

5. 分数对测验的依赖性导致分数难比较。经典测验理论解释测验分数时，必须依赖原测验来做解释，故难以互相比较不同的测验。而 IRT 可在不同测验之下将每个人的能力放在同一标准上比较。另外，经典测验理论对于非复本（non-parallel）但功能相同的测验所测得的分数间，无法提供有意义的比较，有意义的比较仅局限于相同测验的前后测分数或复本测验分数之间。

（二）IRT 的诞生与提出

针对 CCT 的上述不足，1952 年，洛德（F. M. Lord）在他的博士论文中首次提出“项目反应模型”，即“双参数正态卵形模型”（该模型实际上是一条累积正态曲线，对于用 Z 分数表示的标准正态分布，它的函数值就是正态曲线下从负无穷到某个 Z 值处的面积），并提出了与此相关的参数估计方法，使得 IRT 可以被用来解决实际的二值记分的测验问题。这标志着 IRT 正式诞生。

事实上，IRT 的历史可追溯至理查森（Richardson，1936）、劳勒（Lawler，1943，1944）、塔克（Tucker，1946）的研究，甚至更早。但由于此方面的研究需要复杂的计算过程，因此在电子计算机出现后，才有更多的学者在 20 世纪 70 年代末期投入这方面的领域，到了 20 世纪 80、90 年代则迅速蓬勃发展。

IRT 的理论假设是建立在严谨的数学统计模式基础上的，它借助于电脑科技在近二十年突飞猛进，不断有新的项目反应模式诞生，有新的项目参数估计方法提出。但总的说来，目前我国对 IRT 的理论和应用研究尚处于起步阶段，IRT 的推广应用受到一些客观条件的限制。IRT 对模式参数的估计，不但需要有电脑的辅助，还需要应用者有较深厚的数学功底或数理统计方面的训练。

（三）IRT 的特征与优点

1. 项目反应理论的特点

（1）能力参数估计的不变性。即被试的能力参数估计与所使用的测验中究竟包含哪些项目无关，各项目对整体测验的贡献都是独立的。

（2）项目参数估计的不变性。即项目参数估计与所使用的被试样本无关。

（3）能力估计的精确性。能够提供被试能力估计的精确性指标——测验信息函数。因此，在测验前就可以知道各测验项目对于不同能力被试的估计精确程度。

（4）测验编制应用的价值性。被试能力和项目难度在同一量表上，为测验编制、分数的报告与解释提供便利。在测验项目等值、题库建设、计算机自适应性测验等方面有很高的实际应用价值。

2. 项目反应理论的优越性

IRT 与 CTT 比较而言，在较强的前提假设下，IRT 有许多优越性。CTT 可以得到的信息，IRT 都可以在更高的层次上、更可靠的意义上获得。IRT 的出现导致了心理测验领域全新的变化。有人称“项目反应理论之与经典测验理论，就好比爱因斯坦相对论之与牛顿的理论”（Warm，1978）。IRT 在以下几个方面表现出了较为突出的优越性：

（1）IRT 在估计被试能力或潜在特质时，同时考虑被试的反应组型，因此对于原始得分相同但反应组型不同的个体，也往往提供不同的能力估计值，这一特性是 CTT 所无法比拟的。在 CTT 中，原始得分相同的被试，其能力估计值也相同。

（2）IRT 可以针对每个被试提出其能力估计值的测量误差指标，而不是以一个笼统的标准误差来代表测量误差，能够比较精确地断定每个被试能力估计值的误差范围。

（3）IRT 所采用的项目参数，不依赖于被试样本，也不依赖于项目库，这一点 CTT 也无法做到。

（4）IRT 可以由同质性较高的分测验中计算出被试的能力估计值，主试在时间、精力有限的情境下，可以较快而又不失精确地获得所需要的信息。

（5）IRT 提出的项目信息函数和测验信息函数的概念，可以作为评定个别项目或整份测验的测量误差的指标，完全可以取代传统的“信度”概念。

项目反应理论（IRT）是一种现代心理测量理论，其意义在于可以指导项目筛选和测验编制。项目反应理论假设被试有一种“潜在特质”，潜在特质是在观察分析测验反应基础上提出的一种统计构想，在测验中，潜在特质一般是指潜在的能力，并经常用测验总分作为这种潜力的估算。项目反应理论认为被试在测验项目的反应和成绩与他们的潜在特质有特殊的关系。通过项目反应理论建立的项目参数具有恒久性的特点，意味着不同测量量表的分数可以统一。项目反应理论通过项目反应曲线综合各种项目分析的资料，使我们综合直观地看出项目难度、鉴别度等项目分析的特征，从而起到指导项目筛选和比较分数等作用。

思考：为何 CTT 依然健在？

尽管 CTT 有如此多的缺点，IRT 有这么多优点，但是在 IRT 出现后的四十余年，尤其在中国，并没有被广泛应用。在心理与教育测量中，仍以 CTT 为基础进行大量心理测验，收集、评价各项目，心理测量关于项目分析的教学部分也仍以 CTT 为主，很少见 IRT，这又是何故呢？

首先，CTT 与 IRT 有相同之处。其一，两种理论最核心的部分都是其数学模型，两者模型的共同之处是把可观察到的被试的反应和无法观察的被试的潜在特质联系起来，只是 CTT 采用了线性确定性模型，而 IRT 采用了非线性概率模型，能更好地反映人的心理现象。其二，CTT 的真分数 T 和 IRT 中的潜在特质 θ 之间存在一一对应的关系，即，它们是用不同度量方式表示的同一种心理特质。其三，从项目参数和统计量来看，两者有密切关系。譬如，洛德（1980）认为，当被试能力为标准正态分布，并排除猜测因素时，CTT 与 IRT 中的项目区分度有如下关系 $a_i \approx \rho_i$，其中，a_i 为 IRT 中的项目区分参数，ρ_i 为 CTT 中的项目 i 的区分度。又由于国际上心理和教育测量的趋势是越来越多地使用标准参照测验，这种测验又并不强调项目的区分度，因此，CTT 在未来的测量领域仍有其作用。

第二，IRT 的复杂及本身的缺陷导致其应用范围受到很大限制。IRT 强调以数学模型为核心，模型的数学公式复杂，令大多数人望而生畏，要理解它们是比较困难的，应用的可能性也就大大降低了。另外，IRT 比较复杂，人工计算是不可能的，计算机软件得到了一展所长之处。但由于各种软件有一定局限性，主要是对被试数和项目数及适用的模型有所限制。

所以对心理测量人员，首先要懂得什么模型用什么软件，又需要对被试数、项目数进行控制，应用自由度比较小。

第三，现有的IRT模型主要针对的是二级评分试题（即只有正确与错误两种答案的试题），而对多级评分的试题模型，虽说有一些探索，但还不是太成熟。

此外，最主要的是IRT针对CTT所具有的那些优点中，有些并不名副其实。IRT的确在那些方面优于CTT，但离理想化的状态，相距仍十分遥远。比如项目参数估计的不变性。事实上，IRT仍要通过被试样组获取某些数据去估计参数，不同的样组，测验数据就不同，据此估计的参数无法保证一致。而要得出稳定的参数值，其首要的条件是测验项目和模型拟合，而拟合性指标又严重依赖于被试样组的大小。另外，由于IRT是建立在相当强的假设基础上的，因此对假设的检验就变得十分重要了。各种模型都需要进行检验的一条假设是单维性检验。恰恰在单维性问题上，IRT承受着来自理论上和实际应用方面的巨大压力，学者们对此存在尖锐的不同看法，既然被试的测验数据不仅仅由能力θ决定，还受测验时的多种内外环境的影响，比如心境、身体状况、环境气氛，甚至气候、照明等等，那么IRT要求的单维性假设就根本不能满足。IRT对此采取的做法是，只要某种心理特质占主导地位，就算满足该假设。从严格意义上说，这显然是有缺陷的。以上因素也制约了IRT的发展及应用。

总之，CTT仍有存在、发展的价值。在遇到一般问题，不需精确求解的情况下，用它进行项目分析是恰当的，因为它比较简单、易于掌握，而且作为一种传统方法，它相对自身而言，已经发展得比较充分了。而IRT只有在克服自身的一些弱点，尤其变得简单易操作以后，才会广泛应用于教育和心理测验中。既然IRT确有优于CTT的地方，采用IRT方法总较精确一些，只有对其不断改进、完善，才能既推动其自身的发展，又推动心理测量理论的发展，进而促进心理测量的发展。

二、IRT的基本假设与模型

（一）IRT的基本假设

在IRT中，基本假设主要有四条。

1. 潜在特质空间的单维性假设（unidimensionality）

潜在特质空间（latent trait space）是指由潜在特质组成的抽象空间。单维性又称为“单一向度”，是指只测一个特质或能力的意思。单维性假设是指假定同一测验都在测单一向度，即测验中的每一个项目都测量到同一种共同的潜在特质。也就是说如果被试对一个测验的项目的反应是由他的 K 种潜在特质所决定的，那么这些潜在特质就构成了一个 K 维潜在空间，被试的各个潜在特质分数综合起来，就决定了该被试在这一潜在空间的位置。当且仅当这个空间的全部特质都被确定以后，这个空间才是完全的。

多数 IRT 模型都是假设完全潜在空间的，即只有一种潜在特质决定了被试对项目的反应。在心理测验中是指组成某个测验的所有项目都是测量同一个心理变量的，如知识、能力、态度、人格等。但是其他影响因素无法排除，因此，在 IRT 中，只要所测量的心理特质是影响被试对项目反应的主要因素，就认为这组测验数据满足单维性假设。

2. 局部独立性假设（local independence）

假定同一特质水平的被试对不同测验项目的反应是在统计上独立的，即被试对一个测验项目的反应不受对其他测验项目反应情况的影响。也就是指被试在每一个项目上的反应是独立的，在 n 项目中观察到的反应并不能对 $n+1$ 个项目的反应提供附加的信息。由于所回答的每一个项目都是局部独立的，所以不能有连锁题。局部独立是对某受试者能力而言，项目间无相关存在。“局部”表示只针对一个受试，一种测验分数，或某一受试能力 θ 而言，而非对整体受试。“独立”表示项目间无相关，也就是统计独立，即一个项目不能为另一个项目提供线索。如果两个项目同时满足以下四个条件，就称这两个项目的分数是相互独立的；如果有一个或几个条件没有得到满足，则称这两个项目的分数是相互依存的。

$P(+,+)=P_i(+)P_j(+)$

$P(+,-)=P_i(+)P_j(-)$

$P(-,+)=P_i(-)P_j(+)$

$P(-,-)=P_i(-)P_j(-)$

其中：$P(+)$ 表示对第 i 个项目的正答概率；$P(-)$ 表示对第 i 个项目的误答概率；

$P(+,-)$ 表示对第 i 个项目正答，对第 j 个项目误答的概率；

$P(-,+)$ 表示对第 i 个项目误答，对第 j 个项目正答的概率；

$P(+,+)$ 表示两个项目均正答概率；

$P(-,-)$ 表示两个项目均误答概率。

3. 项目特征曲线假设

项目特征曲线假设又称为“知道—正确假设”，即被试知道某一项目的正确答案，他必然答对，换句话说，若答错某一项目，则他必然不知道答案。项目特征曲线（Item Characteristic Curve，缩写 ICC）这个术语最早由塔克（Tucker，1946）提出，它是一种能将作业的表现水准与独立变项，例如年龄等，画在一个平面上的图形，通常这个图形所呈现出的样子是一个平滑且非直线的曲线图。项目特征曲线（ICC）是项目特征函数（ICF）或项目反应函数（IRF）的图象形式。

ICC 可以用数学形式表示，且在分析前就要知道其数学程式及 $P(\theta)$、θ 等。θ 指的是个人的能力，而 $P(\theta)$ 是答对某题的正确率（通过率），它是个人能力 θ 的函数。若以 $P(\theta)$ 表示具有某能力 θ 的受试者答对某题的概率，则可以看到 CTT 及 IRT 的图形分别如图 2－2 和图 2－3。图 2－2 CTT 图形说明项目的难度是不同程度的人在回答此题结果之平均值。图 2－3 IRT 图形说明项目的难度是随着不同程度的人而不同。由于不同的 IRT 基于不同的假设，从而使用不同的数学函数。值得说明的是，S 形曲线是最常见的项目特征曲线形态和最基础的反应模型，该曲线的变化有两种，一是上下渐近线的取值变化，二是曲线中部的斜率变化。IRT 的常用模型，如 Normal Ogive 模型与 Logistic 模型多是用来处理二分变项，求得 ICC 的过程往往需要很复杂的计算过程，因此应用较不方便是它的缺点。

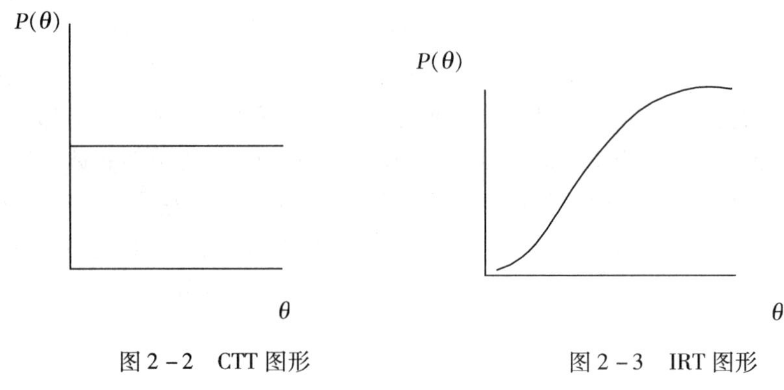

图 2－2　CTT 图形　　　　图 2－3　IRT 图形

4. 非速度限制假设

又叫无时间限制假设，即测验的进行是在没有时间限制的条件下完成的，被试在项目反应上不理想，是由于能力不足引起的，而不是由于时间不够所致。一般指假定测验的实施是在不受速度限制的条件下进行的，否则时间会成为另一个影响表现好坏的因素。即若时间成了另一个次元（dimension）因素，则违反单维性（单一向度）的假定。事实上，如果速度对测验结果有影响，那么就会有两种心理特质——被试的反应速度和所欲测量的潜在特质影响被试，因此，这一假设包含在单维性假设中。

（二）IRT 的主要模型

IRT 是以项目特征曲线和潜在特质等概念为理论架构，依据强势假设来发展其理论模式。它的核心是项目特征曲线（ICC）。项目特征曲线描绘了被试的某一能力水平与它可能正确回答项目的概率之间的关系。确定了项目特征曲线以后，给项目特征曲线写出函数解析式，即项目特征函数（Item Characteristic Function，简记为 ICF），就是项目反应理论的模型。因此，项目反应模型通常就是指项目特征函数。

图 2－4 是一个假设项目的项目特征曲线（逻辑斯蒂克项目特征曲线）。θ 表示能力或特质水平，$P_i(\theta)$ 表示 θ 能力的被试回答 i 项目的正确率，θ 与 $P_i(\theta)$ 之间的关系可以用三参数逻辑斯蒂克（logistic）模型表示为：

$$P(\theta) = c + \frac{1-c}{1+e^{-1.7a(\theta-b)}}$$

式中，P 是答对概率，θ 为被试特质水平，而 a、b、c 是项目性能的三个参数。

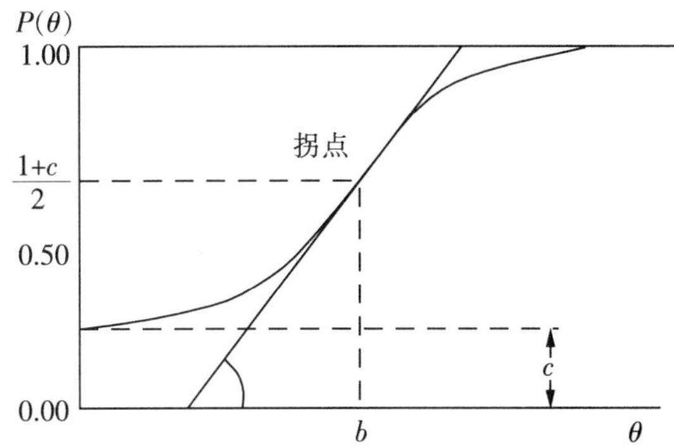

图 2－4　三参数逻辑斯蒂克项目特征曲线

对于 i 项目来说，三个参数 a_i、b_i、c_i 可定量表示 θ 与 $P_i(\theta)$ 的关系。a_i 指曲线拐点处的斜率（实际上是曲线在拐点 b_i 处的切线斜率的函数，有人也称为陡峭参数，即 a_i 取值越大，曲线在 b_i 点附近越陡峭，故 a_i 又称为项目的区分度参数），b_i 指曲线拐点上的 θ 值（b_i 与能力量表 θ 定义在同一量表上，被称为项目难度参数，即 $b_i=\theta$），c_i 是下渐近线，表示随机猜测的可能性（即使能力极低的被试在项目上也有 c_i 的正确作答概率）。

项目反应模型有很多种类，按照所处理的测验数据类型（记分方式）的不同，一般可以分为三类。

1. 二级评分 IRT 模型

适应于测验项目采用二级评分的测验。主要有最优量变模型（Perfect Scale Model）、潜在距离模型（Latent Distance Model）、潜在线性模型（Linear Model）、正态曲线（卵形）模型（Normal Ogive Model）、逻辑斯蒂克模型（Logistic Model）等。

2. 多级评分 IRT 模型

用于对测验项目采用多级评分的测验。主要包括称名模型（Nominal Model）、等级反应模型（Graded Response Model）等。

3. 连续型 IRT 模型

主要用于对测验项目的评分是连续变量的测验。

每种模型的具体内容，请参考有关书籍，根据实际要求灵活加以掌握和运用。

总之，运用 IRT 可以编制各种测验，包括常模和标准参照测验，可以检查项目偏倚，进行测验等值、题库建设等，其现实作用日益增大。因此该理论成为现代测验理论的一个主要构成部分。

【建议参考资料】

1. 陈英豪，吴裕益. 测量与评量［M］. 高雄：复文图书出版社，1993.

2. 戴海崎，张峰，陈雪枫. 心理与教育测量［M］. 广州：暨南大学出版社，2002.

3. 董奇. 心理与教育研究方法［M］. 北京：北京师范大学出版社，2004.

4. 许祖慰. 项目反应理论及其在测验中的应用［M］. 上海：华东师范大学出版社，1992.

5. 余嘉元. 项目反应理论及其应用［M］. 南京：江苏出版社，1992.

6. 张厚粲，徐建平. 现代心理与教育统计学［M］. 北京：北京师范大学出版社，2004.

7. 郑日昌. 心理测量［M］. 长沙：湖南教育出版社，1987.

8. 萨克斯，牛顿. 教育和心理的测量与评价原理［M］. 王昌海，译. 南京：江苏教育出版社，2002.

9. MCCALLUM R S. Handbook of nonverbal assessment［M］. Berlin：Springer，2003.

【问题与思考】

1. 误差的来源有哪些？在实践中应如何尽量避免或者控制？

2. 随堂测验、升学考试、纸笔测验、计算机化测验、职业选拔测验各会有哪些误差？该如何防范或控制？

3. 增加个人测量分数与他的真实分数差距的误差来源有哪些？请分别举出特定的例子。

4. 项目反应理论与经典测量理论的关联。

5. 项目反应理论模型中的参数不变性对我们有什么启发和现实意义？

第三章　心理测量的信度

【本章提要】

对于一个良好的心理测验，我们希望它提供给我们的信息是可靠的、稳定的，但是因为有误差的存在，同时也因为误差本身的不可消除性，测验分数会在一定范围内波动和变化，使得同一个测量工具的测量结果成为“有限稳定”，这就是信度问题。本章介绍了信度的定义，重点探讨了常见的信度系数及其估计方法，并分析了影响信度的误差来源，针对影响信度的若干因素提出了常用的提高信度的方法。同时，本章也讲述了信度的作用，即研究和掌握信度理论的必要性与重要性。针对一些特殊形式或特殊目的的测验该如何计算信度，本章也予以介绍。概化理论是当今测验三大理论之一，尤其对信度具有重要意义，但是目前测量工具开发实践多数还是基于经典测量理论，所以本章只是对概化理论予以简单介绍。

【学习重点】

1. 信度的定义。
2. 各种信度系数之间的联系和区别。
3. 各种信度系数的使用条件、假设和计算方法。
4. 提高信度的常用方法。
5. 一些特殊测验的信度估计。
6. 概化理论的基本思想。

【重要术语】

信度　再测信度　复本信度　分半信度　同质性信度　评分者信度　标准参照分数　项目反应理论　概化理论　难度测验　速度测验　因素分析　鉴别力分析　荷伊特信度　带宽—保真度困境　差异分数　库德—理查森信度系数　克伦巴赫 α 系数　平行测验　稳定性与等值性系数　等值性系数　衰减矫正　严格平行测验假设　侧面

在考察或者编制一个心理测量工具时，我们必须首先对其有整体的了解和把握，然后再去深入分析，以保证在大前提正确的基础上做更细致的工作。对心理测量工具作整体属性分析最主要的指标就是信度和效度。本章和下一章将分别介绍它们。

我们在使用测验时，总希望测验的结果稳定可靠。比如，如果一个测验的目的是为了安置个别学生，你将不希望它第二天会提供不同的资料。同样，如果测验的目的是决定教学材料的难度，你将不希望它的结果是相同的材料有时难有时简单。本章我们就来讨论测量的稳定性问题，即测量的信度。

第一节 信度的含义

一、信度的发展

取样误差的基本概念在1733年就已经由棣美弗提出（De Moivre，1733），而积差相关是由皮尔逊（Karl Pearson）提出，并于1896年发表的。信度理论在测量的领域内将这两个概念融合在一起，其大部分要点实际上是由与皮尔逊同时代的心理学家斯皮尔曼（Charles Spearman）研究得出的，他于1904年将他的工作成果发表在一篇名为《两事物间联系的证据及其测量》的文章中。由于《英国心理学杂志》直到1907年才创刊，所以斯皮尔曼将他的研究发表在《美国心理学》上。他的研究成果很快就得到美国人的认同和接纳，这篇文章发表在一月份的一份期刊上，立刻受到了测量领域的先驱人物桑代克（Edward L. Thorndike）的青睐，当时桑代克正在写作他的第一版《心理与社会测量理论导论》(1904)。

尽管桑代克的书只是一部20世纪早期的著作，但即使用今天的标准来看，也已经相当成熟。自1904年以后，在大西洋两岸信度研究不断发展，以致信度评估技术日臻完善，这之中最为重要的是库德（G. F. Kuder）和理查森(M. W. Richardson）在1937年的一篇文章中提出了几个新的计算信度的公式。之后，克伦巴赫（L. J. Cronbach，1989）又向前迈进了一步，提出了行为研究中评估多种来源误差的一些方法。在近些年，先进的数学模型已经被开发出来，它依据多元理论对“潜在”变量加以数量化，从而使信度理论得到进一步发展。最近一段时间，借助计算机技术的优势，项目反应理论把心理测量大大向前推进了一步（Dragsow & OlsonBuchanan，1999；McDonald，1999；Michelle，1999)。但是，项目反应理论也是建立在斯皮尔曼一个世纪以前提出的理论基础之上的。

二、信度的定义及意义解释

信度是指测量结果的稳定性与一致性程度。例如，老师以成就测验来测量班上的学生，则每一个学生在不同时间所获得的分数的一致性如何，或是同样的学生在两个不同题目的等值测验上得分的一致性如何，这两种情况是信度所要考虑的两个最主要的问题。

一般来说，一个好的测量必须具有较高的信度，也就是说，一个好的测量工具，只要遵守操作规则，其结果就不应随工具的使用者或使用时间等方面的变化而发生较大变化。例如，标准的钢尺是测量长度的一种较好工具，只要使用正确的方法，无论何时，也无论何人去测量同一张桌子的长度，其结果都是基本一致的，这说明其信度较高。但如果是采用具有较大弹性的皮尺，则不同的人或同一个人在不同的时候去测量同一张桌子的高度，其结果必然会有较大的差异，这说明测量的信度较低。

在测量理论中，信度被定义为：一组测量分数的真变异数与总变异数（实得变异数）的比率。即：

$r_{xx} = S_T^2/S_X^2$

式中 r_{xx} 代表测量的信度，S_T^2 代表真分数的变异，S_X^2 代表总变异数，即实得分数的变异。

该定义有两点需要注意：1. 信度指的是一组测验分数或一列测量的特性，而不是个人分数的特性。2. 真分数的变异数是不能直接测量的，因此信度是一个理论上构想的概念，只能根据一组实得分数作出估计。

信度的定义还可以表示为以下两种形式：

1. 信度是一个被试团体的真分数与实得分数的相关系数的平方。即：$r_{xx} = \rho_{Tx}^2$；

2. 信度是一个测验 X（A 卷）与它的任何一个“平行测验” X'（B 卷）的相关系数。即：$r_{xx} = \rho_{XX'}$

对于信度的定义，我们还应注意以下几点：

1. 信度是指测量工具所获得的“结果”的可靠性，而非指工具本身。任何一种工具，均有很多不同的信度，也就是说同一个测验的信度会因测量对象之性质及测验时情况之不同而有所差异。因此，比较恰当的说法是“测验分数”或“测验结果”的信度，而非“测验”或“工具”本身的信度。

2. 每一个信度的估计值，仅指某一特定方面的一致性，而非泛指一般的一致性。一致性包括时间、试题样本及评分者等多方面。测验分数可能在某一方面的一致性很高，但在其他方面的一致性则不太理想。因此，我们在评价一个测验的信度时，要以测验结果所要应用的情境为依据。例如，如果我们希望了解学生在未来某一段期间可能的表现，则测验分数的恒久性是很重要的。相反，如果我们希望测量受测者在不同时间焦虑程度的变化情况，则分数就不能具有太高的稳定性。因此，测验所要应用的场合不同，其评价信度的依据也就不同，如果我们将信度视为一般化的一致性，那就会导致错误的解释。测验编制者最好能提供多种不同的信度资料，以供使用者选择测验时参考。

3. 信度的估计是完全采用统计方法的。要估计测验的信度，必须以所编制的测验，对一组较具有代表性的团体实施一次或数次测验，然后求得测验结果的一致性。

三、信度的作用

信度是衡量一个量表质量高低的重要指标，信度不合格的量表是不能使用的，人们在编制和使用量表时都特别重视量表的信度。具体地说，信度的作用主要表现在以下几点：

（一）信度是测量过程中随机误差大小的反映

如果信度很低，那么测量的随机误差就很大，测量的结果就会与真分数相差很远。而且，这种偏差是完全随机的，无法对其准确估计，这就使得测量结果无法为人们所信任。由于系统误差只对测量结果产生恒定的影响，所以信度并不反映测量过程中系统误差的大小。

（二）信度可以用来解释个体测验分数的意义

信度仅表明一组测量的实得分数与真分数的符合程度，但并没有直接指出个人测验分数的变异量。由于存在测量误差，一个人实得分数有时比真分数高，有时比真分数低，有时两者相等。从理论上来说，个体的真分数应该是用同一个测验对他反复施测所得的平均值，其误差是这些实测值的标准差。但是，这种做法是行不通的。然而，我们可以用一个人数足够多的团体两次施测的结果来代替对同一个人的反复施测，从而估计测量误差的变异数。这里，每个人两次测量的分数之差就构成了一个新的分布，这个分布的标准差就是测量的标准误，它是此次测量中误差大小的客观指标，有了这一指标，我们就可以通过区间估计的方法来对团体中任何一个人的测验成绩做出恰当解释。一个测量的标准误可以采用下面公式计算：

$$SE = S_x\sqrt{1 - r_{xx}}$$

式中 SE 为测量的标准误，S_x 为实得分数标准差，r_{xx} 是测量的信度。

从上式中可以看出，测量的标准误与信度之间有互为消长的关系：信度越高，标准误越小；信度越低，标准误越大。

测量的标准误实际上是在一组测量分数中误差分布的标准差，可以像其他标准差一样地解释。因此，个体每次测量所得分数有 68% 的可能性落在真分数加减一个单位标准误的范围内，有 95% 的机会落在真分数加减 1.96 个标准误的范围内。

这样，根据上面的公式，知道了一组测量的标准误和信度系数，就可以求出测量的标准误，进一步我们就可以从每个人的实得分数估计出真分数的可能范围，即确定出在不同或然率上个体真分数所在的置信区间。

利用这个公式时要注意：1. 一个测验有多个信度估计值，因而其误差估计值也有多个，我们在实际工作中要注意选择最适合某一特殊情况的信度估计来解决问题。例如，倘若我们对半年内的分数稳定性感兴趣，我们就以六个月为时距施测两次的相关系数作为信度估计，依据此信度系数求出标准误，再用来估计在六个月内分数可能改变多少；2. 本理论假定同一个团体中所有人的测量误差都是相同的，但实际上水平高的人与水平低的人在做测量时会有不同的随机误差；3. 对于测量的结果，我们不能将它僵硬地看成是一个点，而应看做是一个以该点为中心，以 SE 的某个倍数为半径上下波动的一个范围（区间估计）。这个范围的大小取决于测量标准误的大小，并最终取决于信度系数。信度系数越小，测量标准误就越大，这个范围便越广。如果经常将分数想成是一个范围，那我们在比较不同被试的分数，或同一个被试在不同测验上的分数时，就可以克服对分数间的微小差别作出过分解释的习惯；4. 测量标准误是对测量误差的描绘，用它能对个人真正分数的置信区间作出估计，但用它来估计个人的真正能力则可能导致严重错误，因为它没有考虑到系统误差的影响，真分数与真正能力是两个不同的概念。

（三）信度可以帮助不同测验分数之间进行比较

通常，来自不同测验的原始分数是无法进行直接比较的，只有转化成标准分数才能相互比较。具体办法是采用“差异的标准误”来进行差异检验，其公式为：

$$SE_d = S\sqrt{2 - r_{xx} - r_{yy}}$$

式中，S 为相同单位的标准分数的标准差（如 T 分数的 $S = 10$），r_{xx} 和 r_{xy} 分别是两个测验的信度系数。得到了差异的标准误，就可以用上述区间估计的方法来判断两个测验分数的差异是否有意义。

（四）信度系数与统计检验力

1904 年斯皮尔曼提出信度系数的目的，原本就是为了提高统计检验的力度，而不是为了衡量测量结果的可靠度。在被试样本大小一定的条件下，用信度系数较高的测量结果进行统计分析，其统计检验力要大于用信度系数较低的测量结果进行的统计分析。换言之，在被试样本大小一定的条件下，提高信度系数可以增加统计分析结果的力度；对于较小的被试样本，提高信度系数可以使统计检验力提高到和大样本一样的水平。大样本能减少统计错误，而高信度的测量结果同样也能减少统计错误。在增加样本和提高信度两个途径同时可用的条件下，研究者就应该根据实际情况权衡两者的相对优势。

第二节　信度的种类与估计方法

由于信度是一个理论上构想的概念，在实际应用时，通常以同一样本所得的两组资料的相关，作为测量一致性的指标。而测验分数的误差来源是多种多样的，所以信度的估计方法也有多种。下面所介绍的每一种信度系数只能说明信度的某一方面，使用时要特别注意其含义和适用范围。

一、重测信度

（一）含义及计算

重测信度（test-retest reliability），又称为再测信度、稳定性系数，是指用同一个量表对同一组被试施测两次所得结果的一致性程度。该信度能表示两次测验结果有无变动，反映了测验分数的稳定程度。其大小等于同一组被试在两次测验上所得分数的皮尔逊积差相关系数，公式为：

$$r_{xx}=[\Sigma(x-\bar{x})(y-\bar{y})]/\sqrt{\Sigma(x-\bar{x})^2\cdot\Sigma(y-\bar{y})^2}$$

式中 x 和 $\bar{x}$ 是第一次测量的实得分及实得分的平均值，y 和 $\bar{y}$ 是第二次测量的实得分及实得分的平均值，r_{xx} 是重测信度。

人的多数心理特性如智力、性格等，具有相对的稳定性，因此对这些心理特性的测量，应该前后一致。所以我们希望得到量具稳定性的证据。另外，我们还经常要用测验分数对人作预测，此时测验分数的跨时间的稳定性更加重要。即使是对于那些随时间而变的特性，能知道测验分数在短期内的稳定程度也是好的。

两次测验分数的误差变异主要是来自测验条件和受测者身心状况的改变。再测信度高，说明分数受被试状况和测验情景变化的影响小。任何一个变异若只影响其中一次测验的分数，而不影响另一个，都会使得两次测验分数的相关性降低。这些变因包括：测验时受到的干扰、计时计分错误，以及健康、情绪、动机的波动等。但如果两次施测的时距较长，则遗忘与学习的不同效果也可能成为一个误差因素。在这里题目的取样并不影响稳定性系数，因为两次施测的是同一些题目。

（二）优点及局限性

用再测法估计信度的优点在于能提供有关测验结果是否随时间而改变的资料，可作为预测受测者将来行为表现的依据；其缺点为易受练习和记忆的影响，前后两次施测间隔的长短务必适度。如果相隔时间太短，则记忆犹新，练习的影响较大；如果相隔时间太长，则身心的发展与学习经验的累积等均足以改变测验分数而使相关降低。另外，第一次测试所发现的错误也可能导致第二次反应的变化而增加误差变异。同时，再测信度只适用于测量那些不会随时间的变化而改变的特质。例如，IQ 测验分数保持恒定时其实际价值最大，所以高信度的 IQ 测验是很受欢迎的。然而，如果测验所测量的特质是不稳定的，分数恒定就没有什么意义了。比如，一种测量情绪的测验，其测量值会极其不稳定，因为情绪是起伏不定的。因此，如果所测特质自身是不稳定的，那么就不应该测量其稳定性。

计算重测信度有下列几个假设：

1. 所测量的特性必须是稳定的。

计算再测信度的前提是假设所测量的特质是稳定的，但这个假设意义并不明确。因为如果假设被测的特性是稳定的，但再测信度很低，这时我们就无法确定是我们的假设错误，还是其他情况影响了信度。相反，如果假定其特性是不稳定的，但两次施测的相关很高，我们也无法知道是假设错了，还是因为有某些系统误差而产生偏高的信度。因此，只有当我们对所测量的特性充分了解时，才能对稳定性的意义作解释。

2. 被试遗忘与练习的效果基本上相同或相互抵消。

在做第一次测验时，被试可能会获得某种技巧，但只要间隔的时间适度，这种练习效果会基本上被遗忘掉。在任何一种情况下，假如遗忘和练习的影响对被试各不相同，信度就会降低。

3. 在两次施测的间隔时期内，被试的学习效果没有差别。

例如，拿同一测验在课程开始时作为前测验，在课程结束时作为后测验。若学生所学的量不同，前测验—后测验的相关将反映出学习效果的差别，从而使信度降低。

由于以上几条假设很难做到，所以有些测验不宜用再测法估计信度。一般只有在没有复本可用，而现实条件又允许重复施测的情况下才采用此法。一些测量推理和创造力的测验，一旦被试掌握了解决问题的原则，在以后重测时，他就会很容易地作出反应，此时测验的性质和功能就发生了变化。因此，只有那些不容易受重复使用影响的测验才能用再测法估计信度，如感觉运动测验，人格测验等。

用再测法估计信度，由于练习效应（指第一次测验影响了第二次测验的成绩）的存在，所以必须慎重选择和评定测验之间的时间间隔。如果测验的两次施测时间非常接近，就得冒着更大的风险去承受练习效应。但随着测验间隔时间的延长，又会有很多其他的因素介入进来，作为两次测验分数差异的替代解释。例如：一份测验分别在儿童4岁和5岁的时候施测，两次施测的相关是0.43，那么留给我们的就会有好几种解释，这个低相关可能意味着：a. 测验的信度不高；b. 从4岁到5岁时，儿童的被测量特征发生了变化；c. 测验的低信度与儿童的改变以某种方式结合造成了0.43的相关。对大多数重测信度我们都无法在这几种可能中作出判断。

那么，多长的时间间隔是合适的呢？关于这个并没有很严格的限制。一般来说，相隔时间越长，稳定系数越低。最适宜的时距依据测验的目的、性质及被试特点而异，短则几分钟、几个小时，长则数月，甚至一、两年之久。例如，对于年幼的儿童，两次施测的间隔应比年纪较大的被试短些，这是因为个体在发展的早期变化较快。一般来说，无论对于哪种被试，初测与再测的间隔最好不超过六个月。但也有另一种情况，例如，我们可能在间隔许多年后对被试施测同一个智力测验，此时我们的目的主要是考察智力随年龄的发展变化，而不是用来估计测验的信度。信度仅限于考察由测量本身引起的小幅度的随机变化，而不应涉及整个行为的持久改变。

由于测验的稳定性系数受时间和其他各种因素的影响，故任何一个测验都可能有不止一个再测信度系数，所以在编制测验时应该在测验手册中报告重测信度的时间间隔以及在此间隔中被试的有关经历，如受过何种教育训练、心理治疗以及有何学习经历等。例如，在中国修订《韦氏儿童智力量表手册（C—WISC)》中，就曾对重测信度的计算报告了被试情况（6—16 岁城市儿童 151 名，农村儿童 74 名且各年龄儿童分布较平均)，并报告了两次测验的间隔时间（2—7 周）以及两次的相关系数（城市：0. 59—0. 86，农村：0. 59—0. 81）等。一份完备的测验应有很多重测系数，分别与不同的测验间隔时间相对应。同时，当你在一份测验手册中找到重测系数时，你也应仔细注意两次测验的间隔时间。通常，你要保证该测验在你的研究所需要的时间间隔上是可信的，你还要考虑在初测和重测时发生了什么事件，例如：读了一本书，参加了一门课程的学习，或看了一个电视纪录片，这样的活动都会使得重测信度发生变化。

最后，我们还要注意，有时候重测相关很低并不意味着测验不可信，而是可能提示：被研究的特性发生了改变。经典测验理论的一个问题就是它假设行为倾向不随时间的变化而变化，例如：如果我是一个带有攻击性的人，那么就假设我始终都带有攻击性。然而，有些学者提出，一些重要的行为特征，比如动机，是随着时间而波动的。实际上像健康状况这样的重要变量，也被认为是不断变化的。在经典测量理论中，这些变异被认为是由误差造成的。因此测验理论家们现在受到了挑战，需要建立新的模型来解释这些系统变异。

二、复本信度

（一）含义及估计方法

在建构可信测验时另一点要注意的是，针对某个特性编测验，可以选择很多不同的项目来代表这一建构。例如，要编制一份用于确定拼写能力的测验，则会有很多不同的单字可供挑选纳入这份测验中。信度分析中的一种形式就是确定在误差的变异数中，有多少变异是因为选择了某一套项目所致。复本信度就是用于这一目的。

复本信度（alternate-form reliability）指的是两个平行测验测量同一批被试所得结果的一致性程度，其大小等于同一批被试在两个复本测验上所得分数的皮尔逊积差相关系数。

使用测验复本，可以避免再测信度中所碰到的一些困难。因此，能够在第一次使用一组项目，而在第二次使用另一组等值项目，对同一组被试进行测验。两组项目上得出的分数之间的相关，就是测验的信度系数。应当指出，这种信度系数既测量时间稳定性，又测量对不同的项目样本的回答的一致性，因而可把两种类型的信度结合起来。由于两类信度对于大多数测验目的都是重要的，所以，复本信度为评价很多测验提供了有用的度量。

项目取样即内容取样这一概念，不仅是复本信度的基础，而且也是所讨论的其他信度的基础。因此有必要仔细讨论这个概念。许多学生都有过参加学科考试的体会，也许有时他们感到碰上“好运气”，因为许多项目碰巧他们复习得最认真；而有时恰恰相反，所考的大量项目他们没有复习过。这种熟悉的情景说明了内容取样所造成的误差变异。该测验上的分数取决于选择哪些特定项目。假如有另一位独立工作的研究人员，按照同样的规定编制出另一份测验，那么被试在这两个测验上的分数究竟会相差多大呢？

让我们假设，编制一份 40 个单词的词汇测验，测量一般的言语理解。现在又假设，编制第二份 40 个不同单词的测验，测验目的相同。两个测验的难度分布范围也相同。那么同一组被试在这两个测验上所得分数的差异就说明了这类误差变异。由于不同个体过去经验中的偶然因素，这两个测验上的相对难度，对于不同个体就有所不同。因此，被试 A 可能在第一个测验上有较多的生词，而被试 B 则可能在第二个测验上有较多的生词。如果这两名被试的词汇量（即“真分数”）大致相同，B 还是会在第一个测验上超过 A，而 A 则会在第二个测验上超过 B。这样由于项目选择中的偶然差异，使这两个被试在两个测验上的相对位置刚好相反。

像再测信度一样，复本信度也应该说明测验实施的时间间隔及有关的干预情况。由于两个复本测验实施的时间不同，复本信度所表达的含义也略有不同。

如果两个复本测验是同时连续施测的，则称这种复本信度为等值性系数。由于等值性系数取决于平行测验的得分之间的相关，且两次测验的时间间隔极短，所以信度偏低肯定是由于题目取样不同所造成的，而非学生自身的变化造成的，这一点是与稳定性不同的。从上面可以看出等值性系数的大小主要反映两个复本测验的题目差别所带来的变异情况。当然此法并不能完全控制短期内受测者的情绪波动及施测情况的差别，因而无法得到纯粹的等值件测量，但变异数的最主要来源还是两个复本的题目差别。

如果两个复本测验是相距一段时间分两次施测的，则称这种复本信度为稳定性与等值性系数。由于这种方法把复本法和再测法结合起来，这时两个题目之间的差别、两次试测时的情景、被试特质水平等方面的差别都会成为测验结果不一致的重要原因，因此，与其他信度系数相比，此种复本信度最小，也即是说，稳定性与等值性系数是对信度的最严格的考验，其值最低。

在实际工作中，为了抵消施测的顺序影响，一般可以随机地选出一半被试先做 A 卷后做 B 卷，另一半被试先做 B 卷后做 A 卷。

（二）局限性

虽然复本信度的应用比再测信度广泛得多，但是，它也有一定的局限性。首先，如果所研究的行为受到练习和记忆的影响很大，则使用复本只能减少但不能消除这种影响。当然，假如所有测验参加者由于重复测试而出现同样的提高，他们的分数之间的相关仍然不受影响，因为每一个分数加上一个常量，不会改变相关系数。然而，大部分情况下由于先前练习类似材料的程度、参加测验的动机以及其他因素的影响，被试分数的提高量往往有所不同。在这种情况下，练习的影响就产生另一种误差，它往往减少两个测验之间的相关。

其次，测验的难度会由于重复而有所改变。例如，在某些推理测验中，大多数被试一旦作出答案，就能够很容易地解答属于同样原理的项目。在这种情形下，由于第二个测验只是改变了题目的具体内容，在第一个测验中已经掌握的解题原则，就很容易迁移到第二个测验的同类问题。

最后，还应当指出，编制真正的等值测验实际困难重重。在前面的定义中我们可以看到计算复本信度的前提是要构造出两份或两份以上真正平行的测验（即A、B卷）。复本测验之间必须在题目内容、数量、形式、难度、区分度、指导语、时限以及所用的例题、公式和测验等其他方面都相同或相似。换句话说，平行测验就是那种用不同的题目测量同样的内容范围或维度，而且其测验结果的平均值和标准差都相近的两个测验。显然，严格的复本测验是很难构造出来的。所以，很多测验并没有复本。由于这些原因，就常常需要使用其他的方法来估计测验信度。这样分半信度就应运而生了。

三、分半信度

（一）含义及估计方法

分半信度（split-half reliability）是指将一个测验分成对等的两半后，所有被试在这两半上所得分数的相关。

分半信度系数可以和等值性系数一样解释。因为这两半基本上相当于最短时距施测的两个平行测验，由于只需要对一个测验进行一次施测，考察的是两半题目之间的一致性，所以这种信度系数有时也被称为内部一致性系数。虽然分半信度也可当做内部一致性的测量，但我们将它归类为等值的特例，与其他等值性测量的唯一不同之处是在测验施测后才分为两个。

要计算分半信度，首先碰到的是如何将测验分半，以便得到最接近的可比较的两半。任何一个测验都可以用各种不同方法分半。在大部分测验中，前半部分和后半部分通常是不可比较的。这一方面是由于两部分题目的特性和难度水平不同，另一方面是由于准备活动、练习、疲劳、厌倦等各种因素的作用从测验开始到结束是逐渐变化的。为了使两部分可以比较，一个常用方法是按奇数题和偶数题分半。如果测验题目是按从易到难的顺序排列，这种分法可得到近乎相等的两半。在进行奇偶分半时，要注意的问题是怎样安排一组解决统一问题或相互有牵连的题目。譬如，几个题目都与给定的图形或短文有关，或者对一个问题的答案要利用前一个问题的答案，在这种情况下整个一组题目应放到同一半。如果将这样一组题目分成两半，就会高估分半信度。因为对此种问题的任何错误都会同时影响两半的分数。

分半信度的计算方法和等值复本信度的计算方法类似，只不过被试在两半测验上得分的相关系数只是半个测验的信度，而再测信度和复本信度却是根据所有题目分数求得的。由于在其他条件相等的情况下，测验越长，信度越高，所以必须使用以下“斯皮尔曼—布朗公式”加以校正。

$r_{xx}=2r_{hh}/(1+r_{hh})$

式中 r_{hh} 为两半分数的相关系数，r_{xx} 为测验在原长度时的信度估计。例如：当一个量表被分成相等的两半时，两半测验之间的相关是0.78。根据公式，整个测验信度的估计值是：

$r_{xx}=(2\times0.78)/(1+0.78)=0.876$

使用斯—布公式的效果是增加了信度。表3－1左边一列表示的是在用斯—布公式修正之前的信度，中间一列是修正后的信度，右边一列是修正引起的变异量。你可以看到，斯—布公式的修正效果较显著，特别是对于在中间范围的信度。

表3－1　用斯皮尔曼—布朗公式修正的分半信度系数

修正前	修正后	改变量
0.05	0.09	0.04
0.15	0.26	0.11
0.25	0.40	0.15
0.35	0.52	0.17
0.45	0.62	0.17
0.55	0.71	0.16
0.65	0.79	0.14
0.75	0.86	0.11
0.85	0.92	0.07
0.95	0.97	0.02

不过，斯—布公式的假定是两半测验的变异性相等，但实际资料未必符合这一假定。当两半不等值时，分半信度往往被低估。在这种情况下，可采用下列两种公式之一，直接求得测验的信度系数。

1. 弗朗那根（Flanagan）公式

$r_{xx}=2[1-(S_a^2+S_b^2)/S_x^2]$

式中 S_a^2 和 S_b^2 分别表示所有被试在两半测验上得分的变异数，S_X^2 表示全体被试在整个测验上的总得分的变异数。

2. 卢仑（Rulon）公式

$r_{xx} = 1 - S_d^2/S_x^2$

式中 S_d^2 表示同一组被试在两半测验上得分之差的变异数，S_x^2 表示整个测验分数的变异数。在此式中，被试在两半测验上的分数之差就是无关方差即误差方差。这些误差的方差除以总分的方差，就得出分数中误差方差的比例，从 1.00 中减去这个误差方差，就得出“真实方差”的比例，它等于信度系数。

（二）使用时需注意的问题

在使用分半信度时，还要注意以下几点：1. 误差的主要来源是题目本身，而时间因素并不对分半信度产生影响。因此其信度低是由于测验两半之间题目内容取样的不同造成的。因为时间因素并不影响分半信度，所以这种方法所得到的信度往往较高。2. 分半法并不适用于速度测验。速度测验是一种由简单题目组成的，只要时间允许所有人都能做出所有题目的测验。在这种纯速度测验中，奇偶数题的相关很高，但这只是一种假象。因为所有做过的题基本上都能够做对，那么个体的奇偶数题的得分则会相等。3. 由于将一个测验分成两半的方法很多（如按题号的奇偶性分半、或按题目的难度分半、或按题目的内容分半等等），所以，同一个测验通常会有很多个分半信度值。

四、同质性信度

（一）含义

同质性信度（homogeneity reliability）也叫内部一致性系数，它是指测验内部所有题目间的一致性程度。这里讲的一致性是指分数的一致，而不是题目内容或形式的一致。因此，若测验的各个题目得分有较高的正相关时，不论题目内容和形式如何，测验都是同质的。相反，即使所有题目看起来都好像测量同一特质，但分数相关很低时，这个测验就还是异质的。不过也有些心理测量学家认为，同质性的定义还应加上只测单一因素的限定。

虽然将同质性定义为测验中跨题目的一致性，但这个概念也可应用到测验中的分测验或题目群。究竟要在哪一级水平上作分析则取决于测验的结构与分析的目的。因此，一个异质性的测验也可能包含一些同质性的分测验或题目群。

题目内部的一致性主要受两方面因素的影响：1. 内容的同质性；2. 所研究的行为的异质性。所测量的内容或行为的同质性越高，项目间一致性就越高。例如，一个测验由 40 个词汇项目组成，而另一个测验则包括 10 个词汇项目，10 个空间关系项目，10 个算术推理项目和 10 个知觉速度项目。在后一个测验中，被试在不同类型项目上的成绩之间就没有多少关系。

显然，从相对同质性的测验上得出的测验分数，其意义较为明确。假设在上述高度异质性的 40 个项目的测验上，甲和乙都得 20 分。我们能够得出两个人在这个测验上表现相同的结论吗？根本不能。甲可能做对 10 个词汇项目和 10 个知觉速度项目，而算术推理项目和空间关系项目则一个也没有做对。相反，乙可能做对 5 个知觉速度项目，5 个空间关系项目，10 个算术推理项目，而词汇项目则一个也没有做对。

许多其他的组合显然也会得出相同的总分 20。通过不同的项目组合得出这个分数时，它会具有完全不同的意义。另一方面，在相对同质性的词汇测验上，20 分也许就表示，测验参加者大致做对前 20 个项目，如果项目按照难度上升顺序来排列的话。也许他没有做对两三个较容易的项目，却做对了两三个第 20 题以后的较难的项目；但是，这类个体变化的程度与较为异质性的测验相比，则微乎其微。

虽然同质测验分数的意义比较明确，但是一个单独的同质性测验往往不能预测一个异质的行为或心理特性。现在的许多心理测验都是异质的，不过它们多半是由若干个相对同质的分测验或分量表所组成，每个分测验或分量表只测量一个方面的特征。这样，当把分数组合起来后便可以作出明确的解释。

与前面几种信度估计不同，并不是所有的心理测验都要求有较高的同质性信度。是否需要考察题目的同质性，取决于测量的目的。一般用于预测的测验或学绩测验可以不考虑同质性。而在提出或验证某种心理学理论的构想和假设时，却要求对所研究的心理特征或构想作出“纯粹”的测量，否则便不能由测验分数作出意义明确的推论。可见，同质性测验是心理学理论的建立和发展所必需的。

（二）估计方法

同质性信度的一种粗略估计方法是求测验的分半信度，但由于对同一个测验划分两半的方法多种多样，而每一种划分方法所得的信度估计值都是不同的，因此分半信度并不是内部一致性的最好估计。为弥补分半法的不足，人们提出了如下公式：

$$r_{kk} = K\bar{r}_{ij}/[1 + (K-1)\bar{r}_{ij}]$$

其中，K 为一个测验的题目个数，$\bar{r}_{ij}$ 为所有题目间相关系数的平均值。

这个公式说明信度可表示为题目间相关的平均数。当题目间相关的平均数较高时，测验较同质。但这个公式实际也是不方便的，因为所有题目间都求相关会比较麻烦，因此后来又根据这个公式导出了十分方便的库—理信度系数和克伦巴赫 α 系数。

1. 库—理信度系数

$$r_{kk} = [K/(K-1)][1 - (\sum p_i q_i)/S_x^2]$$

其中，K 是题目数，p_i 为答对第 i 题的人数的比例，q_i 为答错第 i 题的人数的比例，S_x^2 为测验总分的变异。此公式是由库德（G. F. Kuder）和理查森

（M. W. Richardson）于 1937 年提出的系列公式中的一个，称做 KR_{20} 公式，仅适用于二分法（0，1）记分的测验。

数学上能够证明，库—理信度系数实际上是一个测验所有不同的分半方法所得出的分半系数的平均值。而通常的分半信度是根据两个等值的半测验得出。因此，除非测验项目高度同质，库—理信度系数将低于分半信度。试举一个极端的例子说明这种差异。假设我们编制一个 50 个项目的测验，项目有 25 种不同内容，如果项目 1 和项目 2 是词汇，项目 3 和项目 4 是算术推理，项目 5 和项目 6 是空间关系，等等。在理论上，这个测验上的奇偶分数十分一致，因而得出较高的分半信度系数。然而，这个测验的同质性很低，因为整个测验的 50 个项目之间成绩一致性不会很高。在这个测验中，我们会预期到库—理信度系数比分半信度低得多。事实上，库—理信度系数和分半信度系数之间的差异，可以作为测验异质性的一项初步指标。

除了 KR_{20} 公式，库德和理查森还提出了信度公式的一个特例，它不需要对每一个项目都计算 p 和 q。KR_{21} 的重要假设是所有项目难度相同或接近。但实际上，很难满足这一假设，而我们通常发现 KR_{21} 会低估分半信度。不过，由于 KR_{21} 只需要很少的计算量，因此它仍然有较大的应用价值。

KR_{21} 的公式如下：

$$r_{kk} = [K/(K-1)][1-(K\bar{p}\bar{q})/S_x^2]$$

其中，各指标含义与 KR_{20} 相同，只是 $\bar{p}$ 与 $\bar{q}$ 分别表示题目的平均通过率和失败率。此公式只有当所有题目的难度接近时才适用。

2. 克伦巴赫 α 系数

库—理信度系数仅适用于项目按照对错或有无等二分法计分的测验。然而，一些测验包括多重计分项目。例如，在人格问卷上，被试在一个项目上可以得到不同的数字分数，这取决于他选择“通常”“有时”“偶尔”“从不”等。对于这类测验，克伦巴赫推导出了称之为 α 系数的公式。在这个公式中，用项目分数的方差之和代替了 $\sum p_i q_i$。具体做法是，先算出每个项目上所有被试分数的方差，然后把所有项目的方差相加。α 系数的完整公式如下：

$$\alpha = [K/(K-1)][1-(\sum S_i^2)/S_X^2]$$

其中，S_i^2 表示所有被试在第 i 题上的分数变异，其余指标的含义与 KR_{20} 相同。

实际上，KR_{20} 和 KR_{21} 只是 α 的特例，因为在（0，1）计分时有 $\sum S_i^2 = \sum p_i q_i$。此外，$\alpha$ 值还是所有可能的分半信度的平均值，它只是测量信度的下界的一个估计值。用库—理公式和克伦巴赫 α 系数所求得的信度通常比分半信度低。因为在把题目分成两半时，人们总是尽量使两半题目具有可比性，因此相关系数相对较高。

以上这些公式并不适用于速度测验，因为只有每个人都做完全部题目，题目的变异数才是准确的。

3. 荷伊特信度

1941 年荷伊特（C. Hoyt）提出用方差分量比来衡量测验内部一致性的方法。

一组测验分数的总变异数可以划分为三个来源：人与人之间的差别、题目间的差别以及人与题目交互作用的差别。真正变异数应以人与人之间的差别来估计，测量误差变异数可从人与题目的交互作用来估计。荷伊特提出用下式作为测验信度的估计值：

$$r_{xx}=1-MS_{人\times题}/MS_{人}$$

式中 $MS_{人}$ 是同人与人间差别有关的均方差，$MS_{人\times题}$是同人与题目交互作用有关的均方差。

4. 因素分析

有些测量学家认为因素分析是决定测验同质性的最好方法。特别是当测验明显测量的是几个不同的特质时，因素分析是被广泛采用的一种方法。

因素分析方法最初是由心理学家斯皮尔曼在研究智力理论时提出来的，后来发展成为一种复杂的统计技术，用于确定一组变量间的相互关系最少需要几个因素来解释。因素分析可以帮助测验编制者建立一个有分量表的测验，以便测量不同的特质。对每个分量表来说，如果一个因素就足以解释所有题目分数的变异，这个分量表就是高度同质的。如果此因素负荷较低或需要一个以上的因素来解释，该量表就是异质的。

因素分析的具体方法是：先建立每个被试在每个题目上得分的资料矩阵，再建立所有题目之间的相关矩阵，然后对每一组有相关的题目命名一个因素。

因素分析的数学演算是以矩阵代数作为基础的，过程极为繁复，若以人力和纸笔去计算，不但耗时耗力，而且容易发生错误。所以此种方法虽已有半个多世纪的历史，但一直没有广泛应用。只是在最近几十年中，借助现代计算技术才得到较大发展，成为各学科特别是生物学科和社会学科广泛应用的处理多变量问题的工具。目前，一般的电子计算机都备有各种现成的因素分析程序。因此，一般研究人员不一定要了解因素分析的繁复的演算过程，只要掌握其基本原理并能对计算机运算后输出的结果加以解释就可以了。

（三）内部一致性估计存在的问题

内部一致性估计是有用的信度量数，因为它只施测一次，因此可以排除记忆和练习的效果。然而，这些方法也存在一些问题。

第一，它们只可在测量单一特质的测验上使用。举例来说，它们可用于拼音测验，但不能用在包含拼音、阅读理解和作文等部分的语文测验。

第二，当应用在速度测验上时，内部一致性量数会有信度估计膨胀的现象。

因为速度测验都是简单或者相对简单的题目，并且要在限制时间内完成。在这样的测验中，受测者应该可以答对他所作答的大多数题目，因此内部一致性都会很高。

五、评分者信度

对一些无法完全客观记分的测验来说，评分者之间的变异也是误差的重要来源。比如测量创造力的发散思维测验以及测量人格的投射测验，在评分时都掺杂有主观判断成分。对于这类测验，除需要通常的信度估计外，还需要评分者信度的度量。

评分者信度（scorer reliability）指的是多个评分者给同一批人的答卷评分的一致性程度。考察评分者信度的方法是：随机抽取相当份数的试卷，由两位或多位评分者按记分规则分别给分。然后根据每份试卷的分数考察评分的一致性。

如果只有两位评分者，计算其评分的相关系数，即得评分者信度。一般要求在成对的受过训练的评分者之间平均一致性达到 0.90 以上，才认为评分是客观的。

当多个评分者评多个对象，并以等级法记分时，还可以采用肯德尔和谐系数作为评分者信度的估计。公式如下：

$$W = 12[\sum R_i^2 - (\sum R_i)^2/N]/[K^2(N^3 - N)]$$

其中，K 是评分者人数，N 是被评的对象数（通常是考生数，每个考生一份试卷），$\sum R_i$ 是第 i 个被评对象（考卷）被评的水平等级之和。

当评分者（K）为 3 —20 人，被评对象（N）为 3—7 人的小样本时，可利用肯德尔和谐系数表来考察 W 是否达到显著水平。如果求得的 W 值大于表中所列的相应数值，就说明评分是较为一致的。

当 N 大于 7 时，则可计算 χ^2 值并作 χ^2 检验[$\chi^2 = K(N-1)W, df = N-1$]，如果 χ^2 值达到显著水平，则 W 也算达到显著水平。

若评分中有相同等级出现，则要使用以下公式求 W 值：

$$W = 12[\sum R_i^2 - (\sum R_i)^2/N]/[K^2(N^2 - N) - K\sum(n^3 - n)/12]$$

其中，n 为相同等级的个数，其他指标与公式 $W = 12[\sum R_i^2 - (\sum R_i)^2/N]/[K^2(N^3 - N)]$ 中指标的含义相同。

在统计软件 SPSS 中可执行肯德尔和谐系数的计算。但是需要注意的是，一般我们是以行为个案记录，以列为变量，是通过大量个案汇集的样本来考察变量之间的关系；评分者信度实际上是以变量来考察个案，因此，需要使用“Transpose”功能，对数据进行行列转置，否则就会出现错误。也就是变为列是各评分者，行为各变量名。

六、总述

下面两个表总结了本节所讨论的不同类型的信度系数。

表 3－2 估计信度的方法与测验复本的数目以及施测次数的关系

所需要的施测次数	所需复本的数目	
	一	二
一	分半信度 同质性信度 评分者信度	复本信度 （连续施测）
二	再测信度	复本信度 （间隔施测）

表 3－3 各种信度系数相应的误差变异的来源

信度系数的类型	误差变异的来源
再测信度	时间取样
复本信度（连续施测）	内容取样
复本信度（间隔施测）	时间与内容取样
分半信度	内容取样
同质性信度	内容的异质性
评分者信度	评分者之间的差异

在一般情况下，间隔施测的复本信度，其值最低，因为很多因素有机会影响到分数。相反，校正过的分半信度，因为影响因素少，所得的信度估计值最高。

估计信度的方法远不止以上几种。实际上，有多少种误差来源，就有多少种估计信度的方法。一个测验哪种误差大，便应该用哪种误差估计。有时一个测验需要有几种信度系数，这样我们就能把总变异分为不同的分支。

假设对 100 个六年级学生以两个月的时间间隔先后施测一个创造力测验的 A、B 两个复本，所得的等值性与稳定性系数为 0.70。我们还根据被试对每个复本的反应计算出分半信度为 0.80（先计算每个复本的分半相关系数，将两者平均后再用斯皮尔曼—布朗公式校正）。同时，我们让另一位评分者随机抽取 50 份卷子另外评分。得到评分者信度为 0.92。下边我们对这三种方法产生的误差变异进行分析。

很明显，第一种信度估计的误差变异数是 $1-0.70=0.30$，其来源是内容和时间取样，第二种信度估计的误差变异数为 $1-0.80=0.20$，其来源是内容取样。由内容取样和时间取样引起的误差变异中减去只有内容取样引起的误差变异，即为由时间取样引起的误差变异，其值为 $0.30-0.20=0.10$。第三种信度估计的误差变异数为 $1-0.92=0.08$，这是由评分者之间差异引起的变异。由此我们可以得出测量的总误差变异为 $0.20+0.10+0.08=0.38$，真实变异为 $1-0.38=0.62$。

最后还要说明一点，信度虽然是测量的特性，但不能笼统地讲某个测验的信度有多高。只能说在特定的条件下，用于特定的团体，采用特定的方法所得到的某个测验的信度系数是多少。也就是说，信度总是与特定的情境相关。

参考：信度标准

美国心理学会、美国教育研究会和国家教育测量委员会（1999）提出了20条信度标准。下面是这些标准的摘要。

1. 应当提供测验总分、因素分和分数组合的信度估计值和测量的标准误。

2. 在原始分和导出分数中应当报告测量的标准误。

3. 有时测验的解释涉及到单个个体两次观测分数之间的比较或两组平均数之间的比较。在这种情况下，应当报告差异的信度资料包括标准误在内。

4. 在报告信度时应当对研究中的被试选择的方法、样本大小和群体的特征加以报告。

5. 信度系数和标准误不应当和其他方法得出的结果进行相互转换，特别是那些用特定的方法计算出来的数值。

6. 如果信度系数在一个限制的范围内进行了调整，整个调整过程必须加以说明。

7. 如果一个测验同时测量多个因素或测量的是多维特质，在报告信度时必须能够识别这个多因素结构。

8. 如果测验有可能影响被试的工作绩效，被试必须被告知。

9. 对于限制时间的测验，信度的估计应当采用备择或平行测验，依据被试完成测验的时间进行调整。

10. 在评定行为时，判断可能会产生主观误差。当可能存在主观误差的时候，应当考虑相互评定的一致性和评定者的信度。

11. 无论何时，只要是可行的，测验的发表都应当提供多个亚群体的信度证据。

12. 当测验应用于不同的年级水平或不同的年龄群体，而且不同的群体具有不同的常模时，应当分别提供每一年级或群体的信度资料。

13. 有时，全国性的测验用于某一地区，应尽可能地提供这个地区的信度评估资料。

14. 应当告知不同条件下的测量标准误，这意味着测验如果要将被试分到不同的群体中去，每个群体的测量标准误都应当加以考虑。

15. 如果测验中被试被划分为不同的类别，应当报告在两个不同的场合进行测验的情况，被划分到相同类别的被试的百分位数。

16. 有时不同的被试完成项目不同的测验，这些项目可能是选自一个更大的项目库。在这种情况下，应当在类似于典型情境的情境下进行连续测试以对信度加以估计。

17. 有时测验具有长短两个版本，在这种情况下应当报告两个版本的信度资料。

18. 如果在施测中允许变化的发生，应当报告每一重要变化时的信度资料。

19. 当群体的平均数被用于估计时，这个被测验的群体应当被看做是一个更大的群体的样本，必须报告这个群体平均数的标准误。

20. 有时主试把小的项目子集施测于不同的被试样本，然后把这些资料整合到一起以估计群体的水平。当使用这种方法的时候，信度分析必须把取样因素考虑在内。

——摘自 Robert M. Kaplan Dennis P. Saccuzzo 著，赵国祥等译，《心理测验》（第五版）

第三节 信度的影响因素与提高方法

一、影响信度的因素

信度是测量过程中的随机误差大小的反映，凡是能引起随机误差的因素——被试、主试、测验内容、施测情境等，都会影响测量信度。

（一）被试因素

就单个被试而言，被试的身心健康状况、应试动机、注意力、耐心、求胜心、作答态度等都会带来测量误差，这些在上一章已经讨论过了，就不再详细叙述。

影响信度系数的另一个重要因素是用来确定信度的被试团体的特性。就被试团体而言，整个团体内部的异质程度以及团体的平均水平都会影响测量信度。这是因为，我们所计算的信息估计值大都是以相关为基础的，而相关系数的大小往往取决于全体被试得分的分布情况。而分数的分布与团体的异质程度有关。一个团体越是异质，其分数分布的范围也就越大，信度系数也就越高，这样就很可能会高估实际的信度值。而当团体内部水平相差不大时，其得分分布必定会较窄，这时以相关为基础计算出来的信度值必然会小，又有可能低估真正的信度值。

由于信度系数与样本团体的异质性有关，所以我们在使用测验时，不能认为当该测验在一个团体中有较高的信度时，在另一个团体中也有同样的信度。此时，往往需要重新确定测量的信度。当将测验用于异质性团体时，可用下面的公式推算出新的信度系数：

$$r_{nn} = 1 - [S_o^2(1 - r_{oo})/S_n^2]$$

式中 r_{oo} 为用于原团体的信度，r_{nn} 为用于异质程度不同的团体的信度，S_o 为信度系数已知的分数分布的标准差，S_n 为信度系数未知的分数分布的标准差。

经研究表明，信度系数不仅受样本团体的异质程度的影响，也受样本团体平均水平的影响。因为对于不同水平的团体，项目具有不同的难度，每个项目在难度上的变化累积起来便会影响信度。但这种影响不能由统计公式来推估，只能从经验中发现它们。比如，在选择题测验中，对于较年幼或能力较低的被试，分数受猜测影响较大，因此信度相对要低些，一般对这样的被试不宜采取选择题测验。

由于信度系数与被试团体的异质程度和平均水平有关系，因此在编制测验时，应把常模团体按年龄、性别、文化程度、职业、爱好等分为更同质的亚团体，并分别报告每个亚团体的信度系数，这样测验才能适用于各种团体。

（二）主试因素

就施测者而言，若他不严格按指导手册中的规定施测，则测量信度会大大降低。

同时，如果评分者没有一个统一的标准答案或者评分标准、评分主观等，也会降低测验的信度。实际上，测验的信度不可能比记分的信度高。如果记分者对答案正确的记分一致性很低，即使一个好的测验也不可能有高的信度。换句话说，如果记分的信度是 0.70，那么 0.70 就成为测验可能信度的最大值。事实上，如果还存在其他降低可信度的误差，信度甚至会更低。因此，记分的客观性是特别重要的。记分程序的改进，会使信度大为改进。

（三）施测情景因素

在实施测试时，测验现场条件及环境等都会影响到测验的信度。

（四）测量工具因素

以测验为代表的测量工具是否性能稳定是测量工作成败的关键。一般的，试题的数量、试题的难度以及试题之间的同质性程度等都是影响测验稳定性的主要因素。

1. 试题的数量

在其他因素相同的情况下，测验题目的数量越多，信度越高。原因是在题目数量增加的同时，受测者的潜在差异会更多表现出来，分数的变异会加大。只有 1 道题的测验不会有很大的变异，因为分数只能是 0 或 1。与短测验相比，较长的测验使分数更离散，因而会增大相关系数。

增加测验长度的效果可以从斯皮尔曼—布朗公式的通式（分半法校正公式是其特例）中看出来。

$r_{kk} = kr_{xx}/1 + (k-1)r_{xx}$

式中 k 为测验改变后长度与原长度之比，r_{xx} 为原测验的信度，r_{kk} 为测验长度是原来的 k 倍时的信度估计。

如果测验的长度加长，那么就可以用这个公式来估计信度。假定有一个包括10个题目的测验，信度为0.50，那么增加测验题目的数量后对相关系数的影响可以看下表：

表3-4　题目数量对相关系数的影响

题目数量	10	50	100	200	300	400	500
相关系数	0.50	0.83	0.91	0.95	0.968	0.976	0.980

从上表可以看出，增加测验题目是提高测验信度的最有效的途径之一，但并非测验题目越多越好。增加测验长度的效果遵循报酬递减律，测验过长是得不偿失的，有时还会引起被试的疲劳和反感而降低可靠性。同时，只有增加的测验题目与原有的题目质量相近时，才能提高信度。加入低质量的题目（例如含混不清的题目）只能降低信度。

因为总测验包括的题目数量要比任何分测验都多，所以总分通常具有更高的信度。

2. 测验的难度

难度很低或很高的测验都不能测量个体间的差异，因为被试的回答都倾向于一致。当题目很容易时，每个人都可能正确回答了所有题目，分数就没有变异性了；当变异性很低时，信度通常也会很低。

难度太大的测验除了会降低分数的变异，还可能引起猜测，从而制造出随机误差，导致低信度。

3. 试题的同质性程度

试题的同质性程度对测验信度也具有较大影响。当一份测验中的同质性题目数量增多之后，同一心理特质被考察到的次数就会增多，被试的成绩就能被有效拉开，整个团体的测验分数分布就会更广，从而提高测验的信度。相反，如果一个测验内部的试题之间彼此异质（即测查的是不同的心理特质），则无法使测量的内部一致性系数提高。

（五）两次施测的间隔时间

在计算重测信度和稳定性与等值性系数时，两次测验相隔时间越短，其信度值就越大；间隔时间越长，其他因素带来影响的机会越多，因而其信度值就可能越小。

二、信度多高才是可信的

到底一个信度系数必须多高才算“足够高”？这个问题的回答取决于测验的用途。有人提出信度在0.70到0.80的范围内足以满足基础研究中的多数目的。有人甚至认为把研究工具精确到超过0.90的信度是在浪费精力和时间。尽管信度越高越好，但更多的负担和花费可能并不值得。

一般而言，高水平的信度在如下两种情况中是最为需要的：1. 测验用于制定最后的决策，2. 在相对较小的个体差异基础上将个体分成许多不同的类型。因此，在临床应用中，高信度是极为重要的。而当测验被用来作关系人们前途的重要决策时，你必须肯定已经把测验分数中的误差减到最小。这时，一份信度达到0.90的测验可能还不够好，应该尽力去找到一份信度超过0.95的测验。

而在如下情况中，低水平的信度是可以接受的：1. 测验用于最初的而不是最后的决策，2. 测验用于以粗略的个体差异为基础将人分成少数几种类型。

在一般情况下，标准化学绩测验和能力测验的信度应在0.90以上，至少不低于0.80；人格测验的信度应在0.80以上，至少不低于0.70；教师自编学绩测验的信度能达到0.60以上，就应认为是较高信度的测验了。低于0.60的信度估计一般被看做是不可以接受的信度水平。

实际上，在信度到底多高才可以接受的问题上，一直存在着“带宽—保真度困境”（Cronbach & Gleser，1965；Shannon & Weaver，1949）。带宽和保真度这两个术语都来自传播学。带宽（band width）是指在一条信息中包含信息的数量，而保真度（fidelity）是指信息传达的精确性。传达的信息数量（带宽）越大，它传达的精确度（保真度）越低。要求的精确性水平越高，可以传达的信息越少。这种情况，恰似课堂教学过程中教与学的矛盾：在时间有限的情况下，教学内容丰富，可能导致学而不精；教学精耕细作，但是可能导致教学内容过于狭窄。一般而言，测验可以获得的时间和资源很明显是受限的，结果有时我们不得不牺牲一定程度的保真度也即信度。因此，即使在技术上是可行的，要使一个心理测验和测量装置都获得高水平的信度也是不实际的。

三、提高信度的常用方法

通常测验编制者想让他们的测验在实际中应用，但分析却显示测验的信度不够。这时就需要采用一些能够提高测验信度的方法了，以下就介绍一些提高测验信度的常用方法。

（一）适当增加测验项目的数量

在前面我们论述过适当增加项目数量会提高信度。这并不难理解。举一个医学上的例子会有助于说明为什么越长的测验越可信。假如你因为消化不良去看医生，医生对病因作一个可靠的判断无疑对你是最有利的，但如果医生仅仅问了你一个问题就得出诊断，你会放心吗？只有医生问了很多问题的时候，你才可能安心。一般来说，人们觉得医生从问题和测验中获得的信息越多，诊断就越可靠。同样的情形也适用于心理测验。

测验中增加项目的决策可能导致一个持久而昂贵的过程。当加入新的项目时，测验必须被重新评定，结果可能信度仍低于一个可被接受的水平。此外，加入新的项目代价昂贵而且会使一份测验过长，以至很少有人能耐心做完它。况且，我们上面也说过，测验项目过长也不一定会使信度有明显提高。那么测验必须多长才能使之达到一个期望的信度水平呢？关于这个问题可以采用斯皮尔曼—布朗预言公式（Spearman-Brown prophecy formula）来计算，其公式为：

$$N = r_d(1 - r_o)/r_o(1 - r_d)$$

其中 N 指为达到期望的信度水平需要几个原测验的长度，r_d 指期望的信度水平，r_o 指原测验的信度水平。

以有 20 个项目的抑郁量表测验为例，它对医科学生的信度是 0.87，我们要使其信度提高到 0.95，把这些数值代入预言公式，得到 $N = 2.82$。这个计算告诉我们，为使有 20 个项目的测验的信度提高到期望的水平，我们需要有 2.82 个原长度的测验。也就是说，要达到期望的信度水平，我们必须使测验项目从原来的 20 个提高到 $20 \times 2.82 = 56.4$ 个，也就是至少要增加到 56 个项目。

把测验项目从 20 个增加到 56 个的决策必须基于经济的和实际的考虑，测验编制者应该首先问问：信度的增加是否值得为达到这一目标花费额外的时间、努力和费用。如果测验是用来作人事决策的，那么忽视任何提高信度的努力都可能是危险的。但另一方面，如果测验仅仅是用来得到两个变量是否相关的一种意见，那么这种花费就可能不值得了。

使用预测公式时我们所作的一个假设是加入项目的误差几率与测验中原项目的误差几率是相同的，但是，有些场合加入项目会带来新的误差来源。例如，如果测验过长，疲劳就成为一种主要的误差来源。举个例子：假设有一份包括 40 个项目的测验，其信度为 0.50，我们要把它的信度提高到 0.90，利用预言公式可以算出要想达到期望的信度，测验需要变为原来长度的 9 倍（$9 \times 40 = 360$ 个项目）。建立一份长达 360 个项目的测验的代价将是非常昂贵的，而且它需要测验编制者和受测者都投入相当大的时间。除了这些问题以外，在 360 个项目的测验中还会有新的误差来源，而这种问题在短测验中是不会发生的。比如，很多误差发生在长测验中，仅仅是因为人们在回答 360 个问题的漫长过程中觉得疲倦和厌烦。但是在预测公式的使用中这些因素并未列入考虑。

另外，还要再强调一点，在增加测验项目时，必须要保证新增项目与试卷中的原有项目同质。

(二) 因素分析和鉴别力分析

测验的信度依赖于所有项目测量的是同一种特质。尽管我们总是想以此种方式建立测验，但常常有些项目并不是测量同一种特质的，这些项目在测验中会降低测验的信度。这时为了保证项目测量的都是同一种特质，我们可以采用因素分析和项目分析来删除这些不同质的项目以便提高测验信度。

在做因素分析时，由于测验在单一层面是最可靠的，它意味着有一个因素比其他因素更能解释大部分变异，因此在这一因素上没有负荷或负荷极少的项目就可以考虑删除。

鉴别力分析（discriminability analysis）是项目分析的一种形式，它主要是检测每一项目同测验总分之间的相关。当一个项目的得分与测验总分的相关较低的时候，这一项目可能测量的是某种不同于测验中其他项目的内容，也可能意味着这一项目太简单或太难，以致人们在反应上没有差别，无论是哪一种情况，低相关都表示这个项目降低了信度，有必要把它删除掉。

(三) 衰减矫正

在心理学研究和实践中，所测量的特质之间的潜在相关常常会被测量误差削弱了。现在已经有公式可以矫正因测量误差引起的相关弱势，利用这些公式我们就可以估计如果没有测量误差，两个测量特质之间的相关会是多少。这种方法称做衰减矫正或“弱势矫正”（correction for attenuation），其公式为：

$$\hat{r}_{12}=\frac{r_{12}}{\sqrt{r_{11}r_{22}}}$$

这里$\hat{r}_{12}$为所估计的两个测验之间的相关；r_{12}为观测到的两个测验之间的相关；r_{11}为测验一的信度；r_{22}为测验二的信度。

例如，CES-D 和临床评定技能之间的相关是 0.34，两个测验的信度分别是 0.87 和 0.70，抑郁和临床技能之间相关的真实估计值将是

$$\frac{0.34}{\sqrt{0.87\times 0.70}}=\frac{0.34}{0.78}=0.44$$

在这个例子中，经过矫正之后，两个变量之间的相关由 0.34 提高到 0.44。

(四) 控制测验项目的难度

在编制测验时应使测验中所有试题的难度接近正态分布，并将平均难度控制在中等水平，这样被试团体的得分分布就会接近正态分布，且标准差会较大，以相关为基础的信度值就必然会增大。

(五) 选取恰当的被试团体，提高测验在各同质性较强的亚团体上的信度。

由于所有被试团体的平均水平和内部差异情况均会影响测量信度，所以在检验测量的信度时，一定要根据测验的使用目的来选择被试。即：在编制和使用测

验时，一定要弄清楚常模团体的年龄、性别、文化程度、职业、爱好等等因素。在一个特别异质的团体上获得的信度值并不等于其中某些较同质的亚团体的信度值。只有各亚团体上的信度值都合乎要求的测验才具有广泛的应用价值。

提高测验信度的方法还有很多，这里就不一一叙述了。

第四节 信度的特殊问题

一、速度测验的信度

在编制测验和解释测验分数时，对速度测验（speed test）和难度测验（power test）进行区分是十分重要的。在纯速度测验中，个体差异完全取决于作业的速度。编制速度测验，全部采用低难度的项目，所有项目都在测验所适用的个体的能力水平之内。但是规定的时限很短，没有人能够答完所有项目。在这种条件下，每一被试的分数仅仅反映他作业的速度。另一方面，纯难度测验的时限很长，每个被试都有足够的时间来尝试所有项目。但是项目的难度逐渐增加，并且测验还包括一些难到任何人都答不出的项目，所以没有人能够获得满分。

应当指出，无论速度测验或难度测验，都要防止被试获得满分。其理由是，满分的意义是不明确的，因为不可能知道，如果测验包括更多的项目或更难的项目，个体的分数还会高出多少。为了使每一个个体充分表现他能够完成什么，测验必须在项目的数目上或在难度水平上提供合适的上限。

在实际工作中，速度测验和难度测验的区别是相对的，大多数测验兼有难度和速度两种要求，只是程度有所不同。我们需要知道每个测验以何种要求为主，不仅为了知道测验测量什么，而且为了选择合适的方法来评估测验的信度。施测一次测验的信度系数，例如用奇偶分半或库德—理查森方法得出的信度系数，都不适用于速度测验。当测验分数的个体差异取决于作业的速度时，用这些方法得出的信度系数会是假性高相关。举一个极端的例子有助于说明这一点。让我们假设，一个 50 个项目的测验完全取决于速度，所以分数的差异完全根据所完成的项目数，而不是根据错误率。这样，如果个体 A 得到 44 分，显然他做对 22 个奇数项目和 22 个偶数项目。同样，如果个体 B 得到 34 分，则奇数项目和偶数项目各得 17 分。结果，除了在一些项目上偶然的粗心错误之外，奇偶项目分数就会完全相关，即 +1.00。然而，这种相关完全是假性相关，并不表示测验的信度。

分半信度和库德—理查森信度所采用的方法都依据被试的错误数的一致性。一旦测验成绩取决于速度和难度的结合，施测一次测验的信度系数虽然低于 1.00，但是这个系数仍然是假性高相关。只要测验分数的个体差异明显受到速度的影响，就不能恰当解释施测一次测验的信度系数。

那么使用哪些替代方法来确定速度为主的测验的信度呢？如果可以使用再测

方法，那么它就比较合适。同样，复本信度也适用于速度测验。也可以使用分半方法，但要按照时间而不是按照项目来进行分半。换句话说，两半分数必须从分别规定时间的两个半测验中得到。一种分半方法是，实施两个等值的半测验，分别规定时限。例如，可以把奇偶项目分别印制在两张纸上，每组项目的用时为全测验时限的一半，这种方法等于在同一时间实施两个等值测验。但是，每个测验的长度仅为全测验的一半，而测验参加者的分数通常是根据全测验得到的。由于这种原因，应该使用斯皮尔曼—布朗公式来得出全测验的信度。

如果分别实施两个半测验行不通的话，一种替代方法是把总时间四等分，算出每段时间的分数。这种方法简单易行，每当主试发出事先安排的信号，就要测验参加者在他们正在做的项目上打个记号。然后，把第一段和第四段时间内答对的项目数相加，得出一半分数；把第二段和第三段时间内答对的项目数相加，得出另一半分数。四段时间如此相加，往往可以平衡练习、疲劳和其他因素的累积效应。

在什么情况下一个测验是速度测验？在什么条件下必须采用本节所讨论的特别方法？显然，单单使用时限并不表示一个测验是速度测验。如果所有测验参加者都在规定的时限之内完成，那么，作业的速度在分数高低中就不起作用。没有完成测验的被试的百分比，可以作为速度对难度的一项指标。然而，甚至在没有一个人完成测验时，速度的作用也可以忽略不计。例如，某测验有 50 个项目，在规定的时间内，每个人恰好都完成其中 40 个项目，虽然无人再有时间去完成所有项目，但是在速度上，完全不存在个体差异。

当然，问题的关键是：测验分数中由速度造成的个体差异达到什么程度？如果使用专业术语来陈述的话，即我们要知道测验分数的总方差中速度方差的比率是多少。算出不同个体所完成的项目数方差，然后把它除以测验总分的方差，这就能够大致估计这个比率。在上面的例子中，每一个个体都完成 40 个项目，所以在完成的项目数上没有个体差异。该分数的分子就为零。因而在纯难度测验中该指标等于零。另一方面，如果测验总分方差完全由个体的速度差异造成，两个方差就会相等，它们的比率就等于 1.00。当然，速度测验与难度测验不是二分的，中间是个连续体，大部分测验既不是纯速度测验，也不是纯难度测验。目前已发展出若干种较为精确的方法来确定这个比率，但是对于它们的详细讨论已经超出本书的范围。

试举一例，在一次对 11—17 岁基本心理能力测验（SPA）的研究中所收集的数据，说明速度对施测一次测验的信度系数上的影响。在这项研究中，首先用通常的奇偶分半法计算每个测验的信度系数，列于表 3 – 5 的第一行。然后，计算分别规定时间的两个半测验的分数相关而得出信度系数，列于下表的第二行。计算速度指标表明，言语意义测验基本上是难度测验，而推理测验则稍偏于速度测验。空间测验和数字测验大致属于速度测验。应当指出，在表3－5中，采用分别规定时间的分半法计算时，空间测验的信度为0.75，而奇偶分半系数则为0.90，出现假性高相关。同样，言语意义测验相对来说不属于速度测验，用两种方法计算信度时，其差异就甚小。

表3－5　11—17岁基本心理能力的4个测验的信度系数

得出信度系数的方法	言语意义测验	推理测验	空间测验	数字测验
施测一次测验的奇偶分半法	0.94	0.96	0.90	0.92
分别规定时间的分半法	0.90	0.87	0.75	0.83

二、标准参照测验的信度

心理测验特别是教育测验，近几年来的一个新趋势是发展标准参考测验，这种测验不是把被试的成绩与其他人比较，以寻求个别差异，而是与一种既定的标准相比较，看被试对某种知识和技能的掌握是否达到了某一水平，所以又叫掌握测验。

使用标准参照测验时，我们也希望测量的结果具有理想的一致性，这点与常模参照测验是相同的。也就是说，我们希望学生在测验上的行为表现能符合：不同题目间具有高度一致性（内部一致性）；不同时间测量的结果具有高度一致性（稳定性）；等值的两份测验具有高度一致性（等值性）。然而，上述介绍的各种信度估计方法都是以相关系数来表示的，这对强调个体差异的常模参照测验是非常适合的，但在标准参照测验中，其主要目的并不是区分受测者程度的差异，也就是说不强调测验分数的差异，因此上述介绍的相关法便不适于用来估计标准参照测验的信度。有很多学者希望发展出一种估计标准参照测验信度的方法，但是目前还没有一种令人满意的方法。下面介绍的两种方法仅供参考。

（一）利文斯顿方法

利文斯顿（Samuel Livingston）曾提出，达标分数与平均数间的差异可以看成是“标准参照测验的‘真实方差’，即使当观察到的得分变异很小甚至不存在时，它也可能很大”（1972）。利文斯顿建议运用下面公式去估计标准参照测验的信度：

$$R_{ert} = [R_{XX}S^2 + (M - C)^2] / [S^2 + (M - C)^2]$$

其中R_{ert}是标准参照信度，R_{XX}是用KR_{20}、分半、稳定性及其他方法所估计出来的常模参照信度，S为分数的标准差，M为平均分数，C为达标分数或分数线。正如利文斯顿所指出的那样，如果平均测验分数和达标分数相等，那么它的系数R_{ert}就会与常规的常模参照方法的信度完全相等。然而，当平均数和达标分数之间有差别时，利文斯顿的系数会比用常规方法估计出的信度大一些。

并不是所有的测量专家都同意利文斯顿的意见。哈里斯（Chester Harris）反驳道："虽然利文斯顿的信度系数总体上要比常规方法估计出的信度系数大一些，但是测量的标准误却是相同的，所以信度系数大一些也不能更好地说明真分数是否低于（或高于）给定的标准值"（1972）。

（二）一致百分比方法

标准参照测验或掌握测验常用于把申请者或学生划分成两组：根据某种效标，一组已经掌握了测验内容，而另一组则没有掌握。例如，根据测验复本 A 的测验结果可以得出一个初始的测验分数或判断（如"及格"或"不及格"）；另一方面，复本 B 可以提供后期判断或作为同一测验反复使用。

下表是一个假设，说明了标准参照测验是如何稳定的区分掌握和未掌握这两类人的。在这个例子中，测验的两个复本（复本 A 和复本 B）同时施测（等值复本信度）。但施测顺序可以是先 A 后 B（稳定性和等值性），或者也可以是复本 A 施测两次（稳定性）。在该例中，18/30 的学生在复本 A 和复本 B 中都掌握了，3/30 的学生在两个复本中都没有掌握。一致百分比（percentage or proportion of agreement，PA）是两个比例之和：

PA = 两次均掌握的人数/总人数 + 两次均未掌握的人数/总人数

表 3－6　复本 A 和 B 掌握和未掌握的学生人数

		复本 A		
		掌握	未掌握	总数
复本 B	掌握	18	7	25
	未掌握	2	3	5
	总数	20	10	30

对于上表中的数据，其比值是：

PA = 18/30 + 3/30 = 0.70

因此，在复本 A 和复本 B 中，70% 的学生被一致地予以分类。如果测验耗费时间、金钱或是不正确的，那么决策就会严重影响学生的生活。0.70 的 PA 值尚不算高，仍需提高。

虽然计算简单，但是 PA 仍有一些严重问题。其一是 PA 会受到测验人数的影响。举一个极端例子：在一个"班级"中只有一个学生。唯一可能的结果会是"完全不一致"或"完全一致"。当学生的总体人数增加时，极可能会产生 PA 的趋中值；总体人数很小时，就会产生极端的 PA 值。

PA 的另一个问题与分数线（分割掌握与未掌握的临界分数）和测验平均分数有关。下面假设两种情况。一种情况是平均值近似或等同于分数线。这时因为接近分数线的学生相对较多，所以很可能其中的一些人会随着复本和测验时间的变化而改变类别。另一种情况是人数分布为正偏态，这时分数线就定在分布中的高分段。因为只有极少数的学生被划为掌握组，所以不太可能有很多学生从未掌握转变为掌握，或从掌握转变为未掌握的情况。因此，PA 可能会很高。

三、差异分数的信度

（一）含义及计算

在有些心理测验的使用中，你需要计算差异分数（difference score），它是从一个测验的分数减去另一个测验的分数得到的。它可以是两个时刻上表现出的差别。例如，在一组儿童接受一项特殊训练计划的前、后分别对他们测验；它还可以是两种不同能力之间度量的差别，比如，你想知道一名学生的语文成绩是否比数学成绩好。每次在两个不同属性（比如语文和数学）之间作比较时，我们都需要使用标准分数或 Z 分数。

差异分数带来的很多问题使得它们比处理单一分数更加困难。为了理解这些问题，我们来回忆一下观测分数的定义：它是由真分数和误差组成。在差异分数中误差变得更大，因为它吸收了用来产生差异分数的两个分数的误差。此外，真分数变得更小，因为在产生差异分数时，两个分数中共有的成分被减掉了。这两个原因造成的结果是，差异分数的信度比它所依据的任何一个测验的信度都低。如果两个测验测量的完全是同一种特质，则它们的差异分数的信度就会是零。

在前面我们提过，求差异分数最方便的方法是先把每一个量数转变为 Z 分数，然后求出它们的差，对于标准分数的差异分数，其信度是由下面的公式得到的：

$$r = [(r_{11} + r_{22}) - r_{12}]/2(1 - r_{12})$$

其中，r_{11} 为第一个测验的信度，r_{22} 为第二个测验的信度，r_{12} 为第一个测验和第二个测验的相关。利用这个公式，可以对任何两个测验，在知道了它们的信度和相关后，计算其差异分数的信度。

（二）缺陷

在使用差异分数时要特别谨慎，因为其信度较低，所以并不能把它作为解释差别的依据。尽管施测者可以通过选择或编制高信度的测验（比如增加测验题目的数量）来提高差异分数的信度，但是这其中仍然存在较大的局限性。

首先，增加的分数并不一定测量的是知识的增长。成熟和练习也经常造成差异。

其次，初始时成绩水平高的学生，其增加的分数不可能等同于那些分布在中部或低端的学生。最极端的例子是初始成绩为 0 或为 100 的学生，除非他们保持他们的位置水平，否则在高水平组的学生只能退步，而成绩在底部的学生只能进步。

最后，回归效应也可以说明学生之间的差异，特别是一开始根据异常高或低的分数来选取它们时。回归效应（regression effect）是真分数比相应的测量分数更接近于平均数的趋势。产生这种现象的原因是，获得的极端分数一部分取决于真实能力，但也有一部分取决于机遇——如果此学生喜欢这个测验则分数很高，如果不喜欢则分数很低。当重复测验时，一些使学生分数极端化的随机因素就不再出现了，分数会回归到平均值。这就提示教师当出现回归效应时，不要把增加的分数看成是真实水平的提高（尤其是测验信度低时）。只有在信度最佳的测验中（没有误差），学生为普通学生时，才不存在回归效应。

四、分测验的信度

有些测验包括几个分测验，这些分测验分数可以合成一个总分，也可以分别处理。例如，美国大学入学考试委员会的学习能力测验（SAT）由两个单独计分的分测验组成，一为语言测验，一为数学测验。而美国大学测验（ACT）则包含四部分：英文、数学、自然科学、社会科学，每部分有一个分数，四部分平均得一合成分数。

当一个测验有几个分测验时，如果整个测验只有一个总的信度估计，不能认为分测验分数将与合成分数一样地可靠。因为信度与测验长度有关，几乎可以肯定分测验分数不如合成分数可靠。因此，测验使用者必须查看每一个分测验是否有信度估计，若没有这方面的资料，从分测验的得分作推论就会发生问题。

五、变异的测量

信度表明的是测量的一致性，如果两次施测不一致便表示存在测量误差。但有时我们对于行为的变异比一致性更感兴趣。比如，我们想了解某一个教学计划或方法使学生的知识与技能增加了多少，几年的大学经历使态度与价值观改变了多少，或者由于心理咨询与治疗使性格改变了多少等。在这些事例中，分数的稳定是表示教育与治疗的失败。此时，我们需要的是分数的改变，而不是分数的稳定。这就遇到了可靠性和有效性的矛盾。如果测验有效，就应该对行为的变异敏感，测出某种特性改变了多少，但这样前后分数就会不一致。因此，在这种情况下，要求高信度和高效度似乎是不相容的。这说明传统的信度理论还需要进一步发展以处理各种复杂问题。

第五节　现代测量理论的信度观

一、传统信度估计的弊端

信度是测量可信程度或一致性的表示。在经典测量理论中信度是一组测验分数中真分数方差与观察分数方差的比率，由于误差本身无法直接测量，经典测量理论在实际运用中是依据信度操作定义和相关的方法来求解信度系数的，这种方法求解的信度系数往往随测量设计的不同而不同，误差难于控制，也不能有效地分离误差的来源。而事实上，误差变异并非单一的结构，经典测量理论对误差来源的笼统划分与控制成为它在实际应用中最为突出的缺陷。

经典测量理论的另一个突出的局限在于“严格平行测验”（strict parallel test）的理论假设，即要求子测验在内容、均数、方差、信效度方面完全相同。这在实际的测验情景中很难满足。

二、项目反应理论的信度观

在项目反应理论中，不使用依赖于平行测验的信度指标，而是深入分析每一个项目所能提供的信息量的大小，分析每一个项目的测量误差，并得出整个测验的信息函数，以这些指标对测量的可靠程度作出估计。具体说来，可以分以下几步：

首先，对于一特定 θ 水平，可以计算出项目提供的信息量 $I(\theta)$，公式为：

$$I_i(\theta)=\sum_{i=1}^{n}\frac{[P_i(\theta)']^2}{P_i(\theta)Q_i(\theta)}$$

式中 $P_i(\theta)$ 是给定能力 θ 在项目 i 上的正确反应概率，即在项目特征曲线上的值，$Q_i(\theta)$ 是错误反应的概率，$P_i(\theta)'$ 是项目 i 的项目反应曲线在 θ 处的导数（斜率），$I_i(\theta)$ 值越大，表明项目提供的信息越多，在 θ 水平的测量越精确。然后，把项目信息函数 $I_i(\theta)$ 连加便得到测验信息函数，用公式表示即为：

$$I_i(\theta)=\sum_{i=1}^{n}I_i(\theta)$$

在 CTT 中，测量误差是一个统计量，它依赖于样本；而在 IRT 中，测量误差不是一个统计量，它依赖于能力水平 θ，是关于 θ 的函数。不同的 θ，有不同的标准误，因此在 IRT 中用信息函数 $I(\theta)$ 作为测验信度的指标。

三、概化理论的信度观

概化理论（Generalizability Theory，GT）是经典真分数理论与方差分析相结合的产物，它把因素试验设计、方差分量模型等统计工具应用到教育与心理测量中，对经典的信度理论进行推广，对于测验的编制、施测过程中的误差控制、测验的评价等提出了一整套新的方法。

概化理论认为，任何测量都是在特定的测量情境下进行的，测量的根本目的并不是为了获得特定条件下的测量结果，而是要以此来推断更广泛的条件下可能得到的测量结果。为此，概化理论给出了几个基本概念：1. 测量目标，即测量所要描述和研究的那个心理特质；2. 测量侧面（facet），是指影响测量过程和测量结果的各种内外在因素，一个测量侧面就是某一方面的测量条件；3. 测量情境，即测量目标与测量侧面的结合。我们研究测量问题，主要关心测什么和怎么测，测量目标解决“测什么”的问题，而测量侧面则涉及到“怎么测”。显然测量的侧面是测量误差的重要来源，它对测量的信度有重要的影响。

（一）概化理论对比经典测量理论的优越性

在理论假设上，概化理论扬弃了经典理论的“严格平行测验假设”，将平行测验推广为操作十分方便的随机平行测验（即凡是从同一题库中随机抽取的几份试卷都认为是随机平行的），从而使分析问题的条件较容易得到满足。在具体方法上，概化理论利用方差分析技术，把测验变异分解成多个部分，每个部分对应于特定的误差来源，从而更便于测量误差的控制。在测验设计上，经典真分数理论只考虑单一的笼统的误差，虽然设计了多种估计测验信度的方法，但各种方法所估计的都只是某种测量条件下的测验误差，仍只是整个测验误差中的一部分，而概化理论注重测验的整体设计，不仅能够对各种测量条件下引起的信度变化分别予以考察，而且能够将多种测试条件共同引起的信度变化反映出来。

概化理论的核心是从特定条件下的测量结果来推断更广泛的条件下可能得到的测量结果，这种推断的准确性正是测量者应该关心的问题。由此可见，概化理论给传统的信度观念赋予了新的含义。

（二）可靠性和“随机平行测验”假设

在经典测量理论中信度是一致性的指标，它注重的是两次测量、测验的两个部分或评分者间的一致性。而在概化理论中用可靠性（dependability）的概念代替了传统信度的概念，指的是从一个测验或是测量（如：行为观察、意见调查）的被测者得分到施测者同等程度接受的所有可能条件下被测者均分的概化的精确性，即从测量对象在样例本测量上的得分到全域分的概化精确性，或者说是从样例本到可接受的观察全域的概化程度。概化越精确，越能从一个测量或测验的情况来推断观察全域的情况。概化理论可靠性的概念包含了“随机平行测验”的理论假设，即：所进行的测量是观察全域中的一个样例，也就是从观察全域中随机抽取出来的，观察全域的所有测量即使有差异，可通过随机抽样的原则来排除。这种“随机平行测验”假设比要求每次测量都完全等同的“完全平行测验”假设更容易实现。

但是这种可靠性的概念也是有理论前提的：它要求被测者的知识、态度、技能和其他测量特质都处在稳定的状态中，即由于被测者处于不同场合下所带来的任何分数间的区别是由一种或多种测量随机误差所引起的，而不是来自于随时间的延长被测者内部的成熟或是练习效应等系统误差，这等同于真分数理论的两次测量误差分数之间零相关的假设。而在实际的情况中，这种假设往往是不成立的，这就会引起相关误差效应（the effects of correlated errors）。

（三）测量设计

用概化理论进行信度计算，可以根据具体情况进行不同的测量设计。目前主要从侧面的个数、侧面间的关系、侧面和观察全域的关系三个维度上对测量设计进行分类。

依据侧面的个数，可以将测量设计分为单侧面设计、双侧面设计和多侧面设计。单侧面设计（one facet design）的假设是测量对象的观察值只受测量对象本身的系统变异的影响。而由于实际情况中测量情景关系的复杂性，在测量对象本身的系统变异影响之外，测量对象的观察值会受一个以上因素（测量侧面）的影响，这就需要双侧面设计（two facet design），甚至多侧面设计（multiple facet design）的介入。测量设计根据侧面间的关系可以分为交叉设计（crossed design）、嵌套设计（nested design）和混合设计，如下图。

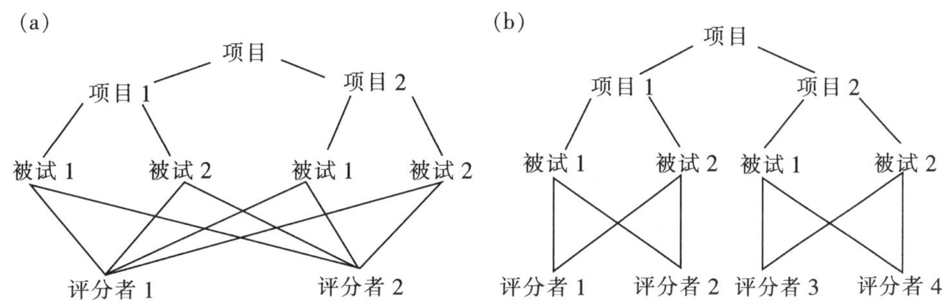

图 3－1　基于概化理论的测量设计各侧面间关系

在交叉设计中，某一侧面的所有水平必须在另一个侧面的所有水平下被观察，在图 3－1（a）中评分者对所有项目进行评分，而在嵌套设计中，某一侧面的不同水平可以在另一侧面的不同水平下被观察，在图 3－1（b）中，评分者 1、2 只对项目 1 进行评分，而评分者 3、4 只对项目 2 进行评分，评分者侧面嵌套于项目侧面。混合设计（mixed design）则是交叉设计和嵌套设计的结合体，就是设计中既有交叉的部分，也有嵌套的部分。

测量设计根据侧面和观察全域的关系可以分为固定侧面（fixed facet）设计和随机侧面（random facet）设计。所谓固定测面是指观察样本等于观察全域。如高考有数学、语文、英语、综合等几个子测验，这几个子测验构成了可获得的观察全域，所以高考的子测验侧面就是固定侧面。随机侧面是指满足以下两种条件的侧面：1. 观察样本容量（侧面水平数）远小于观察全域的容量；2. 每个观察样本（侧面水平或条件）是随机地从观察全域中挑选出来的，即观察全域中未被挑选为观察样本的观察可以同等程度地替换观察样本。正因为有随机侧面的存在，概化理论的数学模型属于一种随机效应模型（random effect model），它所要求的“随机平行测验”的假设也比经典测量理论中的“严格平行测验”更易满足。

【建议参考资料】

1. 郭志刚. 社会统计分析方法——SPSS 软件应用［M］. 北京：中国人民大学出版社，2005.

2. 漆书青. 现代教育与心理测量学原理［M］. 北京：高等教育出版社，2002.

3. 吴明隆. SPSS 统计应用实务：问卷分析与应用统计［M］. 北京：科学出版社，2003.

4. 杨国枢. 社会及行为科学研究法［M］. 13 版. 重庆：重庆大学出版社，2006.

5. 杨志明. 测评的概化理论及其应用［M］. 北京：教育科学出版社，2003.

6. 郑日昌. 心理测量［M］. 长沙：湖南教育出版社，1987.

7. 杰克逊. 了解心理测验过程［M］. 姚萍，译. 北京：北京大学出版社，2000.

8. 希尔德布兰德，爱沃森，奥尔德里奇，等. 社会统计方法与技术［M］. 北京：社会科学文献出版社，2005.

9. 德威利斯. 量表编制：理论与应用［M］. 魏勇刚，龙长权，宋武，译. 2 版. 重庆：重庆大学出版社，2004.

10. 萨克斯，牛顿. 教育和心理的测量与评价原理［M］. 王昌海，译. 南京：江苏教育出版社，2002.

11. 墨菲，大卫夏弗. 心理测验——原理和应用［M］. 张娜，杨艳苏，徐爱华，译. 6 版. 上海：上海社会科学院出版社，2006.

12. 美国教育研究协会，美国心理学协会，全美教育测量学会. 教育与心理测试标准［M］. 燕娓琴，谢小庆，译. 沈阳：沈阳出版社，2003.

13. 格雷维特尔，佛泽诺. 行为科学研究方法［M］. 邓铸，译. 西安：陕西师范大学出版社，2005.

【问题与思考】

1. 指出各种信度系数所对应的误差来源。

2. 以下情景，什么信度系数最不适合？

   a. 速度测验

   b. 测量异质主题的测验

   c. 学生可很容易地从考试中学到答案的测验

3. 找几个常见的测验，看看都报告了哪种信度，思考一下为什么会这样。

4. 想想看，有没有什么你要测量的对象不适合本章所介绍的各种信度估计方法？

5. 有时一个良好的测验也会发生重测信度不高的现象。如何看待这种低信度？这有什么实践价值？

6. 项目反应理论如何估计信度？

7. 试从概化理论角度来分析测量工具的适用性。

第四章　心理测量的效度

【本章提要】

评估一个心理测量工具的最重要指标是效度。效度是指一个测验或量表实际能测出其所要测的心理特质的程度。本章介绍了效度的相关概念及其与信度的关系，重点讲述了内容效度、构想效度、效标效度的估计方法和新的效度证据来源，阐述了影响效度的因素及控制方法，并简要介绍了效度在人事决策中的应用。

【学习重点】

1. 掌握效度的含义及其与信度的关系。
2. 掌握内容效度、效标效度、构想效度的概念及估计方法。
3. 了解新的效度证据来源。
4. 理解心理测验中各种效度的关系。
5. 理解效度验证、效度概化的思想及基本原理。
6. 了解影响效度的因素及控制方法。
7. 了解效度解释及其注意事项。
8. 了解效度在人员选拔、分类与安置中的运用。

【重要术语】

效度　效度验证　效度概化　效标　效标污染　内容效度　表面效度　效标效度　构想效度　聚合效度　区分效度　同时效度　预测效度　多特质—多方法矩阵　外部效度　内部效度　合成效度　区别效度　功利率　基础率　录取率

信度是对测量一致性程度的估计，信度研究的是某个测验在使用中是否具有稳定性。在测量活动中，每次如出一辙的结果就是正确的吗？奸商一杆做了手脚的秤，每次测量物体的重量可能具有高度一致性，但是这结果并不符合我们的预期。谎言重复千遍，并不能自证为真理。信度告诉我们测量结果是否“一致”，效度告诉我们这个测量结果是否“正确”，在正确方向上的一致才是更有实际意义的。本章我们就来探讨效度的内涵、影响因素及常用评估方法。

第一节 效度的概述

一、效度所要回答的问题

效度的基本问题是测验测的是什么？举个例子来说，在一项英语成就测验中，教师本来打算考察学生的语法知识，但是，大量的试题是关于动词短语的。虽然前后两次测量的一致性可能很高，但这项测验并没有完全测量到学生掌握语法的程度，所以我们说这个测验是低效的。另一方面，如果这个测验有效，那么它对于所测量的东西又测量到什么程度呢？这两个问题是信度所不能研究的，它们就是测验效度的基本问题：

1. 测验测量的是什么东西？或者说，测验测到了它要测的东西吗？
2. 测验对它所测量的东西测量到什么程度？

从中可以看出，效度才是科学测量工具最重要的条件。一个测验若效度很低，无论它有其他什么优点，都无法发挥其真正的功能。

二、效度的含义

（一）效度的含义

效度（validity）是指一个测验或量表实际能测出其所要测的心理特质的程度。

在第二章讲过，测量分数的总变异可以分为三个部分：由所测量的心理特征引起的变异（有效变异）；由与所测量的特性无关的稳定因素引起的变异（系统误差变异）；由与所测量的特性无关的偶然因素引起的变异（随机误差变异）。

在所有的变异中，只有由所观察的心理特性引起的变异部分才是真正要测量的东西，它在总变异中所占的比重就是效度的大小。所以说，效度是总变异中由所测量的特性造成的变异所占的百分比。即

$$V_{al}=S_V^2/S_X^2=r_{xy}^2$$

其中，V_{al}表示测验的效度，r_{xy}是效度系数，S_V^2 为由所测量的心理特质引起的有效变异的方差，S_X^2 为总变异的方差，即测验分数的方差。

举例来说，假如我们使用某一从国外引进的抑郁量表（未经修订）用于测量我国民众的心理抑郁程度。那么，每个人所得分数的不同主要由这三方面构成：受试者本身抑郁心境的不同造成的分数的差异；由于量表本身的原因，如跨文化性造成的国内民众与国外民众在分数上的差异；由于施测当天天气等外在原因造成一部分被试与另一部分被试在得分上有差异。那么这个量表的效度，主要取决于由被试者本身抑郁程度不同而造成的分数差异，在所有变异中所占的比例。

（二）效度的特定性与相对性

1. 效度是针对特定测验结果的

举个例子来说，当对某一儿童实施一套智力测验时，儿童的父母首先可能会提出“这个测验有效吗?”这样的问题。实际上，他们是在问：“这个测验真的测得出智力吗？测验的结果真的代表了孩子的智力水平吗?”可以看出测验的有效性是针对测验结果而言的，即“测验结果”的有效性程度。

2. 效度是针对某种特定的测量目的的

测验都是为了特定的目的而设计的，没有一种对任何测量目的都有效的测验。例如，卡特尔 16PF 人格测验是测量人格的，它对智力的测量就缺乏有效性，所以在描述和评价一个测验的效度时，必须考虑到这一测验的特殊用途。

3. 效度只有程度上的差异

心理特质是较隐蔽的特性，只能通过他的行为表现来进行推测，因此，心理测量不可能达到百分百的准确，而只能达到某种程度上的准确。在对效度进行评价时，我们不能简单说某个测验“有效”或“无效”，而要在考虑其用途的基础上，用“效度较高”、“中等效度”或“效度较低”来表述。

从后两条性质可以看出，效度实际上是个相对的概念，即相对于某种特殊用途，具有较高或较低的效度。有时评估者会说某一测验是一个“有效度的测验”，然而这句话的真正含义是：这个测验在特定的使用条件下是有效的。没有什么测验或量表在任何时间场所、对任何被试人群、为了任何目的都有广泛的效度。相反，测验可能在我们规定的“合理的界限”、适当的用途下才可能是有效的。如果一旦超出这一界限，测验的效度就应当受到质疑了。而且，如果文化背景和时代改变了，测验的效度也会受到极大影响。一个测验的效度必须被一次又一次地验证，要不断搜集、积累、整合效度资料。同时，我们也应该认识到，效度在实质上是一种经验上与逻辑上的“真”或“有效”，未必具有必然的因果关系。

三、效度与信度的关系

（一）信度高是效度高的必要而非充分条件

从信度与效度的定义来看，效度为 $V_{al}=S_V^2/S_X^2$，信度为 $r_{xx}=S_T^2/S_X^2$，而 $S_T^2=S_V^2+S_I^2$，因此信度的提高只给 S_V^2 的增加提供了可能性，至于是否能提高效度还要看 S_I^2 的大小。可见信度高并不一定效度高，但一个测验要想使效度高，则信度必须高。所以信度与效度的关系，只能有以下几种组合：高信度高效度、高信度低效度、低信度低效度。也就是说，信度是效度的必要而非充分条件。

（二）测验的效度受信度的制约

从统计学上来讲，信度与效度还存在着一定的数量关系，效度和信度的关系

用数学来表示就是：$r_{xy}=\sqrt{r_{xx}r_{yy}}$

式中：

r_{xy}表示预测工具 X 和效标 Y 之间可能的相关关系最大值；

r_{xx}表示观测工具 X 的信度系数；

r_{yy}表示效标测量 Y 的信度系数。

比如，假设一个测验（X）的信度为0.81，而效标（Y）的信度为0.60，那么该测验可能的最大效度为0.70，即，

$r_{xy}=\sqrt{0.81\times0.60}=0.70$

从公式中可以看出，无论是测验 X 还是效标 Y 的信度降低，可能的最大效度都会随之降低。

四、效度验证与效度概化

测量的效度是实际测量的结果与我们所要测量的心理特质的吻合程度，获取效度的方法也就是拿实测结果与心理特性来比较。然而，心理特性是我们要测的东西，是未知的，通常也是比较抽象和隐蔽的。因此不能把它直接拿来与结果比较，而必须从多种角度收集证据。

要确定测验在解决某方面问题时的效度，需要收集充分的客观事实材料和证据，这种收集大量资料和证据来检验测验效度的工作过程就叫做效度验证（validation）。

大量研究发现，同一测验在不同情境中使用时，会得到不同的效度系数，即测验效度具有情境特殊性。因此测验使用者在每种情境中都要进行经验性的效度评定，也就是必须进行“本地效度验证”（local validation）研究。当测验使用者打算把测验应用于与测验的标准样本被试存在明显差异的被试群体时，更需要进行效度验证研究。效度验证是收集和评估效度证据的过程。测验的编制者和使用者在对一个测验效度验证的过程中都可能发挥作用。有时候，对于一个测验使用者来说，报告出他们根据自己的被试样本得出的效度是恰当的。这样一种“本地效度验证”可能会对一个特殊的被试群体有更深刻的洞察，而这一特殊的被试群体与测验使用手册上所描述的一般样本是不同的。

在效度验证的过程中，测验可用于多个方面，因此它可能有多种效度，其中有的方面显得效度高，有的方面则较低。事实上，后面讲到的三种效度类型在操作上和逻辑上是相互关联的，很难说在特定情境下某一个效度比另一个更好。所有三种类型效度的证据都对构建一个测验整体的效度有重要作用。尽管，一个测验使用者可能不需要知道所有的三种效度。

在效度验证过程中，内容效度验证的重点是确定测验内容与某个行为领域的

对应关系，而该行为领域往往是已经被明确界定了的；效标关联效度着重于测验分数是否与效标测量有高度相关，它感兴趣的不是预测变量，而是与效标有关的结果；构想效度的着重点则是测验本身、测验赖以编制的理论构想和测验测量到该理论构想的程度。

效度的概化（validity generalization）是指在某一情境中所作的效度研究能否推广到其他情境。由于效度研究是使用特定样本、在特定时间和情境中进行的，所选样本总是区域性的和局部性的，其结论是否适用于其他情况，是研究者必须解决的问题。常用的效度概化方法有：

（一）交叉效度评定

使用从同一总体中分别独立选取的不同被试样本对测验效度进行独立检验的过程称为交叉效度评定（cross validation）。它是效度概化的一种类型，涉及被试样本的概化，目的是检查从一个样本中得到的效度资料能否适用于另一个样本。

有多种方法可以估算交叉效度，采用较多的是经验交叉效度评定的方法。其过程为：

1. 从一个样本中收集测验分数和效标分数的资料，计算效度系数，并建立回归方程；

2. 从总体中独立选取第二个样本并实施测验，根据第一个样本中建立的回归方程，用第二个样本的测验分数预测其效标分数；

3. 收集第二个样本的实际效标分数，计算第二个样本中效标分数预测值与真实值的相关，这一相关系数就是交叉效度系数。

通常交叉效度系数要低于在第一个样本中计算的效度系数，因为在第一个样本中使相关极大化的随机因素在交叉效度评定的样本中不起作用。交叉效度评定主要是比较第一个样本中得到的效度系数与交叉效度系数的差异程度。如果二者差距较大，则说明效度系数不够可靠，如果二者比较接近，则说明效度研究可以推广到不同的样本。

交叉效度评定是一种研究效度概化的非常好的方法，这是因为：

1. 在建立回归方程时利用了包含在样本中的所有信息，使得回归系数的稳定性达到最大；

2. 统计方法简便，省时省力；

3. 该方法所得到的估计值一般更为准确。

（二）元分析

元分析（meta-analysis）是一种对以往研究中的经验效度资料进行总体量化分析的方法。其大体步骤如下：1. 计算所需要的各种研究的描述统计量（如平

均效度系数 R 等)；2. 计算该统计量在不同研究中的变异量（方差）；3. 减去由取样误差产生的变异量，得到总体中相关系数 R 变异（方差）的估计值；4. 校正平均数和变异数，消除取样误差之外的统计上的误差（如缺乏信度或全距限制等)；5. 将校正值与平均数比较，评价各研究结果中潜在的变异量；6. 如果仍有较大变异，则选择其他调节因素重新进行元分析。

元分析方法不是简单的定性描述，而是对以往效度研究资料的数量方面的积累和统计分析。通过分析，能区分效度差异是真正的差异，还是仅仅由误差因素引起的。

目前有些学者对效度概化的元分析有一些批评性的意见，主要集中在效度证据良莠不齐、"文件柜偏差"（杂志很少刊登负面结果)、效标不可靠性等方面。

第二节　效度的种类与估计方法

一、效度的种类及效度证据的来源

过去，心理学课本都依据美国心理学会的划分方法将效度分为三种：内容效度、构想效度和效标效度。但是如今，关于效度的说法已经不同了。1985 年，心理与教育测量标准发布后，测量专家们意识到传统的效度类型是主观、不完全的。现在，标准的最新版本与 1985 年的标准看待效度的方式完全不同。新的标准更多关注于对测验分数的解释，以及"收集为分数解释提供一个好的科学基础的证据"，而不是谈论效度的三种不同类型或怎样用这三种效度形式来评价一个测验。新标准描述了以下五种效度证据的来源：

1. 以测验内容为基础的证据。传统上称为内容效度，这种效度来源包含了逻辑上对测验内容的评价（包括测验问题、形式、用语及要求参试者所做的处理)，以确定测验内容在多大程度上代表了所测量的维度。

2. 以反应过程为基础的证据。之前被看做构想效度的一个方面。反应过程是一个心理过程，通常包括被试答题时的心理反应过程和评分员评分时的心理反应过程。前者可以提供关于测试所关注的心理构想和测试过程中被试的实际心理反应之间的吻合程度的信息，后者可以提供关于评分标准落实情况的信息（席仲恩，2005)。

3. 以内部结构为基础的证据。之前也被看做是构想效度的一个方面，关注的是要求被试完成的任务或反应的类型在多大程度上与所测量的构想相匹配，这种效度来源包括通过验证性因素分析来确定因素的存在，以及分析测验问题确定它们是否偏向于不同的组，即当被试能力相同但属于不同的组时，在一个项目上正确的可能性不同。

4. 以与其他变量之间的相关为基础的证据。这种证据传统上称之为效标关联效度（简称校标效度），也可作为构想效度的一个方面。这种效度来源包括求出与其他测量方式所得分数之间的相关：是否与我们认为应该相关的测量工具有显著相关，而与另一些我们认为不相关的测量工具的相关不显著。

5. 以测验结果为基础的证据。这是一种新的解释效度的方式，这种效度的来源包括评价测验的积极后果和消极后果。虽然已经有人提出了在大型量表评估程序中获得这类效度证据的方法，但至今仍没有关于研究者如何才能获得这种效度来源的可操作方案。

事实上还有很多方法来推进一个测验的效度验证。尽管发现了效度证据的多种来源，但目前最常用的分类方式仍是把效度分为三类。内容效度（content validity）、效标效度（criterion-related validity）、构想效度（construct validity）同样是根据效度的证据来源所进行的划分。

经典的效度概念是一种“三位一体”的观点。通常把构想效度看做是一种“雨伞效度”，因为其他的效度变式都隐藏在它之下。为什么构想效度是最重要的效度？在我们讨论了是什么使一个测验有效、在效度验证过程当中使用了哪些方法、经过了什么程序之后，就会有一个清楚的认识。构想效度越来越多地被认为是所有效度证据的集合体，所有的效度证据，从内容效度到效标效度都被认为是在构想效度这把“雨伞”之下。

二、内容效度及其估计

（一）内容效度的含义

内容效度研究的目的是要评估测验题目是否充分代表了所要测量的内容范围，即测验题目对有关内容或行为范围取样的适当性，它所关注的是测验的内容方面。例如要求学生在学期结束时掌握基本的中国史与世界史，为了检验学生的学习情况，可以编制一个包括100道题目的历史测验。显而易见，只有当这100道题目能代表所要求掌握的中国史（至少包括中国古代史、近代史、现当代史）与世界史（至少包括世界古代史、近代史、现当代史）时，测验结果才会有比较高的内容效度。如果所选择的100道题目代表性不好（譬如大量题目都是关于中国古代史的），太难（譬如大量题目是关于有争议的历史话题的）或太易（譬如大量题目是关于常识性的历史知识的），都将影响到测验的内容效度。

（二）内容效度的估计方法

1. 专家评定法

专家评定是一种确定内容效度的典型程序，它要求一组独立的专家（他们不是测验的编制者，但都非常熟悉所测量的内容领域）判断测验对所研究领域的取样是否具有代表性，通过这些评定资料来确定一个测验的内容效度。

在这个评定过程当中，由于没有数量化的指标可用于描述测题与内容范围的符合性程度，并且各专家具有不同的教育思想或心理学观点，对同一内容范围侧重点也会有不同看法，这都会影响到对内容效度的判断。这就涉及到评定者信度问题，因此，有时也会把评定者信度作为内容效度的一个指标。

建立和提高测验的内容效度，从一开始就要选择合适的项目。对于教育测验，在准备项目之前，应该全面地、系统地检查有关的课程大纲和教材，并且征求学科专家的意见，根据所收集的资料编制双向细目表。细目表应该说明要包括的内容领域或主题、要测验的教学或行为目标，以及各自的相对权重。细目表还应该指出每个主题所要准备的每类项目的数量。

编制好双向细目表、明确规定了应测领域后，就可以根据每个部分的权重来确定这个部分的题量、分数值，再根据这些权重随机抽取测题。当然在抽选试题时，还必须考虑到统计上的特殊要求，总的来说，抽选测题也不是完全随机的，还要在随机抽选的基础上进行综合平衡。

双向细目表除了可以提高测验的内容效度以外，还可用来克服专家评定方法中所存在的一些不足。比如，要求专家根据明确细致的双向细目表来判断测验的内容效度，这可以避免由于各人的观点、侧重点不同所带来的判断不一致。

讨论教育成就测验的内容效度时，应该说明如何保证测验内容的代表性。假如专家一起参与编制测验，则应该说明专家的数目和专业资格。假如他们作为项目分类评判员，则应该说明评判员之间的一致性程度。也应该说明专家咨询的时间，还应该说明所研究的教材和课程大纲的数量、性质以及出版时间。

2. 统计法

（1）克伦巴赫法：编制两个取自同样内容范围的独立测验，然后计算测验的复本信度。如果相关较高，我们可以把它作为评估测验内容效度的一个证据；如果相关较低，则说明两个测验中至少有一个缺乏内容效度。

（2）再测法：首先给一组被试进行前期测量，他们必须对测验所包括的内容知之甚少，然后让这组被试学习有关课程内容，结束之后再进行后期测量。若后测成绩有很大提高，则说明测验确实测量了所教授的内容，即测验内容效度较好。

（3）内容效度比：检验专家们在多大程度上就测验项目的内容效度达成一致。专家们可以用这种方法评价测验的项目对于测验要测量的属性来说有多重要，然后计算出一个内容效度比，作为对评价者之间赞同度的衡量。计算内容效度比的公式如下：

$$CVR_i = (n_e - N/2)/(N/2)$$

其中：CVR_i 为测验中一个项目的内容效度比；n_e 为认为该项目“重要”的

专家人数；N 为小组中专家总人数。

请注意，内容效度比的值域是从 -1.00 到 1.00，0.00 表示 50% 的专家相信该项目是重要的，为了确定一个项目是否重要，可依据参与评分的专家数目，把它的内容效度比与下表中呈现的最小值进行比较。

表 4-1 Lawshe 内容效度评定的最小值

专家人数	最小值
≤5	0.99
6	0.99
7	0.99
8	0.75
9	0.78
10	0.62
20	0.42
40	0.29

3. 经验法

(1) 对于教育测验可检查项目分数和测验总分随年级升高的变化情况。一般而言，应该保留从低年级到高年级学生通过的百分比增加最大的那些项目。

(2) 分析受测者所使用的各种解答方法以及测验中的常见错误。

(3) 注意多少受测者来不及做完测验，或者使用速度测验来检查作答速度对测验分数的影响。

(4) 计算测验分数与阅读理解分数的相关系数，以便检查阅读指导语的能力对测验成绩可能产生的影响。

(三) 内容效度的应用及其注意事项

内容效度比较适合于评价学绩测验，它对于教育成就测验效度的两个基本问题给出了回答，其一是该测验是规定的知识和技能的代表性样本吗？其二是测验成绩不受无关变量的影响吗？内容效度分析尤其适合于内容参照测验。因为内容效度是有效使用这种“以内容意义来解释测验成绩”的内容参照测验的必要条件。当然，全面评价内容参照测验的有效性还需要其他类型的效度证据。

内容效度分析也适用于某些对员工进行选拔和分类的职业测验。当测验内容是取自实际工作，或者是实际工作所需要的知识和技能时，以内容效度作为效度证据是合适的。在这种情况下，应该进行彻底的工作分析和胜任特征分析，以便证实工作活动和测验之间的相似性。

能力倾向测验和人格测验与学绩测验不同，它们不是根据指定的教学课程或统一的先前经验来抽取内容。因此，在能力倾向测验和人格测验中，对相同的测验项目作出反应时，被试使用的作业方法或心理过程可能大不相同。同一个测验可能测量不同个体的不同机能。在这种情况下，实际上不可能从检查测验内容来确定测验所测量的心理机能。例如大学毕业生可能以言语或数学能力来解答某个问题，而机械工则以空间想象能力得出相同的解答。又如，某个测验用于中学一年级学生时是测量算术推理能力，用于大学生时仅仅测量其计算速度的个体差异。所以，对于能力倾向测验和人格测验来说，内容效度分析通常是不合适的，事实上甚至可能被误解。虽然在开始编制任何测验时都应该考虑内容的恰当性和代表性，但是能力倾向测验或人格测验的最终效度分析，需要下面章节中所描述的方法在经验上加以证实。比起学绩测验来，这些测验与所取样的行为领域的内在相似性要低。所以，能力倾向测验和人格测验的内容只能显示某些假设，而这种假设指导测验编制者去选择某种内容来测量规定的特质。为了建立测验效度，需要在经验上证实这类假设。

（四）表面效度

表面效度（Face Validity）是测验要求被试做的事情和被试对测验要测量东西的理解之间的互动。如果要求被试表现的任务在某些方面与他们对测验要测量的东西的理解之间存在相关，这个测验最有可能被判断为是表面上有效的。在技术意义上，表面效度不能算是一种效度；它并不是指测验实际上的有效性，而只是指测验表面上看起来是否有效。

但是，表面效度也是一种需要考虑的测验特征，因为它会影响被试的测验动机。适当的表面效度会让被试感到测验是有意义的，也会更加配合测验实施，如果一个测验让被试过于感到不知所云或含糊其辞，他们就可能会草率应付。但表面效度过高时，被试很容易识别出测验的目的，从而做出掩饰反应，产生虚假分数。因此适当的表面效度是必要的，测验题目既要能引起被试的动机与兴趣，又要有较好的掩蔽性。

表面效度不但会影响测验的实际效度，而且会影响在立法和司法决定中对于一项测验的可接受性，以及一般公众对于测验的评价。

三、构想效度及其估计

（一）构想效度的含义

构想效度又称结构效度，是测验能说明心理学上的理论结构或特质的程度，或用心理学上某种结构或特质来解释测验分数的恰当程度。美国心理协会（APA）将构想效度定义为测验测量一个理论构想的程度。其中，构想（construct）是指用来解释人类行为的理论框架或心理特质，它是心理学中抽象的假设性的概念、特质或变量，比如，智力、动机、攻击性、抑郁、焦虑等都可称为构想。

心理学上的构想多数都是非常抽象的，我们不能直接观察或测量它们。但通过对一些外显行为的观察我们可以对一个人拥有某种心理特质的程度作出推断，也可以使用系统的程序通过一个人的典型行为将其拥有这种特质的程度数量化。比如气质，是个人心理活动的稳定的动力特征，这是一个非常抽象的心理构想，但是它可以通过一个人心理过程的强度、速度和稳定性、指向性等方面表现出来，并且可以通过一定的工具进行一定程度的数量化。正如物理学中“重力”这个概念，我们看不见重力，但是可以通过苹果落地这一可观察和测量的现象来将重力可操作化和概念化。

心理学使用构想的目的在于通过揭示构想与具体行为、构想与构想间的关系，以更好地解释和预测人的行为。构想总是与一定的理论相关的，比如智力、人格、特殊能力等都是有特定含义的构念，由于人们所持的理论观点不同，就会对这些概念以不同的理解。在科学心理学诞生与发展的130多年历程中，对这些概念都是在不断修正，且不同学派的学者会有不同的解释。因此对同一构想也就有不同的测量方法。但无论怎样去测量，对一种特质的测量结果必须与该特质的理论解释相符合。

构想效度关注心理学理论在测验编制中的作用，也关注所提出的研究假设的需要。构想效度还促使人们去寻找收集效度资料的新方法。

测量一个抽象的构想需要我们具有观察和测量相关行为的能力。墨菲和大卫夏弗（Murphy & Davidshofer，1994）描述了定义并说明一个心理学构想的三个步骤，被称为构想说明。

第一步：定义与构想相关的行为。

第二步：确定可能与被说明的构想相关的其他构想。

第三步：确定与相似构想相关的行为，并且决定这些行为是否与原始构想相关。

（二）构想效度的评估方法

由于构想效度是根据理论的推导而构想出来的，无法直接去证明，因而只能根据理论构想建立假设并用事实验证假设以获得关于这个构想的证据，因此，对于一个构想可提出多方面的假设，并使用多方面的证据去证明它。这就使对构想效度的确定不依赖于单一的指标。事实上，构想效度的确定是一个多方面资料长期累积的过程。任何阐明所研究的特质性质的资料，以及影响该特质发展和表现的条件，都是构想效度的证据。收集构想效度证据的过程可以分成两种：收集理论证据和收集心理测量学证据。下图为此提供了一个方法学的框架。

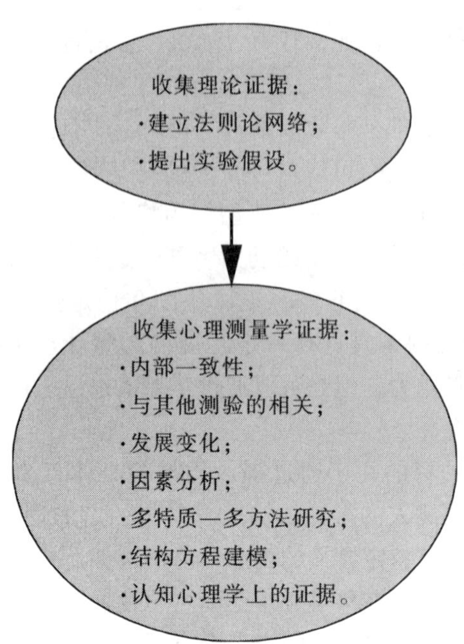

图 4－1　建立构想效度的方法学示意图

1. 收集理论证据

考察构想效度的第一步是建立这个构想与其他构想相关联的列表。譬如研究自尊，首先要寻找自尊与其他构想，譬如智力等其他构想之间的关系。然后，研究者要尽可能多地回顾有关该构想的研究，来建立构想与可观察和测量的行为的关系。建立构想效度的前提是对所研究的构想有整体的理解，为此必须仔细阅读所有可获得的文献资料。然后，研究者要着手开发一个构想模型，该模型将这个构想与其他的构想和可观察的行为联系起来。

第二步，研究者用测验作为测量构想的工具并提出一个或多个实验假设，如果测验是构想真实有效的测量，测验分数就能与构想预测的行为达到统计上显著和可接受的一致。

2. 收集心理测量学证据

构想效度的心理测量学证据可分为两大类：一类是有关测验内部结构的资料，如测验的内部一致性，测验的因素结构，测验与效标行为的一致性，测验与同类测验的相容性及不同类测验的区分性等；另一类是有关测验所测量特质（构想）的影响因素的动态资料，譬如所测量的心理特征因时间变化而发展变化、群体差异及在教育、训练的影响下发生变化的资料。能够反映测验效度的资料有：

（1）内部一致性

内部一致性是测量同质性的指标。同质的测验其各个项目之间、项目与总分间都有正的相关，这就是说项目在测量同一心理特质（构想）上是一致的。因此，同质性高不但表明测验有较高的信度，而且意味着测验很可能有较高的构想效度。当然，测验的同质性只是构想效度必要条件，在缺少外部资料时，关于测验到底测量什么，还知之甚少。同质性高并不能保证测量的是我们所要的特质，而且 α 系数高未必代表量表一定是单维度的。由于 α 系数是项目协方差的函数，而项目间的高协方差可能是不止一个公共因素的结果，因此不应当理解成是对测验单维度的测量。所以 α 系数可以解释为测验分数中能用项目若干潜在因素来解释的方差比例的下限。

（2）与其他测验的相关

一个新测验与类似的旧测验之间的相关，有时可以用来证明新测验与其他类似测验大体测量相同的领域。这些旧测验一般是公认的、具有较高构想效度的权威测验。与权威测验的相关系数又称为相容效度（congruent validity）。需要指出的是，如果新测验与已有的测验相关很高，但没有另外的优点，例如简单、易于实施或较为经济，那就没有必要编制这个新测验。

（3）发展变化

①年龄产生的发展变化

在一些传统的智力测验中，效度分析的一种主要效标是年龄差异。因为一般认为各种能力在儿童期随年龄而增长，因此如果测验有效，测验分数也应该随年龄而增加。但应当注意的是，年龄差异效标不适合那些没有表现出明确的、与年龄变化一致的机能，例如人格。在人格测验中就很少使用年龄差异。此外，即使在使用年龄差异时，它也只是效度的一个必要条件，而不是一个充分条件。因此如果测验分数没有随着年龄而增加，这个结果也许说明测验没有有效测量到智力，该测验的效度可能有些问题。另一方面，如果证明测验测量了随着年龄而增加的某种东西，这也并不能说明已经准确界定测验所包括的领域。身高和体重的测量结果也随年龄有规律地增加，但是它们显然不能称为智力测量。

②教育与训练效应

有效的教育和训练会提高被试的某种特质水平，这种变化也应在测验分数中体现出来，表现为后测分数比前测分数的显著提高，如对智力障碍儿童的智力训练计划产生的效应，对成就动机不足者的成就动机训练产生的效应等，都可作为相应测验的效度证据。

（4）因素分析

因素分析是确定心理特质的一种方法，因而特别适用于构想效度。因素分析本质上是分析行为资料相互关系的一种精确的统计技术。因素分析将为数众多的观测“变量”缩减为少数不可观测的“潜变量”（又称因素，或共同因素、公共因素、公因子等），用最少的因素概括和解释大量的观测数据，从而达到简化观测数据、建立起简单结构的目的。因素分析所发现的因素是高度概括的，用它们能描述观测变量中的大部分信息，而且使观测数据更容易解释。

经过因素分析，观测变量的总变异被分解为共同变异（与其他因素共有的变异）、该变量所独有的特殊变异和随机误差变异三部分。因素分析就是通过发现共同变异，找到有普遍性影响的若干共同因素，进而探讨各观测变量与共同因素间的关系。例如，如果给300名被试施测20个测验，第一步是计算每一测验与其他各个测验的相关系数，检查得出的包含190个相关系数的相关系数表①，可以发现测验的某些组群，这表明存在某些共同特质。因此，如果词汇测验、同义词测验、反义词测验、句子完成测验等彼此之间具有高相关，而与所有其他测验具有低相关，我们则可以暂时推断存在一种言语理解因素。若想进行精确分析，就要用到因素分析，在计算出变量间的相关系数之后，根据一定的标准确定抽取因素的数量并进行抽取，然后进行因素转轴使因素结构简化，最后进行因素的命名和解释。至此因素分析的过程也就基本完成了。用所发现的共同因素去解释测验结果，不仅明白易懂，且能抓住问题的关键。

观测变量与因素间的相关，即变量在因素上的贡献量（负荷），称为因素效度（factorial validity）。因素效度越大，说明变量在该因素（心理特质）上越有效。

这里需要注意的是，做因素分析对于数据结构、样本量、变量数目是有一定要求的。根据戈萨奇（Gorsuch，1983）的观点，要做因素分析，施测的样本量与测验的变量（项目）数目比例应不小于5:1，实际上这个比例能达到10—25倍最好，但是实际情况难以做到。如果能做到比例在5—10之间，虽然略显不足，但是结果已经很令人满意了。总样本量最好不要少于100。

以上介绍的是因素分析中的探索性因素分析（Exploratory Factor Analysis，EFA），目的在于查明变量之间的结构，因为提取共同因素的个数与研究者对特征根的设置（不小于1）、对碎石图拐点的判断、依据事先的理论构架对共同因素个数的限定等主观因素有很大关联，另外还涉及到转轴的旋转角度等主观性较强的问题，因此探索性因素分析得到的只是有一定数据支持的客观化表达的主观

---

① 20个元素每次抽取两个所得的排列数：$P_{20}^{2}=90$——编者注

模型；如果要验证这个结构是否具有一定的通用性，还需要进行验证性因素分析（Confirmatory Factor Analysis，CFA），用另外的样本数据来与探索性因素分析得到的结构之间的拟合程度来说明结构的有效性。研究者在 CFA 中会就某些参数（因素负荷、因素间的相关和独特因素等）的数值作出假设。最典型的就是提出某种因素负荷为零的假设。譬如，有人可能会假设韦克斯勒智力量表中言语量表的分测验在操作量表上的负荷为零，反之，假设操作量表的分测验在言语量表上的负荷为零，这些分测验在各自所属量表的负荷可以计算得出。其他参数也可以计算得出。结果当然可能支持韦克斯勒量表言语与操作的划分，也可能会发现分测验的归属不当，甚至也会不支持言语与操作的两类划分。总之，用这种方法验证了探索的结构是否有效。

目前因素分析可在 SPSS 软件中很方便地进行操作，有关详细内容，可查阅相关书籍。

（5）多特质—多方法研究（Multiple Trait Multiple Method，MTMM）

坎贝尔（D. T. Campbell，1959）指出，为了证实构想效度，必须表明一个测验不仅与理论上应该相关的那些变量具有高相关，而且与理论上应该区别的那些变量具有低相关。坎贝尔与菲斯克（D. W. Fiske，1959）把前者称为聚合效度（convergent validity，又称为会聚效度、求同效度），把后者称为区分效度（discriminant validity，又称为求异效度）。例如，一个数学推理测验与后来数学课成绩的相关，就是聚合效度；而其与阅读理解测验的相关则是区分效度。

坎贝尔与菲斯克提出一种适合对聚合效度和区分效度进行检验的方法。他们称之为多特质—多方法矩阵。这种方法是采用多种方法（指内容和形式不同的测验或其他测评手段）测量多种特质，并计算出不同测评结果之间的相关，生成相关系数矩阵。测量同一特质的不同方法之间的相关系数，被视为聚合效度的指标；而测量不同特质的同一种方法间的相关系数，则被视为区分效度。一个构想效度较好的测验，应该同时具备较好的聚合效度和区分效度。虽然这种方法能对测验的构想效度作出有效的检验，但是由于测验次数多、时间长、费用高，实施起来比较困难，在实际当中使用不多，在此就不做详细介绍，可参考相关书籍。下面例子展示了用三种方法（教师评定、测验、观察者评定）来评估三种特质（诚实、攻击性、智力）的相关系数矩阵。图中，相同构想（特质）的不同测量之间的相关用带下划线“____”的数字表示，不同特质或构想之间的相关被三角形包围。实线三角形包围的相关代表使用相同方法测量不同构想；虚线三角形代表的是使用不同方法测量不同特质之间的相关。

方法	特质	教师评定			测验			观察者评定		
		诚实	攻击性	智力	诚实	攻击性	智力	诚实	攻击性	智力
教师评定	诚实									
	攻击性	0.43								
	智力	0.36	0.32							
测验	诚实	0.62	0.03	0.20						
	攻击性	0.22	0.70	0.13	0.40					
	智力	0.10	0.13	0.64	0.22	0.30				
观察者评定	诚实	0.59	0.11	0.02	0.60	0.20	0.21			
	攻击性	0.14	0.82	0.16	0.13	0.61	0.23	0.30		
	智力	0.21	0.01	0.72	0.06	0.19	0.52	0.49	0.36	

图 4-2 根据假定数据模拟的 MTMM 示意图

（6）结构方程建模

结构方程模型（Structural Equation Modeling，SEM）是一种验证性的统计技术，可帮助研究检验已建立的理论假设，分析多个变量间复杂的因果关系。结构方程模型由验证性因素分析模型和因果结构模型两部分组成。可进行观测变量和潜变量的因果关系检验，及验证性因素分析等统计分析。结构方程模型在构想效度上可以考虑构想之间的关系和一个构想影响效标成绩的方式。结构方程模型可以计算构想之间典型的因果关系，检验假定的因果关系模型，而不是简单地计算变量之间的相关或孤立地考察变量之间的因果关系。例如，要评价一个学生的数学态度，可以采用若干指标，诸如兴趣、目标定向、数学能力倾向的自我概念，以及其他有关的情感变量等度量。这些指标之间的共同方差就界定该学生数学态度的一种结构，它本身与随后的数学成绩相关。目前结构方程建模可以通过一些计算机软件来实现，如 LISREL、AMOS、EzPATH、LINCS、EQS 等，有关详细内容，请查阅相关书籍。

（7）认知心理学上的证据

心理测量研究的一大发展趋势是与认知心理学结合。认知心理学认为应该把构想效度的估计看成是一种实验，即把每一测题看做是一种实验处理，这些试题逐步经过适当的实验控制或处理后，将所得结果进行分析，才能了解测验的构想效度。以智力研究为例。斯滕伯格（R. J. Sternberg）在他的成分分析研究中，使用类比、分类、系列完成和三段论等智力测验中常用的材料研究加工过程，测量不同年龄的人和具有某种知识或受过思考训练者对同一试题的反应（答对比例和反应时）。其设想是利用传统智力测验中的各种任务，分离出在完成这些任务时的心理过程和采用的策略。通过成分分析，他已经把这些任务的反应时和错误率分解为内部过程，比如推测刺激之间的关系，从各关系之间找出有更高一致性的关系和把以前提出的关系应用于新的环境等。在这里他就使用了信息加工的方法。再比如，有人曾经用认知心理学上内隐实验的方法来研究人的竞争倾向，可以揭示人们对内隐社会认知的某种特征。

虽然目前认知心理学与心理测量的结合尚处于起步阶段，但借助认知心理学深入到内部心理过程，揭示智力、人格等心理现象的实质是心理测量学的一个新的发展趋势。

（三）提高构想效度的方法

要确定一个测验的构想效度，首先要对这一构想作出理论上的构思和解释。包括对其进行明确界定，及解释其内部心理机制和与其他构想的关系等，意在将这一构想与可测量的经验事实建立联系。这类似于给某一特质下操作性定义，通过这一联系，人们就可以用经验事实对这一构想的理论解释做出验证。最后是通过测量和实验设计收集资料，对理论构想进行检验。

比如对智力的构想，心理学界一直有不同的观点，目前较为流行的观点认为智力代表了一个人获得、保持知识的能力，推理能力及适应环境的能力。根据智力的定义我们可以推演出以下几点假设：1. 智力不同于后天获得的知识，因此与遗传因素有关，且更为稳定；2. 智力会随着人的生理变化而发展变化；3. 智力会影响人的学习成绩和事业成功。为验证以上三条假设，我们可以从以下三方面着手：1. 计算同卵双生子、异卵双生子、其他同胞、非同胞间的智商的相关，看相关系数是否依次降低；2. 看智商与学业成绩间是否有高相关；3. 智力是否随着年龄的增长而逐渐提高，在某一阶段又是相对稳定的。如果以上假设得到了证实，则说明关于智力的理论是正确的，所编的智力测验是有效的，如果假设得不到证实，则说明测验的效度不高，也可能是理论解释不正确。

四、效标效度及其估计

（一）效标效度的含义

1. 效标关联效度与效标

效标关联效度（简称效标效度）是指测验分数与某一外部效标间的关联程度，即测验结果能够预测效标行为的有效性和准确性程度。当测验分数与我们感兴趣的独立的行为、态度或事件相关，我们就说该测验具有效标关联效度。要理解这个概念需要先理解“效标”这个概念。

效标即效度标准（validity criterion），是指独立于测验结果，反映测验目的的行为参照，也称效标行为。之所以要以效标为参照验证测验效度，是因为人的心理特质是无法直接测到的，只能以某种能代表所要测量的特质水平高低的外显行为作为替代，计算测验分数与效标分数间的相关程度，以此作为测验的效度证据。

比如，我们可以用飞行员的工作表现作为验证飞行员选拔测验的效标，这是因为飞行员工作表现能代表飞行员的能力，且飞行员的工作表现与其测验分数是相互独立的。企业的招聘考试可以用工作人员的工作成绩作为效标。因为二者是独立评定的，且后者反映了前者的目的。

2. 效标的选择与效标的测量

对于效标这个概念，很重要的一点就是"独立于测验结果"。何谓"独立于测验结果"？举例来说，测量心理病理的人格量表也可以用临床诊断结果作为效标，前提是医生的诊断依据并不是此人格量表，而是其他信息，否则两者就不是独立的。如果医生依据此人格测验做出判断，医生的诊断就不能作为效标。这种情况称效标污染（criterion contamination），即主试知道了被试的测验分数而影响了对其效标分数的评定。人们选择效标的目的是以效标为参照标准，计算测验测量相应特质的准确性程度，而效标一旦受到污染，效度就会出现偏差。

从操作上来说，效标可以是大部分的事物，没有硬性规定一个效标应当由什么构成。它可以是一个测验分数，一个评定结果，一个具体的行为或一组行为，百分率，精神病学诊断，培训的费用，工作绩效，缺勤率等等。无论效标是什么，理想的效标应当是具有相关性、有效性和无污染。

由于效标是衡量测验是否有效的标准，因此能否找到合适的效标会直接影响我们对一个测验的效度的评定。一般来说，效标的选取要满足以下几个条件：

（1）相关性，即效标与目前所评价的事物有相关，并适合用这一效标来度量。假如我们要评价一个英语测验的效标效度，我们不能用学生在语文测验上的得分作为效标，除非有证据表明英语学习与语文学习直接相关；

（2）有效性，即效标与所代表的特质间应是高度一致的。如果一个测验 X 被用来作为测验 Y 的效标，那应当有证据表明测验 X 是有效的，也就是说测验 X 同时具有较高的信度与效度；

（3）无污染，效标的度量不是基于或者部分基于正在评价的测验的结果。也就是说，假如我们正在评价一个抑郁量表的效标效度，就不能选择根据在这一量表上的得分或部分根据在这一量表上的得分筛选出来的病人作为效标。

除了以上三个条件必须满足之外，也要适当考虑下面两个条件：

（1）客观性，由于效标往往是依据主观经验评定的，所以避免主观偏见就尤其重要；

（2）实用性，在保证有效性的前提下，效标尽可能简单、可操作。

3. 效标是否测量了假设要测量的东西？

效标必须是假设要测量的事件的代表。效标的有效程度与它对产生问题的事件的代表性有关。主观效标，即基于个人评价的效标，经常有更好的内容效度，因为评定者能够提供多个维度的评价。

有时候，效标并没有代表行为、态度或者要测量的事件的所有维度。这时候，我们就说效标缺乏内容效度。如果效标包含了测验测量的结果，我们就说出现了效标污染。

估计效标效度的难点是寻找合适的效标。当不可信或不合适的效标被用来研究效度时，真实的效度系数可能被低估或高估。

（二）评估效标效度的方法

1. 验证策略

效标资料和测验结果可以同时获得，也可以间隔一段时间后获得。依据效标资料获取时间的不同，可将效标效度分为同时效度（concurrent validity）和预测效度（predictive validity）。

同时效度指测验与同时获得的效标资料的关联程度。比如检验一个精神病性诊断量表是否能够有效地把住院精神病人与正常人区分开来，就是一个同时效度研究。预测效度指测验结果对效标行为的预测程度。此种效度的效标测量通常在测试之后才获得，在之后这段时间里通常有某种“干预性”的事件发生，这种干预性的事件可以多种多样，比如训练、经历、某种治疗，或者仅仅是时间的流逝。比如用智力测验的结果预测一个人会不会成功，用人格测验预测人会不会患心理疾患等，预测的准确性程度都可称为预测效度。

我们可以看出同时效度与预测效度的目的不同，同时效度用于检验、测验、测量现有的某种能力或特质的有效性，即描述当前状态时的有效性，而预测效度则表明测验对某种行为预测的有效性。

2. 计算方法

估计效标效度的方法很多，根据效标测量所得数据的性质（类别数据或连续数据等）、效度证据的用途（预测或检验）不同，效标效度有不同的计算方法。

（1）相关法

相关法是一种最常用的计算效标效度的方法，计算测验分数与效标分数之间的相关系数，这个系数又称为效度系数。由于测验分数和效标分数的数据性质不同，相关系数的计算方法也不同，主要有积差相关、点二列相关、二列相关、多列相关、四分相关、φ 相关等。从相关系数的大小可直观地看出效度的高低。相关系数的平方称为决定系数，表示两变量中共同变异的比例，也就是一个变量的变异由另一个变量决定的比例。比如，一个测验的效度系数为0.74，这说明效标分数的变异中有54.76%可由测验分数来解释。对于各种相关的算法及适用的条件，请参阅心理与教育统计书籍。

(2) 分组法

人们通常根据被试在效标上的表现将他们分为成功与不成功、合格与不合格、有病与没病两类。如果根据效标行为将被试分成了两个组，而两组的测验分数又有显著差异，则认为测验分数能把在效标上表现好与不好的被试有效地区分开来，测验就是有效的。而如果两个组的测验分数无差异或差异不显著，则说明测验是无效的。

(3) 命中率

有时测验的目的是为了选拔和鉴别出能力或心理特质水平高的被试，以利于人员录用、安置和诊断。这时测验使用者一般是根据测验分数将被试分成合格与不合格或达标与不达标两类。当测验用于这一目的时，测验的效度就表现为依据测验分数对被试作出的分类，与根据被试的实际工作表现（即效标上的表现）所作出的分类的一致性程度。这时测验的效度就是分类决策的取舍正确率，也即命中率。

命中率的计算方法是，先根据测验的临界分数将被试分为成功与不成功的两类，再根据效标将被试分为成功与不成功的两类，这样被试就分成了四类：在测验分数上成功而在效标分类上也成功的（A）；在测验分数上成功而在效标分数上不成功的（B）；在测验分数上不成功而在效标分数上成功的（C）；在测验分数和效标分类上都不成功的（D）。见表 4－2：

表 4－2　分类决策的正确性

		效标	
		成功	失败
测验分数	成功	正确接受（A）	错误接受（B）
	失败	错误拒绝（C）	正确拒绝（D）

在实际计算测验的效度时，要统计出四类被试的人数（A、B、C、D 各类的人数）。再计算分类决策的总命中率和正命中率。

$$总命中率=\frac{正确接受(A)+正确拒绝(D)}{总人数(A+B+C+D)}$$

$$正命中率=\frac{正确接受(A)}{正确接受(A)+错误接受(B)}$$

取舍正确率的优点是易于理解，实施方便，其缺点是只考虑到临界点附近分类决策的有效性，而不像效度系数那样在整个范围内都提供了测验分数与效标分数的关系。另一问题是依测验分数所作出的分类对刚刚低于临界分数的被试很可能是不公平的，尤其是当临界点附近的被试较集中时，这一问题就更为突出。而使用效度系数进行观测时，由于考虑了估计的标准误，就在一定程度上避免了这一问题。因此在作分类决策时，确定临界分数时一定要慎重。

思考：到底用同时效度还是用预测效度？

预测效度被认为是估计效度最精确的方法，但是同时也存在诸多问题。一个预测效度研究的目标是决定制定决策前获得的测验分数和制定决策后获得的效标分数之间的相关系数。人事选拔代表了一种典型的预测效度可能进行的情境，工作表现相当于评价用人决策的一个效标。

预测效度方法的优势是，它为测验分数和一般被测者群体效标表现之间的关系提供了一个简单而直接的测量。如果测验用于筛选工作岗位申请者，在测验上表现很好的人的测验分数和随后在录用岗位上工作绩效测量值之间的相关，可能表明测验在获得高分人群中的效度，而非在一般人群中的效度。在大多数的决策情境中，目标是从总的申请者中选择那些最有可能成功的人。为了评估这种决策的测验效度，必须为所有该岗位的申请者都作出测验分数和工作绩效分数之间相关系数的评估。大多数估计决策效度的实践性的方法是将测验分数和某些预先挑选好的人群的效标分数进行相关分析。这显然不符合理想的预测效度方法。此外，一个不正确的决策对个体和决策制定者都有消极的影响。

一个可以替代预测效度策略的实践选择是简单地获得测验分数和效标分数（在比较完整的、预先选择的人群中），计算出两者之间的相关系数。这也就是我们所谓同时效度的验证策略。有人指出，获得测验分数和效标分数之间的延迟并非同时效度与预测效度之间的最根本性的差异。最基本的差异是，一个预测效度系数是在必须制定为其决策的人群的随机样本上获得的，而一个同时效度系数通常是在预先选择的样本上获得的，它可能与一般的人群存在系统性的差异。

有关研究者曾描述了大量获取同时效度系数的方法，其中有三个是非常普遍且易于理解和应用。首先，我们可以将测验给予从岗位申请者群体中已经被选择出来的个体，而且几乎同时获得效标分数，测验分数和效标分数之间的相关就是一个效度估计。其次，我们从使用测验 X 的申请者中选择，随后进行一个效标测量 Y。最后，我们可以使用人事档案中的数据作为 X 测量和 Y 测量。在所有这些设计中，测验分数和效标分数之间相关可以用于估计测验的效度，然而预测指标和效标被测量的群体可能与一般的申请者群体之间存在系统的差异。在一个同时效度研究中的群体比一般的申请者群体更具有显著的选择性，这个事实对测验分数和效标分数之间的相关有着潜在的严重影响。

尽管在应用情境中，同时效度比预测效度更普遍，但是预测效度方法通常比同时效度方法更受欢迎。预先选择的、完美人群中测验分数和效标分数间的相关在理论上不可能与一般群体中测验分数和效标分数间的相关一样。然而后者的相关才是最重要的。尽管如此，还是有三个因素支持同时效度的方法。首先，同时效度研究具有实践性；其次，同时效度比预测效度更易于进行；第三，虽然测量理论表明同时效度系数严重低估了群体效度，但同时效度事实上与预测效度无显著差异（Barrett et al，1981；Schmitt et al，1984）。

——资料来源：（美）凯温·R. 墨菲等《心理测验——原理和应用》

五、三种效度策略的恰当使用

一个有效的测验是能够完成它应当完成的任务——测出它所要测量的属性、特质或特征，或预测它宣称能测量到的内容。对效度的衡量能帮我们确定一个测验是否能测量的东西或预测到它宣称能预测的东西。在时间、精力等各项条件允许的情况下，我们可以尽力去收集每个测验尽可能多的效度证据，但多数时候这是不现实的。对一个具体的测验而言，并不总是需要收集所有效度形式的证据。收集效度证据的恰当策略取决于测验的目的。

内容效度最适合于测量具体属性的测验，如成就测验；

构想效度最适合于测量抽象构想的测验，如自我效能感、心理资本等；

效标关联效度最适合于用来预测结果的测验，如各种人事选拔测验。

六、其他效度

我们在其他一些书籍上可能还会看到下面一些关于效度的概念，在这里作一简要介绍和区分。

（一）聚合效度与区分效度

聚合效度（convergent validity），又称为会聚效度、求同效度，其基本思想是，如果两个测验是测量同一特质的，即使使用不同的方法进行测量，它们之间的相关也应该是高的。

区分效度（discriminant validity），又称为求异效度，其基本思想是，如果两个测验测量的是不同的特质，即使使用相同的方法进行测量，它们之间的相关也应该是低的。

（二）合成效度与区别效度

合成效度（compositive validity）与区别效度（differential validity）是职业心理学家发展出来的两个新的效标关联效度。它是以职业表现为效标，根据工作分析的结果，确定该职业中不同工作项目所占的比重，分别求出测验分数与各工作项目之间的相关系数，再按不同的比重加权计算，即可得出合成效度，用以预测整个工作绩效。

人们往往把区别效度与区分效度混为一谈，其实这两个名称在概念和使用范围上都有所区别。区分效度是与聚合效度相对的概念范畴，是用以检验构想效度的指标。而区别效度是用以检验职业测验关联效度的一种指标，它有不同的含义：

某个心理测验的得分，与两种不同性质的职业绩效之间的相关系数的差异，可以作为该测验的区别效度，用以推测选择哪种职业其成功的可能性如何。

另一种情况是，一套职业测验由多种分测验（subtest）组合而成，可同时测量被试者多方面的特质。如果该套测验组合的测验结果能明确地将被试者在不同方面的特质区分开来，则认为该测验组合具有区别效度。在这个意义上，区别效度与区分效度的含义有些类似。

（三）内部效度与外部效度

内部效度（internal validity）又称为内部一致性效度，它反映了测验的构想效度。某些测验（尤其是人格测验）经常在出版的说明书中写道，“用内部一致性方法得出测验效度”。这种方法的基本特征是，效标恰恰是在自身测验上的总分。内部一致性效标的用法之一是分测验分数与总分的相关。在编制测验时常常删除每个分测验上分数与总分的相关太低的分测验。剩余的分测验与总分的相关就作为整个测验内部一致性的证据。显然，无论根据项目还是根据分测验，内部一致性相关本质上都是对同质性的度量。因为它有助于描述测验所取样的行为领域或特质，测验的同质性程度就与测验的结构效度有某种关系。然而，内部一致性资料对于测验效度的胜任十分有限，在缺少测验本身的外部资料时，关于测验到底测量什么，我们知之甚少。

所谓外部效度（external validity），就是指将研究结果概化到其他情景和总体的程度。如果研究数据仅在本实验背景下有效，那么这种研究是没有多大价值的，外部效度就较低。在应用心理学研究中，外部效度是一个非常重要的概念，无论对于调查研究、实验研究或者其他研究形式来说，外部效度都是比较受到重视的，它对于一项研究的应用价值的大小有重要影响。

在心理测量中，为了提高测量研究的科学性和准确性，提高研究的内部效度，测量条件是经过严格控制的，与真实情境还有很大差距，这就限制了研究的外部效度。此外，由于某些因素没有得到应有的重视，使样本的概括范围和代表性受到了限制，也会降低研究的外部效度。目前很多研究者都在致力于提高研究的外部效度，其中效度概化是外部效度研究的一个方面。

参考：论证、解释和效度

凯恩（1992）提出了一种范式来说明测验分数的论证和解释与效度之间的关系。为了评估论证关于效度的解释，他提出以下三条标准：

1. 论证清晰。论证陈述得是否清晰？结论、推论和假设说明得是否足够详细？

2. 论证统一。结论和假设在逻辑上是否一致？在实际的论证（不是基于数学或形式逻辑的论证）中，推论说明得是否足够详细？

3. 假设合理。假设是否真实或有证据支持？有些假设可以通过详细的证据资料或观察予以检验。

同时，凯恩认为解释性论证具有以下特征：

1. 解释性论证是人为的（也就是说，它们是被创造出来的，而不是被发现的）。

2. 解释性论证是动态的。随着新证据的获得，解释性论证也会发生变化。实证证据有助于将论证概化到其他或更宽的领域，或者建议开始新的论证。新信息或新理论的扩展可以澄清测验正在测量的内容。

3. 解释性论证可能需要进行调整，以便可以反映特定受测者或特殊场合的需要，特殊场合可能会对测验分数产生影响。解释性论证不适用于所有被试，针对个别人作出调整是必要的。

4. 解释性论证是实用性的论证，是根据其合理性程度来评估的。解释性论证不是二分决策，或有效度或无效度。相反，评估的是论证的合理性，常常使用一些通用的术语，并且随着新信息的获得变得越来越具体。

价值内涵和社会后果也需要作为效度程序的一部分进行检验。如果某项测验将少数人置于一种不利状态或者其社会后果得不到保证，那么即便它有助于预测成功也不可以使用。

——资料来源：（美）吉尔伯特·萨克斯等《教育和心理的测量与评价原理》

第三节　影响效度的因素

效度比信度更为重要，从一开始编制测验就应该注重提高测验的效度，尽量避免其他因素对效度的影响。影响效度的因素有很多，大体可以分为以下几种：

一、测验本身的因素

测验题目对测验目的的适合性、是否能测到所要测的特质，测验题目是否有合适的难度和较高的鉴别力，以及测量中产生的各种误差等都会影响到测验的效度。测验的难度和区分度对效度的影响，会在后面测验的编制这一章有所论述，以下讨论的是在统计学上影响效度系数的两个因素。

（一）测验的长度

测验的长度会影响测验的信度，同时也会影响测验的效度。测验长度与效度的关系可用下述公式表示：

$$r_{(nx)y}=\frac{r_{xy}}{\sqrt{(1-r_{xx})/n+r_{xx}}}$$

$r_{(nx)y}$是长度相当于原测验 n 倍的新测验的效度系数，r_{xx}是原测验的信度，r_{xy}是原测验的效度系数，n 为倍数。在这里，原测验和新测验的效度系数是使用同一个效标计算出的。因此在实际编制测验时，如果一个测验的效度不理想，我们可以通过增加同质性题目的办法使测验的信度和效度达到一个较理想的水平。

（二）测验的信度

从信度与效度的关系中可知，效度是信度的必要条件，所有影响测验信度的误差因素都会影响测验的效度。

二、效标因素

效标效度是用测验分数与效标间的相关表示的。两变量间的最大相关小于两变量信度之积的平方根，即 $r_{xy_{\max}}\leqslant\sqrt{r_{xx}r_{yy}}$。这表明效度系数值受到三个方面的影响，即测验的信度，效标测量的信度、预测变量与效标变量间真正的相关程度。测验的信度刚刚在上面有所论述，下面看一下与效标有关的影响因素：

（一）效标的选择

一个测验有多少种具体用途，就可以根据多少种效标进行效度分析。效标选择不合适会直接影响我们对一个测验的效度的评定。

（二）测验与效标之间的关系类型

计算效度系数一般是采用积差相关法，这要求测验和效标分数的分布都应是正态，且二者是线性关系。但有时这一条件却不能得到满足，例如有时一个变量会随着另一变量的增大而增大，但到一定程度后，另一变量的增长速度越来越慢，从双变量散点图上可以看出，二者是呈曲线关系的。这时，如果用积差相关系数表示二者的关系，就会低估效度。测验分数和效标间还有可能存在更复杂的关系，因此要先通过双变量散点图发现二者的关系类型，再选择合适的效度计算方法。

（三）效标测量的信度

效标分数往往存在稳定性的问题，即在不同时间和情境中，同一个人的效标分数会有相当大的波动。另外，效标分数还会受测量方法的影响，使用不同的效标评定方法，其结果会有很大的不同，这些误差的存在使效标分数不能很好地代表相应的心理特质水平的高低。因此，我们可以对效标行为进行多次测量，求其平均值，作为比较可靠的效标分数。如果不能对效标进行多次测量以降低效标测量中的误差，而又想要知道在效标没有误差时测验的最大可能效度时，可采用下面的公式对效度系数进行校正以得到效度的最大可能值：

$$r_{xy\max}=\frac{r_{xy}}{\sqrt{r_{xy}}}$$

三、样本的代表性

每一测验都有其适用范围，如适用于某一年龄段或职业范围的被试，这要求在验证测验效度时所选取的被试样本要能代表测验适用的被试总体。如果选取的被试团体不是被试总体的代表性样本，所计算出来的效度系数就可能不是测验的真正效度。

在做效度验证时，选取样本过程中易犯的一个错误是：测验所选出的样本在某种心理特质的分布上不同于总体，也就是样本比总体更为异质或更为同质。常见的一个例子是由于预先选拔而引起对效度的低估。例如，研究一个新编职业选拔测验的效度，可能对新雇员的一个样本进行施测而最终得到职业成绩的效标度量。然而，这类雇员可能代表所有职业申请人员中经过选拔的一个优胜者样本。因此，这样一个样本的测验分数和效标度量的范围在分布较低端就会缩小，从而降低了二者的相关系数。不过不用担心，对于这类测验，在以后测验对所有申请人员进行施测时，效度可能会有所提高。但并不是所有的测验都这样幸运，这也就是为什么需要报告本地效度或者进行效度概化的一个原因。

再比如，由于选拔标准的变化，使得被试样本更为同质，从而引起效度系数随时间而变化。例如，将美国大学入学委员会测验和中学成绩作为预测指标，计算其同大学一年级平均成绩之间的相关，结果发现这种相关在 30 年后从 0. 71 降低到 0. 52，也即效度系数从 0. 71 降低到 0. 52。对双变量分布的检查则清楚地揭示了这种下降的原因。因为入学标准的提高，后面的班级在预测源和效标成绩上的同质性都高于 30 年前的班级。因此现在这个团体的相关系数较低，但预测个体成绩的准确性没有发生什么变化。换句话说，观测到的相关系数的下降，并不表示预测源的效度不如 30 年之前。假如忽视样本同质性的差异就会得出错误的结论。

四、干涉变量

由于一些无关变量的影响，测验在不同子团体中有不同的效度。这些变量，如年龄、性别、种族等，与所要测量的特质都是效标行为的影响因素，但在不同的子团体中，这些变量的影响强度不同，与所要测的特质间存在交互作用，这样的变量就称为干涉变量。

性别和动机都可能是干涉变量，例如有研究发现，女生中智力测验分数与学习成绩的相关高于男生；而在低能力被试智力测验分数与学业成绩的关系要高于高能力被试，因为学习动机对高能力学生的成绩影响更大。

当C变量的不同水平影响到A和B两变量间的关系时，C就可以视为干涉变量，美国心理学家吉塞利（E. E. Ghiselli）认为，当我们建立回归方程以测验分数预测被试效标分数，预测值与真实值相差较大时，或当我们在相同特点的被试子团体中计算效度系数，效度存在较大差别时，便可能发现干涉变量，将这个干涉变量用于可预测性高和可预测性低的子团体，就能证实其存在。

第四节 效度系数的解释与应用

一、效度的解释及其应注意的问题

效度研究基本上是回答两个问题：1. 测量什么东西，即测验所测量的变量性质是什么；2. 测验对它所测量的东西测到何种程度，并在帮助取舍决定上效果如何。

测验效度的三种主要类型都是围绕这两方面展开的。其中，构想效度能帮助我们运用测验分数解释人的心理特质，可由构想效度研究的资料来回答测验所测量的东西或所测量的变量的性质；效标效度可用来了解测验分数能否有效地预测或估计某种行为表现，是关于测验结果的一些实际用途的检验；内容效度研究的问题是变量的内容范围，同时，它又帮助我们决定测验分数能否代表某种学习的结果。

任何一个测验都需要各式各样的效度证据，关键在于效度是由一定的测验目的规定的，不同测验偏重于不同种类的测验效度。事实上，内容效度和效标效度的研究未能脱离作为测验编制基础的心理构想理论。有些测验对所测内容或行为范围的定义或解释类似于理论构想的解释，行为领域的界定就属于典型的心理构想理论的问题，而恰当效标的确定也是心理构想理论的问题。因此就这一点而言，有人主张构想效度可以包含内容效度和效标效度。

在进行效度解释时应注意以下两点：

1. 效度系数的大小

效度系数应该为多大？对这个问题不可能作出一般的回答，因为解释效度系数必须考虑一些伴随的情况。获得的相关系数当然越高越好，起码要达到某种可接受的统计显著性水平，例如0.01或0.05的水平。换句话说，我们应该有理由确信，获得的效度系数不可能由于取样的偶然波动而产生。

如果测验与效标有任何显著性相关，不管如何低，也可以明显提高预测效率。在某种情况下，甚至低到0.20—0.30的效度也可以证明在选拔计划中使用测验是正确的。

2. 对效度系数的变化进行解释时应当小心

这在样本因素对效度的影响一节当中已经进行了论述。效度系数低或变低并不能说明测验无效，因为可能受到样本同质或异质因素的影响。

传统上，人们倾向于将效度看做一个测量工具的特性，实际上，不能说测量工具本身或者它的内容（比如测验题目）是有效的，效度并非一个测量工具的内在特性，而是测量工具和所要测的事物的某些方面之间的一种关系；测量工具也并非只有一个效度，而是可能有许多种效度。在有些情况下，效度会表示为定量的；而在另外一些情况下，则可能表示为定性的。不管是什么形式，对任何一个测量工具都会有许多不同的效度存在。这些效度将有赖于研究者所发现的与该测量工具相关的那些效标以及根据这种关系所做出的推论。

二、效度的应用

（一）效度在测验编制中的重要作用

效度的验证通常是在测验编制好之后进行的工作，但效度的基本指导思想在测验编制过程中始终起着主导作用。效度的观念与测验编制过程是紧密关联的，从一开始编制测验就应该注重提高测验的效度。在测量过程当中，效度的理念可以说在任何领域、任何时候都有所体现。凡是有测验或测量的地方都涉及到“在多大程度上测到了所要测的特性”这样一个问题。因此，可以说效度是衡量一个测验好坏、有无用处的最重要的指标。

（二）效度在选拔中的重要影响

测验效度在人事选拔中的应用主要体现在以下几个方面：

1. 对选拔方法的选用

在实际工作中，测验的效度与使用测验所带来的利益经常联系在一起。使用测验所带来的利益的大小是功利率。功利率可用下述公式计算：

$$U = B(N_S) - C(N_U) - S$$

式中 U 代表功利率，B 代表录用一个成功的人员所产生的平均利润，C 代表录用一个不合格的人员所带来的损失，N_S 和 N_U 分别代表录用人员中成功和失败的人数，S 代表使用测验的费用。功利率的计算为测验提供了一个实用性的衡量标准。有的测验尽管效度不高，但由于测验编制和实施的费用低，却可能带来满意的效益，因此也有使用价值。有的测验即使效度高，但使用成本高，带来的实际效益小，可能不受人们的欢迎。

基础率和录取率对于测验的功利率有重要影响。录取率指采用选拔程序所录取人员与候选人员的比例。基础率是未经选择的总体中自然存在的合格人员的比例。

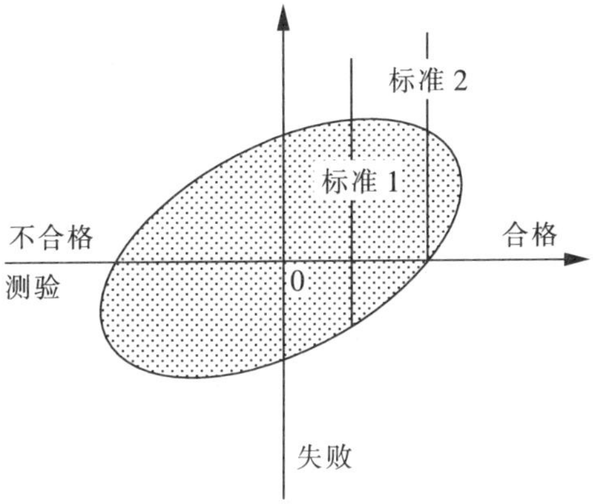

图 4－3 录取率与命中率的关系

图 4－3 表明，当测验的效度达到中等或中等以上的水平时，提高录取标准（标准 1），即降低录取率，会增大正命中率，但却降低了总命中率；而在降低录取标准（标准 2），既录取率提高时，则会降低正命中率。

当基础率很高时，大部分被试都能胜任工作，随机录取或使用效度很低的测验进行录取就会有很高的成功率，因此即使效度很高的测验也不会使取舍正确性有太大的提高，如果考虑到功利率的问题，就大可不必使用测验，只要随机录取就行了。比如，基础率为 0.95 时，使用效度为 0 的测验（与随机录取准确性一样），与使用效度为 1（当然这只是一种几乎不可能的假定）的测验录取被试，准确率的差别只有 0.05。

在基础率很低、录取率也很低的情况下，增加测验的效度才会使录取成功率有明显的提高，如具有某种优异能力的人仅占总人口的 5%，即基础率是 5%。若录取率也定为 5%，在使用效度为 1 的测验选拔时，成功率为 100%，使用测验的增益是很高的。但如果录取率增大为 50%，则使用效度为 1 的测验录取时，我们可以把这 5% 的成功者正确录取，但也包括了 45% 的不具有这种能力的人，成功率降为 10%。录取率更高时，即使使用效度为 1 的测验，增益也会很少。

只有当基础率接近 50% 时，使用高效度的测验才会使录取成功率明显地提高。

从以上分析可以看出，在人员选拔过程中，测验的效度、录取率、基础率是影响录取成功的三个密切相关的因素。在实际工作中要将三者综合考虑才能提高录取工作的效果。

2. 内容效度与新的甄选工具的建构

设计一项新的甄选工具的过程就是根据内容效度的思想来设计测验的项目的过程。有些职位所要求的知识、技术和能力（如阅读的能力、数学知识、识图的能力，等等）是大多数人应该具备的。内容效度法可以广泛应用于对申请这样职位的求职者的甄选中。下面我们举例来说明这一方法。莱尔·舍恩菲尔特（Lyle Schoenfeldt）和他的同事们正在为一家大型企业初级水平的工作人员制定一项工业阅读测验（Industrial Reading Test）。他们通过工作分析来确定工作人员在工作入门阶段应该能够阅读那些对完成工作具有重要性的材料。这些分析指出，入门水平的雇员要阅读以下4种基本类型的材料：（1）安全（标志、工作规章制度、安全手册）；（2）操作程序（使用说明书、程序指引）；（3）日常操作（日志手册、标签、日程表）；（4）其他方面（备忘录、工作协议、申请材料）。有关安全和操作程序的材料被认为是最重要的，因为它们大约占工作时间所阅读的全部材料的80%之多。因此，测验中设计了大约80%的题目来测量这两种材料。可见，测验本身是根据当前雇员在入门阶段所必须阅读的实际材料的内容设计的。

（三）效度在决策中的重要影响

这里所说的决策主要指人事决策、录取决策。在这一过程中使用较多的是效标效度。这其中预测效度与决策有着较大的关系。

我们可用测验对目前和未来行为表现作预测。比如，凭高考成绩预测学生以后是否能顺利完成学业，凭借面试成绩来预测应聘者将来在工作当中的表现等等。而效度则可用于评估预测结果的正确性。

图4-4是一个根据能力分数预测工作成绩的例子。根据这个图，可以发现能力倾向测验分数较高的被试，其工作成绩也有较高的倾向。工作成绩是可以通过能力倾向测验分数加以预测的，在预测中，效度起着重要的作用。效度可以帮助决策者作出关于个体的决策，如是否录取某人等。因此，有必要从正确、有效地作出决策的角度来研究测验效度，了解使用测验比不使用测验对于提高选择准确性的贡献，这就涉及到前面所提到的命中率或取舍正确率的计算。

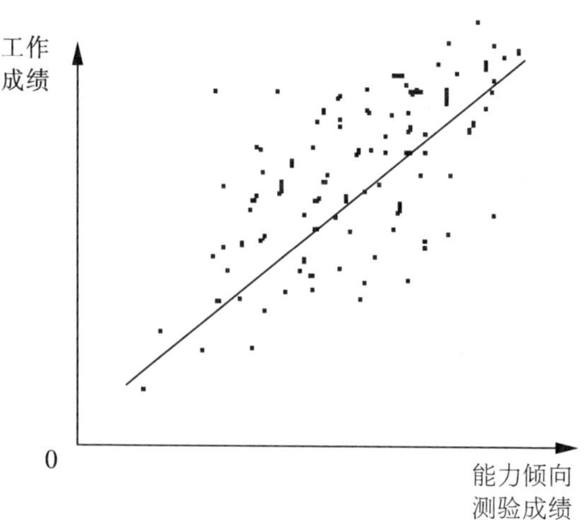

图4-4 能力倾向测验分数与工作成绩的二元分布

在作出决策时，有一个很重要的概念和标准，那就是临界分数。如果我们在人才选拔中确定了需要 25 个人，那就可以选择得分最高的 25 个人，此时无所谓临界分数；但是，如果要求择优录取，宁缺勿滥，这种情况下就需有一个合适的临界分数，挑选这个分数线以上的人员，才能使得以后在效标上的成功率提高。

（四）效度与分数组合

预测实际效标，往往需要几个而不是一个测验。大多数效标都是比较复杂的，效标度量取决于若干不同的特质。因此用来测量这类效标的测验必须是高度异质性的。但是我们已经指出，测量单一特质的同质性测验是令人满意的，因为它得出的是意义较为明确的分数。因此，通常最好使用由若干相对同质性的测验组成的成套测验，其中每个测验包括效标的一个不同的方面，而不是使用由许多不同类型的项目凑合成的单一测验。

为了预测复杂的效标，常常会使用由几个测验组成的成套测验。此时遇到的主要问题是，如何组合不同测验的分数对每一个个体作出决策。一种方法是根据个体在成套测验上的各个分数通过多元回归方程来预测他或她的效标分数。回归方程实质上是根据每个测验与效标的相关以及各测验之间的相关建立的。显然，那些与效标有较高相关的测验的权重较大。

除了多元回归方法之外，还可以按照多重临界分数来组合成套测验所获得的分数。简单地说，这种方法就是对每一个测验都建立一个最低的临界分数。严格运用这种方法时，在任何一个合适的测验上处于最低分数之下的每一位被试，都将被拒绝。为某种职业选择合适的测验和临界分数时，单单考虑测验效度通常是不够的。假如仅仅考虑产生显著效度系数的测验，就会忽视所有在职员工都擅长的一种或几种基本能力。因为，在一些职业中，员工们也许在关键特质上高度同质，其个体差异的范围甚小，不可能得出测验分数和效标之间的显著相关。

有关多元回归和多重分段法，请详见本书第七章。

（五）效度在人员分类与安置中的重要影响

测验不仅可用于选拔的目的，也可用来进行分类和安置。选拔（selection）总是把人分成两类，即要么被接受，要么被拒绝。分类和安置则不淘汰任何人，而是对不同人员都给以适当的处理。

安置（placement）是根据对被试在单一效标上的观测结果而作出的处理或安排。在这里只使用一个效标，预测源可以是一个测验，也可以是通过回归方程计算出的成套测验的组合分数。安置的例子很多，如通过分班考试将学生分配到不同进度的班组，根据能力倾向测验的分数为被试分派难度要求不同的工作等。

分类（classification）则使用两个或两个以上的效标，效标的多少取决于分类数量。因为有多个效标，所以要有多个预测源，对每一效标都要建立一个多元回归方程。有的测验在一个回归方程中的回归系数可能较大，而在另一个方程中则较小或接近0。所以使用一个预测源有时就难以进行有效的分类。分类的目的是人尽其才。因为人的特殊能力不同，有的人文书能力较强，有的人则空间能力突出，而不同的工作对这些能力又有不同的要求，只有通过合理的分类才能将人分配到最能让他发挥所长的地方，可以更加充分地利用人力资源。

为了更好地说明人员分类思想及优点，请大家看一个例子。1972 年梅尔（Maier）和富克斯（Fuchs）比较了在陆军中以能力倾向领域分数（aptitude area scores）分派军人和以军人资格测验（AFQT）选拔军人的效果。能力倾向领域分数是来自一个包含 13 个分测验的成套测验，测量的是人的能力倾向范围。每一能力倾向领域代表一种需要共同性向、兴趣和知识的工作，每 3—5 个分测验即构成一个能力倾向领域分数。用能力倾向领域分派军人时使用的是分类策略，即将每个军人分派到最适合他的工作中去。而用军人资格测验选拔军人时使用的则是选拔策略，因为在选拔时只在整体上区分了录用与不录用两类人。对 7500 名应征入伍者的研究结果表明，AFQT 高于中数者只有 56% 在工作表现上超过了平均分数，而最佳能力倾向领域分数高于 100 者，有 80% 在工作表现上优于平均水平。

在分类时应注意对预测源的选取。由于分类是将被试分派到性质不同的工作中去，因此要使用不同质的预测源。当预测源过于同质时就会出现所有测验都与一个效标有高相关而与另一个效标低相关或无相关的情况（除非效标间也是高相关），分类的总体效果就会降低。

在进行人员分类时一般是对每个效标建立一个多元回归方程，以回归方程中回归系数的大小来判断预测源的有效性。当只有某些团体的测验资料而没有现成的效标，或测验分数与效标不是直线关系时，就不能直接建立回归方程对被试的效标分数进行预测，这时就可使用多元判别函数（multiple discriminant function）分析的技术，将被试划分到与他最类似的团体中。

多元判别分析是对多元回归的补充，当资料不适合进行多元回归分析时，就可使用多元判别分析作为替代。例如，某种工作对能力或人格特质在一定范围之内的人是适合的，高于或低于这一范围就不符合这一工作的要求。这时使用回归分析就选择不到合适的人选，而使用多元判别分析则非常有效。判别分析首先需要那些正确分类的已知的受测者样本的分数。用这些分数计算各个变量形成新变量的权重，这个新变量最终可被用于对那些有待正确分类的受测者进行分类。

【建议参考资料】

1. 郭庆科. 心理测验的原理与应用［M］. 北京：人民军医出版社，2002.

2. 侯杰泰. 信度与度向性：高 alpha 量表不一定是单度向［J］. 香港教育学报，1995，23（1）：135－146.

3. 漆书青. 现代教育与心理测量学原理［M］. 北京：高等教育出版社，2002.

4. 杨国枢. 社会及行为科学研究法［M］. 13 版. 重庆：重庆大学出版社，2006.

5. 郑日昌. 心理测量［M］. 长沙：湖南教育出版社，1987.

6. 安娜斯塔西，厄比奈. 心理测验［M］. 缪小春，竺培梁，译. 杭州：浙江教育出版社，2001.

7. 希尔德布兰德，爱沃森，奥尔德里奇，等. 社会统计方法与技术［M］. 北京：社会科学文献出版社，2005.

8. 德威利斯. 量表编制：理论与应用［M］. 魏勇刚，龙长权，宋武，译. 2 版. 重庆：重庆大学出版社，2004.

9. 库珀，罗伯逊. 组织人员选聘心理［M］. 蓝天星翻译公司，译. 北京：清华大学出版社，2002.

10. 墨菲，大卫夏弗. 心理测验——原理和应用［M］. 张娜，杨艳苏，徐爱华，译. 6 版. 上海：上海社会科学院出版社，2006.

11. 美国教育研究协会，美国心理学协会，全美教育测量学会. 教育与心理测试标准［M］. 燕娓琴，谢小庆，译. 沈阳：沈阳出版社，2003.

12. 普劳斯. 决策与判断［M］. 施俊琦，王星，译. 北京：人民邮电出版社，2004.

【问题与思考】

1. 效度与信度的关系怎样？如何在同一个测验当中协调信度与效度的关系？

2. 试述新推出的五种效度证据来源的实践意义。

3. 请举例说明效度概化的现实难点并具体说明如何提高外部效度。

4. 自选一个研究主题，尝试用五种新的效度证据来源来证实其效度。为其寻找合适的效标，并说明为何选取这些效标。

5. 假设你作为辩论的一方，请试图证明高考内容效度、构想效度的有效性，并找到其效标效度；作为辩论的另一方，请你尽量找出反例进行驳斥。

6. 试以人才选聘为例具体说明效度的应用。

第五章 心理测量的项目分析

【本章提要】

整体与个体是辩证统一、密不可分的。上两章所学信度与效度主要是从整体上来对一个测量工具进行检验和评估。整体的良好表达离不开具体细节的支持，形成一个测量工具整体的，是一个个具体的项目。尽管整体并非个体简单的累加，但是个体的质量依然在很大程度上决定了整体的质量。项目分析技术是对构成整体或将要构成整体的个体，即测验中的项目进行分析，特别是难度与区分度分析。本章讲述了难度与区分度的定义、计算方式及难度与区分度之间的关系。同时，随着测量技术与计算机等支持性技术的发展，项目反应理论日趋成熟并在心理测量领域发挥越来越大的作用。因此，本章也介绍了项目反应理论在项目分析中的应用以及与项目分析有关的一些其他问题。

【学习重点】

1. 理解难度的定义及其在不同测验形式中的具体含义。
2. 掌握区分度的定义及计算方法。
3. 了解难度与区分度的关系及在实践中的运用。
4. 理解项目反应理论框架下的难度与区分度的意义。

【重要术语】

项目分析　难度　通俗度　区分度　鉴别指数　极端组　项目反应理论（IRT）项目特征曲线

信度与效度是对测验整体的分析，而项目分析则是细化的、对测验中每个项目或题目（item）的具体分析，好的信度与效度必然是高质量的项目的综合反映。通过预测，对测验的各个项目或题目进行分析，是编制和修订测验的重要环节。广义的项目分析包括质的分析（定性分析）和量的分析（定量分析）两个方面。前者是从内容取样的适切性，题目的思想性、教育性，表达是否清楚以及测验是否具有内容效度等方面加以评鉴，后者是对预测结果进行统计分析，确定题目的难度、区分度、备选答案的合适度等。在项目分析的基础上，通过对项目的筛选和修订，可以改进测验的信度和效度，使测验变得更加简洁、实用、有效、可靠。

第一节　项目难度

评价项目质量的主要指标是难度和区分度。本节着重论述难度问题。

一、难度的意义

（一）难度的含义

难度（difficulty）是指项目的难易程度。在最高作为测验（例如能力测验）中，称为“难度”，而在典型作为测验（例如人格测验）中，则指“通俗性”。两者都是指在总体中，能够正确或确切回答某项目的人数比率。

难度通常是以题目（被试样组）的通过率、得分率或答对率（一般用符号 P 来表示）来表示大小的，通过率是指被试正确回答或通过题目的人数与所有被试之比，即：

$$P = \frac{R}{N}$$

P 表示题目难度，R 表示被试正确回答或通过题目的人数，N 表示参加测验的所有被试。

在这种定义下的难度，P 值越大，表示题目越简单；P 值越小，说明题目越难。其指数与含义恰好相反，准确地说，应该叫“易度”。因此，另外定义难度的方法是题目（被试样组）的未通过率、失分率或答错率（一般用符号 Q 来表示），这种方法直接描述了“困难程度”。公式为： 115

$$Q = 1 + P = 1 + \frac{R}{N}$$

但是，由于通过率与未通过率满足 $P + Q = 1$，并且未通过率一般要根据通过率来求取，在实际应用中反而不方便，因此，此定义公式不常用，难度指数一般取前一种的定义。

难度的指标是根据样本水平来确定的参照点，具有相对性。P 值所反映的是项目的相对难度，即心理难度，而不是绝对难度。一个项目的 P 值大小，除了与内容或技能本身的难易有关外，还同项目的编制技术以及受测者的经验有关。一个本来很容易的问题，可能因为表述不清或受测者没有学过而变难；一个很难的内容，也可能因为答案过于明显或受测者学过而变得容易。也就是“难者不会，会者不难”。因此，仅仅依靠主观判断或定性分析来确定项目难度，是不够可靠的，这也是题目需要试测的原因之一。

（二）测验难度水平的确定

如何确定适宜的难度水平？一个测验的难度是由组成测验的各个题目的难度决定的，每个题目的难度多大合适？这是由测验的目的决定的，如要通过测验选拔10%的学生参加某项比赛，测验的难度应与选拔率相当，保持 $P=0.10$ 左右。即使 P 值为0的题目，有时也是需要的，如成就测验，只要教育者认为重要的内容就可编入测验，而不管 P 值大小。

对于效标参照测验、掌握测验，一般不考虑难度；对于选拔测验，难度最好接近于录取率；对于选择题来说，难度一般应大于猜测概率。

理论上，题目的难度接近或等于0.50是比较理想的，此时项目具有最大的鉴别力。但在实际操作中，让所有项目难度都为0.50困难很大，而且也不必要，一般只需使项目的平均难度接近0.50，而各个项目的难度在 0.50 ± 0.20 之间变化就可以。若所有题目的难度都在0.50，题目过分同质，也会降低测验总分的区分力。有些测验，如掌握性测验或标准参照测验，分数分布出现正偏态或负偏态是允许的，这类测验的难度可以根据实际情况来确定。另外，对于选项不同的选择题，因为猜测率不同，难度值要求也不同。

二、难度的计算

（一）二分法记分项目的难度计算

二分法记分又叫二值记分，即只有答对和答错两种情况，记为1或0。

1. 通过率

用题目的通过率估计难度，即按难度定义的公式来计算。

例如：在100个学生中，答对某题的人数为65个，则该项目的难度为 $P=R/N=65/100=0.65$。

2. 两端分组法

当被试人数较多时，则可先将被试依照测验总分从高到低排列，分成三组，在测验总分的分布符合正态分布时，高分组与低分组的最适当比例是各占27%，如果分布较平坦，应高于27%。一般情况下，其比率介于27%—33%。在没有电脑和阅卷机的年代，各类标准化测验大多用两端分组法计算难度，公式如下：

$$P=\frac{P_H+P_L}{2} \text{ 或 } P=\frac{1}{2}\left(\frac{R_H}{N_H}+\frac{R_L}{N_L}\right)$$

P 是难度，P_H 和 P_L 分别代表高分组和低分组的通过率。R_H、R_L 表示高分组和低分组通过该项目的人数；N_H、N_L 为高分组和低分组的人数。

例如，在370名学生中，选为高分组与低分组的学生各有100人，其中高分组有70人答对第一题，低分组有40人答对第一题。则该题的难度是：

$$P=\frac{1}{2}\left(\frac{R_H}{N_H}+\frac{R_L}{N_L}\right)=\frac{1}{2}\times\left(\frac{70}{100}+\frac{40}{100}\right)=\frac{1}{2}\times(0.70+0.40)=0.55$$

（二）非二分法记分项目的难度

1. 用被试得分平均数估计

对于简答题、论述题等题型，每个项目不只有答对和答错两种可能结果，而是从 0 分至满分之间有多种可能结果，对于此类项目，常用下面公式来计算其难度：

$$P=\frac{\overline{X}}{X_{max}}\text{或}P=\frac{M}{W}$$

P 为难度值，$\overline{X}$ 或 M 为所有被试在该项目上的平均得分，X_{max} 或 W 为该项目的最高得分（满分）。

例如，某测验中某题的满分为 20 分，该题考生的平均得分为 13.6 分，则该题的难度为：

$$P=\frac{\overline{X}}{X_{max}}=13.6\div20=0.68$$

2. 用难度的校对公式计算

在多项选择题中，由于有猜测的成分，被试的得分可能被夸大，不能真正反映测验的难度，吉尔福特提出了一个难度的矫正公式：

$$CP=\frac{KP-1}{K-1}$$

CP 为校正后的通过率，P 为实际得到的通过率，K 为选项的数目。

例如，某题有 75% 的被试通过，若该题有 5 个选项，则校正后的通过率应为：

$CP=(5\times0.75-1)/(5-1)=0.69$；

同理可得，$K=4$ 时，$CP=0.67$；$K=2$ 时（即是非题），$CP=0.50$。

（三）难度的等距变换

以通过率作为难度指标，实际上是以顺序量表来表示难度，这只能指出题目难度的顺序或相对难度的高低，不具有相等单位。因此，这只是项目的相对难度。

例如，有 3 个试题，其通过率（难度）分别为 0.60、0.50、0.40，我们可以断定第一题最易，第三题最难，但无法确定题目 1 和 2 之间的难度差别是否等于题目 2 和 3 之间的难度差别。这为我们作进一步分析带来困难，因此必须设法将其转化为等距量表。

当样本容量足够大时，测验分数一般接近正态分布。如果被试在所欲测量的特性上呈正态分布，则可以根据正态曲线表，将试题难度转化成具有相等单位的等距量表，即将难度 P 作为正态曲线下的面积，转换成相应的 Z 分数，这就是等距难度量表（见表 5-1）。应用此方法，较难的项目难度为正值，较易的项目难度为负值。中等难度的项目的得分值为 0，也就是一个恰好被 50% 的人通过的项目总是落在平均数处，即标准分数量变上的零位置。由于标准 Z 分数具有相等单位，属于等距量表，所以能为进一步作难度分析带来好处。

表 5 -1　难度 P 与标准 Z 分数的等距变换量表

P	Y	Z
.00	.39894	.00000
.50	.35207	.19146
1.00	.24197	.34134
1.50	.12952	.43319
1.96	.05844	.47500
2.00	.05399	.47725
2.50	.01753	.49379
2.58	.01431	.49506
3.00	.00443	.49865
3.50	.00087	.49977
3.99	.00014	.49997

但是 Z 分数有小数点和负值，表示难度也有不便之处，通常需要再进一步进行转换。其中较为常见的是美国教育测验中心（ETS）所采用的以 Δ 作为难度指标：

$\Delta = 13 + 4Z$

Δ（delta）为常态化等距难度值，13 是平均数，目的是为了消除小数，Z 表示某题目难度距平均数有多少个标准差（δ）。根据正态分布表，Δ 值介于 1—25 之间，Δ 值越大，难度越高；Δ 值越小，难度越小。对于大多数测验而言，只要算出 P 值即可，但如要作精确的统计分析，则需要计算出具有等距性质的 Δ 值。

表 5 -2 是美国教育测验中心（ETS）采用难度指标 $\Delta = 13 + 4Z$ 公式所得到的等距变换的部分数值：

表 5 -2　ETS 难度指标等距变换的部分数值

P	Z	Δ
0.0013	+3	25
0.16	+1	17
0.50	0	13
0.84	-1	9
0.9987	-3	1

三、难度对测验的影响

（一）难度影响测验分数的分布形态

项目的难度影响整个测验的难度和分数的分布形态。相反，通过分析测验分数的分布形态，可以对测验难度作出直观分析。由于人的心理特质多数呈正态分布，加上统计方法的理论基础，大多数标准化测验在设计时希望分数呈正态分布模式。但是，测验难度如果过大或过小，都会造成测验分数偏离正态分布。因此，可以通过改变项目难度来调整测验分数的分布形态。一般而言，中等难度的测验，其分数分布呈正态分布。

当难度值 P 趋向 1 时，说明所有被试都得了高分；当难度值 P 趋向 0 时，说明被试得了低分。在此情况下，被试得分集中在高分和低分端（1 和 0）。因此，有两种非常态的分布：正偏态、负偏态（如图 5－1、5－2）。正偏态说明被试得分集中在低端，表明题目偏难；负偏态说明被试得分集中在高端，表明题目偏易。

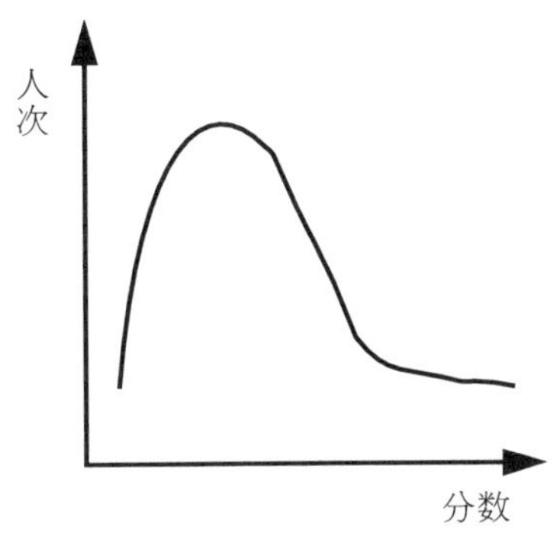

图 5－1　难度大，正偏态分布图

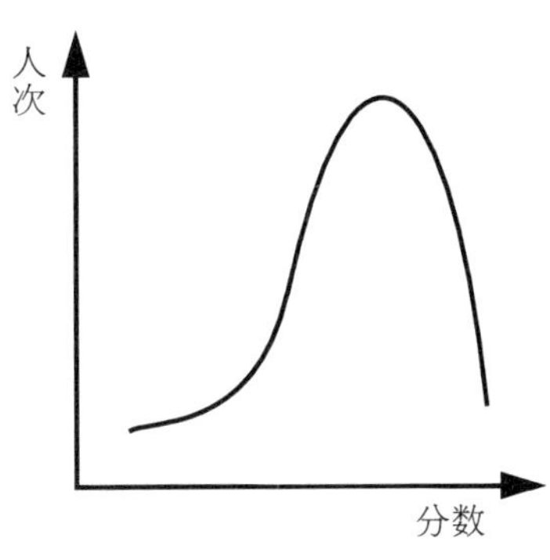

图 5－2　难度低，负偏态分布图

（二）难度影响测验的信度

难度影响测验分数的离散程度，难度太大或太小的测验，被试得分集中在高分端或低分端，测验分数之间的差异变小，则测验分数的方差也变小，根据信度公式，测验分数的方差减小，信度值将降低。

（三）难度影响测验的鉴别力（区分度）

在测验中，被试之间相互配对比较的可能性越多，就越有利于准确地鉴别被试的不同能力。如有 100 个学生参加考试，若 $P=0.50$，则必有 50 人答对，50 人答错，此题就有 2500（50×50）次配对比较；若 $P=0.70$，则有 70 人答对，30 人答错，可组成 $70\times30=2100$ 次配对比较；若 $P=1.00$ 或 $P=0.00$，则没有比较的可能（$100\times0=0$，$0\times100=0$）。因此，P 值越接近 0.50，题目的鉴别力就越高；P 值越接近 1.00 或 0.00，题目鉴别力就越低。关于鉴别力具体讨论见下一节。

第二节　项目区分度

区分度也是评价项目质量的重要指标，项目的区分度是测验是否有效的“指示器”，是评价项目质量和筛选项目的主要指标和依据。本节着重论述区分度问题。

一、区分度的意义

区分度（discrimination）是指测验项目对被试心理品质水平差异的区分程度，又称鉴别力。

具有良好区分度的测验，实际水平高的被试应得高分，水平低的被试应得低分。区分度高的项目，能将不同水平的被试区分开来；区分度低的项目，则不能很好地鉴别被试水平。

区分度一般用 D 表示，取值范围介于 -1— +1 之间。通常 D 为正值，称为积极区分；D 为负值，称为消极区分；D 为 0，称为无区分。一般来讲，D 值越大，区分效果越好。

评价测验项目的区分度高低依赖于对被试水平的准确测量，一般称为效标分数。测验项目区分度的效标分数更多的是使用测验总分，又叫内部效标。

二、区分度的计算

区分度的计算方法很多，各方法在含义上略有差异。使用时要根据测验目的和性质，选择不同计算方法，并注意相互验证。

（一）项目鉴别指数法

1. 鉴别指数（index of discrimination，D）的计算

当效标分数是连续变量时，可从分数分布的两端各取 27% 的被试，分别计算每道题目的通过率，二者之间的差别就是项目鉴别指数（D）。公式如下：

$$D = p_H - p_L$$

p_H 和 p_L 分别代表高分组和低分组的通过率。

例如：在某一项目上，高分组和低分组的通过率分别为 0.78、0.33，则该项目的鉴别指数为 $D = p_H - p_L = 0.78 - 0.33 = 0.45$。

当 $D = 1$ 时，高分组全部通过，低分组完全失败；当 $D = 0$ 时，两组通过率相等。该方法主要用于客观性试题的区分度计算。

D 值是鉴别项目有效性的重要指标，美国测量学家伊贝尔（R. L. Ebel，1965）提出了用鉴别指数作为评价项目性能好坏的标准（如表 5-3 所示）。

表 5-3　鉴别指数用于题目评价

鉴别指数	题目评价
0.40 以上	很好
0.30—0.39	良好，修改会更好
0.20—0.29	尚可，仍需修改
0.19 以下	差，必须淘汰

2. 极端组的划分

当样本较大（>100）或分数分布是正态分布时，一般按照高低分组各取27%规则进行。一般情况下，取上下25%—33%均可。

但是，当样本太少（<100）时，则不宜用27%规则，可以取50%作为分界点，即把上下两半被试作为高低分组。

当然，由于计算机的使用和统计技术的完善，大样本也可以上下50%作为划分高低组的标准，或者多分几组，对区分度和难度作详细分析，结果更加准确。因为只取上下两端，只利用了一部分资料，浪费了很多信息，有可能得出错误结论。

（二）相关法（项目—总分相关）

鉴别指数分析项目区分度虽然计算方便，容易理解，但是结果不精确。电脑问世后，在大规模或标准化测验中，多采用相关法分析，即以项目分数与效标分数（或测验总分）的相关作为项目区分度的指标。相关越高，项目区分度越高。

1. 点二列相关

适用项目是（0，1）记分或二分变量（或双峰分布），效标分数（或测验总分）是连续变量的数据资料的分析。公式为：

$$r_{pb}=\frac{\overline{X}_p-\overline{X}_q}{S_t}\sqrt{pq}\text{ 或 }r_{pb}=\frac{\overline{X}_p-\overline{X}_t}{S_t}\sqrt{\frac{p}{q}}$$

r_{pb}是点二列相关系数，$\overline{X}_p$ 是通过该项目被试的平均效标分数，$\overline{X}_q$ 是未通过该项目被试的平均效标分数，p 为通过该项目被试人数的百分比，q 为未通过该项目被试人数的百分比；S_t 为全体被试的效标分数的标准差，$\overline{X}_t$ 为全体被试的平均效标分数。

例题：下表是15名学生对某一选择题的作答情况（通过记1分，未通过记0分）与效标分数（即测验总分），试计算该选择题的区分度。

学生序号	1	2	3	4	5	6	7	8	9	10	11	12	13	14	15
测验总分	65	70	31	49	80	50	35	16	81	69	78	55	77	90	42
某选择题得分	0	1	0	1	1	0	1	0	0	1	1	0	1	1	0

根据题意和公式可以求出：

$p=8\div 15=0.5333$

$q=1-p=0.4667$

$\overline{X}_p=548\div 8=68.5$

$\overline{X}_q=334\div 7=47.71$

$$S_t = \sqrt{\frac{\Sigma X^2}{N} - \left(\frac{\Sigma X}{N}\right)^2} = \sqrt{\frac{58936}{15} - \left(\frac{882}{15}\right)^2} = 21.72$$

$$\overline{X}_t = \frac{\Sigma X}{N} = \frac{882}{15} = 58.8$$

代入公式得到：

$$r_{pb} = \frac{\overline{X}_p - \overline{X}_q}{S_t}\sqrt{pq} = \frac{68.5 - 47.71}{21.72}\sqrt{0.5333 \times 0.4667} = 0.4775$$

或 $r_{pb} = \dfrac{\overline{X}_p - \overline{X}_t}{S_t}\sqrt{\dfrac{p}{q}} = \dfrac{68.5 - 58.8}{21.72}\sqrt{\dfrac{0.5333}{0.4667}} = 0.4775$

计算时，只要求连续变量是单峰和对称的分布，二分变量不受正态分布的限制。检验点二列相关是否显著，一般使用皮尔逊（K. Pearson）积差相关系数进行检验（参见一般统计学教材），此外可以用 t 检验方法比较与二分变量对偶的两组连续变量的平均数的差异是否显著，如果平均数（$\overline{X}_p$ 与 $\overline{X}_q$）的差异显著，则相关系数的差异也显著。

2. 二列相关

适用于连续的测量变量，但其中有一个变量被分成两类的数据资料。如当一个测验的项目分数是连续变量，而效标（总分）被分为高、低（或及格、不及格）两个类别；或当一个测验的效标（总分）是连续变量，而项目分数被分为对、错（或通过、未通过）两个类别时，可用此方法计算。其公式为：

$$r_b = \frac{\overline{X}_p - \overline{X}_q}{S_t} \cdot \frac{pq}{y} \quad 或 \quad r_b = \frac{\overline{X}_p - \overline{X}_t}{S_t} \cdot \frac{p}{y}$$

其中 r_b 为二列相关系数，y 为正态分布下 p 与 q 分割点正态曲线的高度，$\overline{X}_p$、$\overline{X}_q$、$\overline{X}_t$、S_t、p、q 的意义同点二列相关系数公式。

例题：20 个学生语文测验总分和作文题的得分情况如下表，假如作文为≥37 分算通过，试计算作文题目的区分度。

学生序号	01	02	03	04	05	06	07	08	09	10	11	12	13	14	15	16	17	18	19	20
测验总分	86	52	94	72	65	22	76	83	80	75	76	73	62	91	47	74	81	88	62	58
作文得分	47	37	55	27	22	10	35	42	46	39	40	41	38	52	21	39	42	48	29	27

$\overline{X}_p = (86 + 52 + 94 + 83 + 80 + 75 + 76 + 73 + 62 + 91 + 74 + 81 + 88) \div 13 = 78.08$

$\overline{X}_q = (72 + 65 + 22 + 76 + 47 + 62 + 58) \div 7 = 57.43$

$\overline{X}_t = (47 + 37 + 55 + 27 + 22 + 10 + 35 + 42 + 46 + 39 + 40 + 41 + 38 + 52 + 21 + 39 + 42 + 48 + 29 + 27) \div 20 = 747 \div 20 = 37.35$

$p = 13 \div 20 = 0.65 \quad q = 1 - p = 0.35$

查表得 $y = 0.3704$

$\Sigma X = 1417 \quad \Sigma X^2 = 105947$

$$S_t = \sqrt{\frac{\Sigma X^2}{N} - \left(\frac{\Sigma X}{N}\right)^2} = \sqrt{\frac{105947}{20} - \left(\frac{1417}{20}\right)^2} = \sqrt{277.63} = 16.66$$

$$r_b = \frac{\overline{X}_p - \overline{X}_q}{S_t} \cdot \frac{pq}{y} = \frac{78.08 - 57.43}{16.66} \times \frac{0.65 \times 0.35}{0.3704} = 0.76$$

或 $$r_b = \frac{\overline{X}_p - \overline{X}_t}{S_t} \cdot \frac{p}{y} = \frac{78.08 - 37.35}{16.66} \times \frac{0.65}{0.3704} = 0.76$$

运用此法求项目区分度时，要求二分变量在人为二分前的分布必须是正态分布，如果样本分布不是正态分布，总体分布也应该是正态分布。对于连续变量的分布，虽然不要求是正态分布，但必须是单峰而且是对称分布形态。其显著性检验可以用下列公式：

$$Z = \frac{r_b}{\frac{1}{y} \cdot \sqrt{\frac{pq}{N}}}$$

对于前例的显著性检验如下：

$$Z = \frac{r_b}{\frac{1}{y} \cdot \sqrt{\frac{pq}{N}}} = \frac{0.76}{\frac{1}{0.37}\sqrt{\frac{0.65 \times 0.35}{20}}} = 2.6 > 1.96$$

说明作文分数与总分相关显著。

3. 积差相关

对于非二分法记分的题目，可以用积差相关来计算区分度。但是当某一题目分数在总分中占的比重较大时，该题目的区分度可能会被高估。为此，有时会从总分中扣除该题目分数，再来计算相关。

三、区分度与难度的关系

测验项目难度对项目区分度有直接影响。难度值 P 为 0 或为 1 的项目显然没有任何区分能力。一般说来，中等难度的项目区分度最好。假如题目的通过率为 0.50，理想的情况是高分组的所有人都通过了这个题目，而低分组的人都未通过，这就产生一个 1.00 的 D 值；假如题目的通过率为 0.70，理想的情况是高分组的通过率为 1.00，低分组的通过率为 0.40，这就产生一个 0.60 的 D 值。同理可得出不同难度题目区分度的可能的最大值，见表 5－4。

表 5－4　区分度与难度的关系

难度	区分度最大值
1.00	0
0.90	0.20
0.80	0.40
0.70	0.60
0.60	0.80
0.50	1.00
0.40	0.80
0.30	0.60
0.20	0.40
0.10	0.20
0.00	0

上述关系也可从统计理论得到证实。当项目按 1（通过）和 0（未通过）记分时，每个项目的变异数等于通过率和未通过率的乘积，由于 $p=q=0.5$ 时，乘积（即变异）最大，所以中等难度的项目能将受测者间的差异作出最精确的区分，而项目难度越接近于 1 或 0，它所提供的关于受测者差异的信息越少。

为了产生最大的分数变异，似乎应该使所有项目的难度都是 0.5。然而，由于一个测验中的项目大多趋向于有关的内容或技能，而具有某种程度的相关，假如所有的项目都完全相关并且都是 0.5 的难度水平，在一个项目上通过的人在其他各项上也会通过，在一个项目上失败的人在其他项目上也将失败，那么，一半受测者将通过所有项目，另一半受测者将全通不过。在这种情况下，测验将只有满分和零分两种分数，这样，从整体来说，测验所提供的信息便相对减少。事实上，如果测验的所有项目都是中等难度，只有项目的内在相关为 0 时，整个测验分数才能产生正态分布。考虑到一般测验项目之间都具有某种相关，项目难度的分布广一些，梯度多一些，是合乎需要的。分布广，才能把各种水平的人都区分开来；梯度多，才能区分得更细。好比一把尺子，全距越长，刻度越多，可应用的范围便越大，测量得也越精细。

难度和区分度都是相对的，是针对一定团体而言的。一般说来，较难的项目对高水平受测者区分度较高，较易的项目对水平低的人区分度较高，中等难度的项目对中等水平的人区分度高。这与中等难度的项目区分度最高的说法并不矛盾，因为对总体是较难或较易的项目，对水平高或水平低的人便成了中等难度。由于人的多数心理特征呈正态分布，所以项目难度的分布也以正态为好，即特别难和特别易的项目要少，越接近中等难度的项目越多，而所有项目的平均难度为中等。

四、区分度与信度、效度的关系

项目与总分相关高，说明某个测题与整个测验的作用是内在一致的，因此在其他条件相当的情况下，鉴别力大的项目越多，测验的内部一致性越高，整个测验就越可信；由于项目能够把不同水平的被试区分开来，测验的有效性也就越高。因此，项目区分度对测验信度和效度都存在直接影响，测验的信度和效度可通过提高题目区分度来改善。

五、项目分析中的 IRT 技术

在经典测验理论（CTT）中，难度和区分度通常可以用数学公式来计算，而在 IRT 中，项目参数可由不同的数学模式来估计。如前述的三参数 Logistic 模式中，参数 b 相当于难度，参数 a 相当于辨别力，可以用迭代逼近法或递次逼近法估计，目前已有相应计算机程序。

项目反应理论（IRT）的一个基本假设是，在测量是理想状况下，一个低能力的人，他应当只能做对很少的题目；而一个高能力的人，他应当能做对更多的题目。事实上，现实世界并不存在完美的度量。人们在做题，尤其是难题时会依靠猜测。对于一个四择一选择题，人们靠猜测做对的概率（即猜测率）为 25%。心理能力（即难度）可采用心理物理学中阈限测量的概念，可定义为 50% 答对的那一点。

项目特征曲线（ICC）描述了潜在能力与做对一个题目的概率之间的关系。ICC 可以反映题目的特性难度、区分度与猜测率。在 ICC 中，难度是在 ICC 上对应于能力的点，区分度是 ICC 的斜率，猜测率是在 ICC 上最小的 P 值。

第三节 项目分析的特殊问题

对测验项目除了要作难度和区分度分析外，还有一些特殊问题需要合理对待和正确处理。

一、标准参照测验的项目分析

前面讨论的均是常模参照测验的项目分析。标准参照测验主要用于判断被试是否掌握了某些知识技能，是否达到了一个事先确定的标准，测验结果只与既定标准比较，而不是被试之间进行比较。因此，在标准参照测验中，分数的变异不是它的必要条件，一般比较看重项目的内容，对于项目的难度和区分度要求考虑较少。从而常模参照测验的项目分析的方法不完全适用于标准参照测验。

在标准参照测验中，只要项目的内容很重要就行。标准参照测验的目的和性质决定了对其项目的难度和区分度不必要考虑太多，只要能够反映教育目标或者教育者认为重要的内容，无论其难度、区分度多少，都可以编入测验。

标准参照测验可以通过比较教学或训练的前测和后测结果来进行项目分析，用来说明教学或训练的效果以及项目编制是否适当。同一道题目在教学或训练前后对被试进行两次测验，被试得分如果为 FP（先失败后通过）模式，则说明教学或训练取得了较好的效果或题目较好；如为 FF（两次都失败）模式，则说明教学或训练效果太差或题目太难；如为 PP（两次都通过）模式，则说明题目过于容易了；如为 PF（先通过后失败）模式，则说明教学或训练上出现错误或题目有错误。

由于标准参照测验的分数一般变异较小，因此不适合用相关法来计算区分度，但可用类似鉴别指数的方法来计算，即比较两组的通过率。

方法一：根据分数将被试分为达标组和未达标组，然后计算它们在某一项目的通过率，两组被试的通过率之差，就是该项目的区分度，公式为：$D = p_s - p_n$（其中 p_s、p_n 分别为达标组和未达标组的通过率）。该方法的缺点是分组标准不同，得到的区分度值不同。

方法二：用同一测验对同一组被试在教学或训练前后各施测一次，分别统计前后测的通过率，两者之差就是该项目的区分度，公式为：$D = p_{post} - p_{pre}$（其中 p_{post}、p_{pre}分别为项目后测、前测的通过率）。D 越高，说明项目对教学或训练效果越敏感，因此，有人将其称为敏感指数（S），其公式也可以转换为：$S = (R_B - R_A)/N$（其中，S 为敏感指数 R_B、R_A 分别为项目后测、前测通过的人数，N 为总人数）。该方法的缺点是：可能受练习效应的影响，成绩提高到底是由教学还是由练习引起的难以分辨；需要两次施测才能进行项目分析；当 D 或 S 值偏低时，难以作出明确解释，无法确定是由教学不当或是由于试题不良所致。

方法三：取两组条件相当的被试，一组接受同测验有关学科或内容的教学或训练活动，另一组没有接受此类教学或训练，施测同一测验后，分别计算每组被试答对的人数，两组被试通过率之差便为该题区分度，公式为：$D = p_i - p_u$（p_i、p_u 分别为教学训练组和未教学训练组的通过率）。该方法的缺点是两组被试除了在教学或训练方面不同外，其他有关方面必须同质，这是很难做到的。

二、速度测验的项目分析

前面所讲的项目分析方法对于速度性测验是不适用的。速度测验项目普遍容易，只要认真作答，多数人都能通过，但由于项目数量多、时限短，很少有人能做完全部项目。因此，从速度测验得到的项目分析指标，与其说反映了项目的难度和区分度，不如说反映了项目在测验中的位置。

就难度来说，测验前部的项目通过率高，后部的项目通过率低，即使后面的项目比前面的更容易，也会出现这种情况。

就区分度来说，测验前部的项目几乎人人都能通过，因此鉴别力很低；测验后部的项目却只有能力强、反应快或总分高的人才能通过，因而使鉴别力被高估。

由此看来，在速度测验中，不管项目本身性质如何，只要出现在测验前部，便有较低的难度和区分度，而出现在测验后部，便有较高的难度和区分度。

为了避免上述问题，可以在分析每个项目时，只用已经完成（不论对错）这个项目的人做样本。然而这并不是一个令人满意的解决办法。因为采用这种程序分析后面的项目时，样本人数会很少，因而使结果更不可靠。

如果速度本身对于测验所要测的能力来说并不十分重要，对速度性测验进行项目分析的一个更可行的办法是：在预测时给受测者以较长的时间。但无论何时都要记住，从速度测验得到的项目分析资料，必须谨慎对待。

三、选择题的项目分析

对于选择题，除了分析难度和区分度外，还要对每个选项进行分析。

1. 如果所有被试都选择某一正确的备选答案，说明该项目太容易或者可能是项目中提供某种暗示信息，使正确答案过于明显。

2. 如果没有任何被试选择某个错误答案，则说明该选项不具有迷惑性，错得过于明显，除增加阅读时间外，不起任何作用。一般说来，除非有 2% 以上的人选择，否则该备选答案应该修改或删掉。

3. 如果所有被试都选择了某个错误答案，说明该选项可能是正确的，编制测验时把正确答案搞错了，也可能是在教学中发生了错误。

4. 如果高分组被试的选择集中在两个答案上，二者选择率接近，说明该题可能本来就有两种正确答案，或者在某种意义上另一个选项也有一定的道理。

5. 如果高分组对正确答案的选择率与低分组相等，即高分组和低分组对正确选项的选择没有区别，说明该题所考察的东西与被试水平无关，即不具有鉴别力，此题应删除或作大的修改。

6. 如果所有被试都未回答某个题目，或某个题目被试未作答的人数较多（速度性测验除外），或选择各个备选答案的人数几乎相等，说明该项目可能过难或题意不清，使得被试无法作答或凭猜测作答。

四、客观题的猜测问题

客观题中有一个重要的问题：测验分数确实反映了被试的真实状况，还是因为猜测而获得了虚高的分数。因为在客观题中，猜测会提高他们的分数，在是非题，配对题及选项较少的选择题，这种影响格外明显。

被试凭猜测选择正确答案的机会是 $1/K$（K 是每题中选项的数目）。这样对是非题（$K=2$）而言，猜测就能获得 50% 的成功机会；而四重选择题，其猜测正确的概率就为25%。显然，大量的猜测就会对是非题和选择题的分数产生很大的影响，从而为测量带来误差，即猜测误差。

猜测误差来源主要有：猜测相对于不猜引起的误差；是否猜得对引起的误差，即猜测过程中因随机得分情况不同所引起的误差。猜对的概率是对被试团体平均而言的，即 N 个被试参加测验，100 个四重选择题仅凭猜测能猜对 25 题。具体到某个人，他实际猜对几题并不一定与概率值相等。

通过上面的分析，有人认为，由于对某些测验项目，允许猜测将使得分高于被试的实际水平。为此，有必要对分数加以校正。

此外，在选择题测验中，猜测的成功概率受项目备选答案数目（K）的影响（$P=1/K$），备选答案数目越少，机遇的作用越大，根据难度的计算公式求出的难度就越不能反映出项目的真实难度。为平衡机遇对难度的影响，可采用前面提到的校正公式进行难度校正。

五、项目与团体的相互作用

不同性质（性别，种族，职业等）的团体，具有不同的文化和教育背景，因而在测验得分上会存在差异，导致同样的项目对不同的团体可能有不同的难度。这就涉及到测验偏见和公平性问题。例如，研究发现，美国大学考试委员会（CEEB）编制的学习能力测验（SAT）的题目对于黑人学生来说难度更大。

在编制测验筛选项目过程中，必须考虑项目与团体的相互作用。例如，在编制斯坦福—比奈量表时，曾尽量淘汰有利于两性间任何一方的项目。然而，由于每个年龄组适用的项目数量有限，要删去所有引起性别差异的项目是不可行的。为了在总分上排除性别差异，便通过调整，使对男孩和女孩有利的项目大致相等。

美国芝加哥大学曾就智力测验项目难度的社会经济文化差异进行了大规模调查，发现大多数智力测验对于来自下层社会的儿童是不公平的，因为许多测验项目是根据中产阶级的儿童熟悉的材料、技能和兴趣编制的。于是，研究者编制了对于下等阶层的儿童是“公平”的特殊测验，尽量排除在调查中发现的对中产阶级的儿童有利的题目。可惜这个测验没有流行，因为它在预测学业成绩和其他效标方面不能令人满意。

在编制测验中也有另外一种情况，不是选择团体间差异尽可能小的项目，而是选择使团体差异尽可能大的项目。比如，人格测验中的男性化—女性化量表的目的是测定个体的反应与我们文化中男性和女性特征的符合程度，因此只有那些引起两性显著差异的项目被保留。

由于项目与团体相互作用的复杂性，所以对项目的选择标准不能做刻板规定。对于引起一定团体显著差异的项目是保留还是淘汰，取决于测验编制的目的。如果测验要求对所有个体都相对“公平”，那么，就应该排除那些有利于或不利于不同性质的亚团体的项目；如果测验的目的是为了考察不同亚团体的差异，那么，就应选择使团体差异尽可能大的项目。假如要预测的效标具有明显的性别差异、社会经济差异或其他团体差异，删去反映这种差异的项目便会减低测验的预测效度。同样，当所编的测验是用来确定个体与哪个团体更相似时，就应该选择能显示这些团体之间差异的项目。

在对测验分数做解释时，一定要了解该测验在编制时的选题依据。例如，男孩与女孩在斯坦福—比奈量表的 IQ 分数上没有显著差异，有人由此得出结论：男女之间在智力上无差异。实际上这是个循环论证，因为在编制这个测验选择题目时，性别差异被有意抵消了。后来编制的韦氏量表证明，男女在智力上是有差异的，只是差异的方向不固定，有些方面（如图形项目）男优于女，有些方面（如言语项目）女优于男。在总的 IQ 分数上没有差异，只表明在编制测验时对有利于男女两性的项目平衡得很成功。

六、有效性与可靠性的矛盾

对项目的区分度可以从外在效标与内部一致性两方面分析，前者检查项目反应与效标分数的关联性，后者检查项目反应与测验总分的关联性。有时外在效标分析与内部一致性分析可能导致相反的结果。

删去同总分相关较低的项目测验将变得较为同质，这对于改进测验的构想效度是有利的，但对于需要效标（实证）效度的测验来说却可能适得其反。因为效标中往往包括复杂的成分，测验越是同质，与效标的共同要素便越少，因而越不能对效标作出有效的预测。在这种测验中，最令人满意的项目是与外在效标具有高相关而与总分具有低相关的项目，因为它测量了其他项目测量不到的方面，使测验效度有了纯净的增加。

按照项目净增有效性选择项目的标准，刚好与根据内部一致性选择的标准相反，前者是选择与测验总分低相关的项目，目的是增加测量的范围，减少重复，提高效度；后者是选择与测验总分高相关的项目，目的是增加测验的同质性，提高信度。一般说来，用于检验某种理论构想的测验强调内部一致性，而在实际工作中用来做预测的测验则强调效标效度。

解决上述矛盾的一个折中方法是使用成套测验。挑选相对同质的项目组成分测验，每个分测验测量效标的不同方面。采用这种方法，内部一致性较低的项目不是被淘汰，而是被放在不同的分测验中。这样我们对每一个分测验强调的是可靠性，而对整套测验强调的是有效性。

这种可靠性和有效性的矛盾在按照难度筛选项目时也会碰到。前面曾提到，项目难度有一个广泛的分布，才能把所有受测者最大程度地区分开来。但难度分布广，意味着项目的内部一致性较低，亦即测验的信度低。只有项目难度相等，相互间才可能有高相关，从而才可能得到较高的信度。

在讲信度和效度的关系时，我们曾指出，信度是效度的必要条件。此处为什么会出现信度与效度的矛盾呢？信度有多种，效度也有多种。同质性（跨项目的一致性）信度是构想效度的必要条件，稳定性（跨时间的一致性）信度是预测（效标或实证）效度的必要条件。前者要求项目有高度的组间相关，后者却要求很低的组间相关：前者要求项目有同等难度，后者却要求项目难度广泛分布。我们在追求一个目标时，必须在另一个目标上有所牺牲。对于多数心理测验来说，项目间中等程度的相关，便可使二者调和，获得较为满意的信度和效度。

上述情况说明，测验的信度、效度受项目的难度、区分度、内部一致性等多种因素交互影响，所有这些指标间的关系是非常复杂的，因此不能把它们割裂开来分析。

【建议参考资料】

1. 金瑜. 心理测量［M］. 上海：华东师范大学出版社，2005.

2. 漆书青，戴海崎，丁树良. 现代教育与心理测量学原理［M］. 北京：高等教育出版社，2002.

3. 郑日昌. 心理测量［M］. 长沙：湖南教育出版社，1987.

4. 杰克逊. 了解心理测验过程［M］. 姚萍，译. 北京：北京大学出版社，2000.

5. 格雷维特尔，佛泽诺. 行为科学研究方法［M］. 邓铸，译. 西安：陕西师范大学出版社，2005.

6. 克罗克，阿尔吉纳. 经典和现代测验理论导论［M］. 金瑜等，译. 上海：华东师范大学出版社，2004.

7. 墨菲，大卫夏弗. 心理测验——原理和应用［M］. 张娜，杨艳苏，徐爱华，译. 6版. 上海：上海社会科学院出版社，2006.

8. 美国教育研究协会，美国心理学协会，全美教育测量学会. 教育与心理测试标准［M］. 燕娓琴，谢小庆，译. 沈阳：沈阳出版社，2003.

【问题与思考】

1. 在测验中如何进行难度和区分度分析？试举一测验为例进行说明。
2. 如何在一个具体的测验中平衡难度与区分度的关系？试举例说明。
3. 请说明难度、区分度与信度、效度的关联是怎样的？
4. 项目反应理论与经典测量理论中对难度和区分度的理解有何不同？有什么现实意义？
5. 如何选取适当的行为样本以保证良好的难度和区分度？
6. 高效度是否要以良好的区分度为必要条件？请用实例予以说明。

第六章　心理测验的编制与题库建设

【本章提要】

在学习并掌握信度、效度、项目分析等理论与实践的基础上，应该初步具备检验现有心理测量工具并进而开发符合自己特定研究或实践目的的测量工具的能力。本章详细介绍了如何按心理测量学的要求编制一个合格的心理测验，涉及到编制的全过程，包括前期计划准备、编选项目、后期整合处理等一系列过程。本章也介绍了题库建设理论与技术。通过本章教学，使学生能够掌握心理测验编制的一般程序、原则和命题技术；了解项目等值与题库建设的基本含义。

【学习重点】

1. 熟悉心理测验编制的原则。
2. 掌握心理测验编制的基本过程和技术要领。
3. 能够初步编制简单的心理测验项目。
4. 理解并掌握测验形式与记分形式对测验的影响。
5. 理解并掌握项目等值技术。
6. 理解题库建设的基本含义。

【重要术语】

测验全域　累积式记分模型　自比式记分模型　分类式记分模型　等值复本　题库　题集　效度等值　测验等值　项目等值　锚测验　共同参照测验　单组设计　平衡随机组设计　等组设计　锚测验随机组设计　锚测验不等组设计　部分预先等值设计　题目预先等值设计

前面章节信度与效度，讲解了对心理测量工具的整体评价手段。明确了心理测量工具的大前提要求，我们就可以开始动手编制新的工具了。在心理测量中，测验的编制是非常重要也是较难的一个环节。即使一个对心理测量的理论知识掌握得很好的人，如果不了解测验编制的一般程序和原则，没有掌握编制题目的方法技术，也很难编制出一个完全有效可信（即效度和信度非常高）的测验来。“工欲善其事，必先利其器”。为了在理论研究和实际应用中更好地发挥测验的功能和作用，必须编制出各种高质量的测验来。因此了解这方面知识，不仅可以为日后自己编制测验打下基础，也能够为评价和选用其他测验工具提供理论保证。

第一节　心理测验编制的原则与程序

测验编制是一个非常复杂的过程，不同性质用途的测验，不管有多大的差异，都得按照一定的理论基础，遵循一定的程序原则去做，同时，还要掌握一定的命题方法与技巧。只有这样，才能编制出一个科学的、良好的测验量表来。

一、心理测验编制的主要原则

测验的类型繁多、性质不同、功能各异，但是，在编制测验时，必须遵循一般原则和基本要求来进行。

（一）心理测验编制的基本原则

心理测验编制的基本原则是在测验编制过程中必须遵循的基本要求。编制测验必须根据测试对象和目标任务的特点，尽量做到科学客观（有效精确、稳定可靠、标准化），符合简明实用、方便操作等要求。从测量学角度看，一个好的测验一般要做到以下几点：

1. 信度好

信度主要指测量的可靠性或一致性。一个测验在编制过程中，尤其是在测验标准化的时候，必须确定它的信度。

2. 效度高

效度主要指测量的有效性或正确性。衡量一个测量工具有没有效，就是看它所测量的是不是它所要测的东西。在编制心理测验时，如何提高效度，无疑是个首要的问题。

3. 难度适中

难度是衡量测题难易水平的数量指标。测验题目太难或者太易都会影响测验本身的科学性、客观性，结果的准确性，做答者的心理状态以及信度和效度等。

4. 区分度强

区分度即鉴别力，是衡量测题对不同水平被试区分程度的指标，它是评价试题质量，筛选试题的主要指标与依据。

（二）心理测验编制的具体要求

对测量工具的题目进行编写要遵从某些具体要求，这些要求可以归纳为内容、语言、表达与理解这四个方面。

1. 针对题目内容的要求

（1）试题要符合测验的目的。即要求题目的内容符合测量工具的目的，测验的目的不同，编制测验的取材范围和难度等也就不同。

（2）内容取样要有代表性。试题内容取样要符合测验编制计划的内容，要有代表性。取样内容没有代表性，测验就不可能有理想的信度和效度。

（3）试题应彼此独立。各个试题之间必须彼此独立，不可互相重复或牵连，不要使一个题目的回答影响另一个题目的回答。

2. 针对题目语言的要求

（1）文句要简明扼要。即文字应该力求浅显简短，使用准确的当代语言，要避免使用生僻艰深的字词。要排除与解题无关的因素和多余信息，但又不可遗漏解题所依据的必要条件。

（2）一个概念一句话。最好一句话说明一个概念，不要使用两个或两个以上的概念。

（3）意义明确肯定。即题目意义必须明确，不得暧昧或含糊，尽量避免使用双重否定句。

3. 针对题目表达的要求

（1）避免诱导和暗示答案。即题目中不可含有暗示本题或其他题正确答案之线索，如果一个题目的命题或答案的内容为另一个题目的解答提供了线索，那么后一个题目就失去了测验的意义。

（2）避免涉及社会禁忌与个人隐私。所提问题应避免涉及民族或宗教等社会禁忌与个人隐私，不要伤害被试感情。

（3）避免使用主观情绪化字句和问题。即要避免使用主观性和情绪化的字句，避免提出令被试为难的问题。

4. 针对题目理解的要求

（1）答案正确可靠。即题目应有确切答案，没有引起疑义和歧义的可能，也就是测验应有不致引起争论的确定答案（创造力测验、投射测验除外）。

（2）格式明确具体。即题目格式应明确具体，不要使被试引起误解。同时，根据测验目的要求和实际需要，可选择多种多样的题目形式。

（3）考虑被试的知识和能力范围。即题目内容不要超出受测团体的知识能力水平，并且尽量做到施测与评分省时。

总之，在测验编制过程中，尽量使测验内容做到准确有效、稳定可靠、科学客观和经济实用。

二、心理测验编制的一般程序

对于编制测验的程序，不同的编制者和作者，持有不同的观点。为了简明和便于操作掌握，综合各种观点，根据测验性质，结合编制实践，我们提出“三阶段八步骤”的测验编制基本程序。首先是准备阶段，主要包括确定测验目的和拟订计划两个步骤；其次正式编制阶段，主要包括产生测验题目、试测分析和合成测验三个步骤；最后完善阶段，主要包括使测验使用标准化、评鉴测验基本特征并编写指导手册三个步骤。

值得注意的是，测验编制的一般程序和步骤并非一成不变，在编制具体测验时，应结合具体问题进行具体的分析，灵活运用。同时，要明白测验编制不是一劳永逸的过程，而是需要反复修改、不断提高、逐渐完善的过程。

（一）测验编制的准备阶段

测验编制的准备阶段，主要包括确定测验目的与制定编题计划等环节。

1. 确定测验目的

确定测验编制目的是测验编制的第一步。主要涉及三个问题：为什么测？测量什么？测量哪些个体或群体？即解决测验的用途、目标和对象的问题。

首先，明确测验用途。所编出的测验是要对被试做描述，还是做诊断，抑或是选拔和预测，这一点是在测验编制前就应明确的。目的不同，编制测验时的取材范围以及试题难度等也不尽相同。譬如，中学毕业考试的目的是考察学生是否掌握了中学阶段所学的各学科的基本知识，在命题时主要注意取材的代表性，不必过多考虑题目的难度。而大学入学测验的目的是把学生作区分，以便择优录取，因此试题取样的代表性并不重要（在我国，高考实际上还具有左右中学教学的指挥棒作用，所以应考虑题目取样是否符合教学大纲），但必须根据录取率来确定适当的难度。而一个学科诊断测验，则只要能找出学生学习困难之所在就可以了，对题目的难度和取样的代表性都不必考虑。

其次，了解测验对象。在编造测验前首先要明确测量对象，也就是该测验编成后要用于哪些团体。只有对受测者的年龄、智力水平、社会经济和文化背景以及阅读水平等心中有数，编制测验时才能有的放矢。

最后，分析测验目标。所编的测验用来测量什么，是测能力、人格，还是学业成就，也是必须首先考虑的问题。不但要明确测量的目标，还要对测量目标加以分析，将此目标转换成可操作的术语，即将目标具体化。如美国著名心理测量学家瑟斯顿通过因素分析，将智力分解为七种基本心理能力：

语文理解——阅读时了解文义的能力。

语词流畅——正确迅速拼字与敏捷联想词义的能力。

数字运算——正确而迅速使用数字解答算术问题的能力。

空间关系——运用感觉器官及知觉经验正确判断空间方向及各种关系的能力。

机械记忆——对事物强记的能力。

知觉速度——迅速而正确地观察与辨别事物的能力。

一般推理——根据已知条件推理判断的能力。

瑟斯顿根据上述七种因素于 1941 年编成了“基本心理能力测验”。又如，在 60 年代后期，人们开始对测量创造力发生兴趣。作为指导测验编制的操作定义，有人将创造力看做发散思维的能力，即对规定的刺激产生大量的、变化的、独特反应的能力，据此定义从反应的流畅性、变通性（灵活多变）和独创性三方面来测量创造力。

2. 制定编制计划

测验计划是编制的测验的蓝图，包括测验要测量的内容维度、题目形式及数量等。

（1）确定测量的内容维度

测验计划通常是一张双向细目表，指出测验所包含的内容和要测量的行为目标，以及对每一个内容和目标的相对重视程度。不同的测验有不同的内容和行为目标。对于学绩测验来说，所谓内容就是某一学科教材中的各个课题；所谓行为目标，就是在教学中要求学生对某一内容掌握到何种程度。1956 年，美国心理学家布鲁姆（B. S. Bloom）最早提出了教育目标分类系统。他把教育目标分为认知目标、情感目标、运动技能目标三大类，每类目标又分成不同层次，如认知目标分成六个层次：（1）知道（knowledge），（2）理解（comprehension），（3）应用（application），（4）分析（analysis），（5）综合（synthesis），（6）评价（evaluation）。在布鲁姆等人编的《教育目标的分类》一书中，为每个认知层次提供了许多题目范例。后来人们一般就依据布鲁姆的认知性行为目标编拟学科试题，以测量学生的学习结果。

表 6 - 1 是一个假定的台湾小学高年级自然常识测验的双向细目表。此表的顶端开列了要测量的认知目标，左边一栏开列的是测验内容（教学内容），表中的数字代表每一类题目所占的百分比，这些比例反映着每一个内容及目标的相对重要性（即分配的权重）。

编制这个表，首先要根据课程标准并列出规定的教学内容的分配权重，其次，对各种教学目标分配权重，然后才能编制出双向细目表，这是编题的依据。但在具体编制试题时，不宜过于拘泥于此表，而要根据具体情况灵活掌握。在编制标准化的学绩测验时，这种双向细目表一般是由学科专家和有经验的教师，在对教材和课程标准仔细分析的基础上，经过集体讨论制定的，以确保分类合理，比例恰当。

表 6 - 1　假定的自然常识测验的双向细目表

教学目标 教学内容	知识	理解	应用	分析	综合	评价	合　计
生物世界	3	5	6	3	2	1	20
资源利用	2	3	3	1	1	0	10
动力和机械	2	3	4	2	0	1	12
物质与能量	5	6	8	3	2	1	25

（续表）

教学目标 教学内容	知识	理解	应用	分析	综合	评价	合　计
气象	2	4	3	2	2	0	13
宇宙	2	5	4	1	0	0	12
地球	2	2	2	1	1	0	8
合计	18	28	30	13	8	3	100

测验计划有两个用途：首先，在编题阶段，测验计划指出应该写多少和写哪些种类的题目；题目编好后可将题目的实际分布情况与测验计划对照，以确定测验题目是否恰当地代表了所要测量的领域，核对重要方面的内容是否有遗漏。其次，在记分时可按表中百分比确定每类题目的分数。

（2）选择测验和题目形式

心理测验可以有笔试、口试、操作测试、电脑测试等多种形式。

题目的形式是指测验要包含的问题的类型。很多测验的开发者喜欢在整个测验中只使用一种类型的题目，以便于施测和记分。但在很多情况下，测量多个不同构想的系列测验在每一个部分需要使用不同的形式以达到更好的测量效果。在这种情况下，为每个部分提供施测指导语并且对每个部分分别施测就非常重要。

一般而言，题目形式最常见的分类就是划分为主观性试题与客观性试题。我们常见的多项选择题属于客观形式，即该刺激有唯一正确的反应或每一反应都有确定的评价。很多测验开发者喜欢客观性试题，因为评分者在确定正确反应或评分时不需要判断。客观性试题还很容易与测验计划和准备测量的构想联系起来，非常便于信效度的计算。

而主观性试题则不然，题目本身并没有对任一刺激规定一个唯一正确的反应，或者对任一反应也没有唯一确定的解释。针对刺激的任一反应到底该如何解读，在很大程度上取决于评价者的主观判断。

在选择测验和题目形式时，要考虑以下几点：第一，测验的目的和材料的性质。如果要考察学生对概念和原理的记忆，适于用简答题，要考察对事物的辨别和判断，适于用选择题，而要考察综合运用知识的能力，则适于用论文题。第二，接受测验的团体的特点。如对幼儿宜用口头测验，对于文盲或识字不多的人不宜采用要求读和写的项目，而对有言语缺陷的人（如聋哑，口吃）则要尽量采用操作项目。第三，各种实际因素。譬如，当被试人数过多，测验时间和经费又有限时，宜用选择题进行团体纸笔测验，而人数少，时间充裕，又有某些实验器材和设备，则可用操作测验。

(3) 规定评分方法

测验计划必须对得分的方法予以规定，正如同我们对足球场或篮球场上必须对得分手段和规则予以明确一样。

累积式记分模型（cumulative model of scoring）可能是确定个体测验最后得分最常用的方式。累积模型假设测验的完成者以特定的方式反应得越多（或者是“正确”的答案，或者是与特定的特征相一致的答案），那么测验完成者展示的被测特质就越多。使用累积模型对一个测验进行评分，测验完成者每正确回答一个问题都会得到预先设定的分数（譬如，1 分）。假设测验的问题是可比的，累积模式的记分方法便可以得到等距水平的数据。

分类式记分模型（categorical model of scoring）常用于将测验的参与者归入一个特定的群体或等级中。分类模型一般会得到称名数据，因为它将测验的参与者归入不同的类别中。

自比式记分模型（ipsative model of scoring）与累积模型和分类模型都不同，因为这种类型是要求测验的参与者从测验所测量的各种构想中进行选择。当一个项目中的陈述代表的是不同的构想时，这种迫选形式得到的是自比型数据（ipsative data）。在另外一种自比式模型中，评分者可以将测验参与者在系列量表中不同量尺上的分数进行比较，从而得到一个剖面图。这种模型在各种特质上的相对位置提供了测验参与者的整体表现或整体特质的信息。

不同模型也可以结合起来使用。例如，使用累积方法往往可以得到量表分，然后可以采用分类模型，得到对测验完成者个体的整体解释或诊断。

(二) 测验的正式编制阶段

1. 产生测题

产生测题就是编辑测验的项目或题目。

制定测题的过程包括写出、编辑、检查和修改等一系列过程。在获得一个令人满意的测题之前，这些步骤是不断重复的。在这个过程中，编制者和有关方面专家要对题目反复审查修订，改止意义不明确的词语，取消一些重复的和不合用的题目。然后将初步满意的题目集合起来组成一个预备测验。编写题目要注意以下几个问题：

(1) 题目的范围要与测验计划所列的内容目标双维表相一致；

(2) 题目的数量要比最后所需的数目多一倍至几倍，以备筛选和编制复份；

(3) 题目的难度必须符合测验目的的需要；

(4) 题目的说明必须清楚明白。

试题编好后，应对题目进行检查。首先是看题目是否符合双向细目表要求。因为题目的编写一般是根据双向细目表来进行的。第二，检查题目叙述是否明确清晰，内容有无科学性或语法、文字错误。第三，检查题目的难度是否恰当，题目的数量是否合适。第四，检查题目的内容是否彼此独立，没有交叉。第五，检查题目是否适合于所测对象。

2. 试测分析

初步编写出的项目虽然在内容和形式上符合要求，但是否具有适当的难度与鉴别作用，必须通过实践来检验，也就是要通过试测进行项目分析，为进一步筛选项目提供客观依据。

项目性能之优劣，不能仅凭测验编制者主观的臆测来决定，必须将初步筛选出的项目结合成一种或几种预备测验，经过实际的试测而得到客观性资料。试测应注意以下几个问题：一是试测对象应取自将来正式测验准备应用的群体。例如，对于一个学绩测验来说，进行试测的学生必须和测验所指定的被试属于同一个年级。并且具有相同的课程背景。取样时应注意其代表性，人数不必太多，亦不可过少。二是试测的实施过程与情境应力求与将来正式测验时的情况相近似。三是试测的时限可稍宽一些，最好使每个受试者都能将题目做完，以搜集较充分的反应资料，使统计分析的结果更为可靠。四是在试测过程中，应对受试者的反应情形随时加以记录，如在不同时限内一般受试者所完成的题数、题意不清之处及其他有关问题。

试测的目的在于获得被试对题目如何反应的资料，它既能提供哪些题目意义不清，容易引起误解等质量方面的信息，又能提供关于题目好坏的数量指标，而且通过试测还可以发现一些原来想不到的情况，如检验时限多长合适，在施测过程中还有哪些条件需要进一步控制等。

编制一套测验，只依据一次试测的结果所作的题目分析是不够的。由于试测的被试样本可能会有取样误差，故由此得到的项目分析结果未必完全可靠；为了检验所选出的项目的性能是否真正符合要求，通常需再选取来自同一总体的另一样本再测一次，并根据其结果进行第二次项目分析，看两次分析结果是否一致。如果某个题目前后差距较大，说明该题的性能值得怀疑。这种在两个独立样本中进行项目分析的过程叫做复核。

3. 合成测验

（1）项目选择和编排

经过试测和项目分析，对各个题目的性能已有可靠的资料作为评价的根据，下一步就可以选出性能优良的题目加以适当的编排，组合成测验。

在选择项目时，不但要考虑项目分析所提供的资料，还要考虑测验的目的、性质与功能。最好的题目，就是只测定所需要的特征，并能对该特征加以有效区分的难度合适的题目。首先是要测定所需要的特征，如果我们想测定语言推理能力，就不要包括主要测量阅读能力或算术知识的项目。题目性能好坏是相对的，不同的测验对题目的难度和区分度有不同的要求。

一般说来，题目的区分度越高越好，这是选择题目的一条重要标准。特别是对于选拔测验，此条尤为重要。但有时根据需要也可以保留个别鉴别力不高的题目。如在学科成就测验中有些内容十分重要，即使因为太易或太难区分度低一些，也要包括在内。

选择题目的另一个指标是难度。难度多大合适并无一个绝对标准，而要根据测验目的来确定。有的要求难一些，有的则要求容易一些，有的可不考虑难度，就是同一张试卷，题目难度也可以不同，只要整个测验的平均难度符合测验要求即可。

根据题目分析资料选出的题目，还要与测验计划（双向细目表）再次对照，看看在材料内容以及所测量的认知目标上的比率是否与计划相符，必要时须加以适当调整。此外题目的数量还必须适合于所限定的时间。

项目选出之后，必须根据测验的目的与性质，并考虑受试者作答时的心理反应方式，加以合理安排。在测验开头应该有一、两个十分容易的题目，以使受测者熟悉作答程序，解除紧张情绪，建立信心，进入测验情境。对试题的总的编排原则是要由易到难。这样可避免受测者在难题上耽搁时间太多，而影响对后面问题的解答。在测验最后可有少数难度较大的题目，以测出受测者的最高水平。

将测题编辑成完整的测验，一般有如下几种形式：一是按题目的类型组合测验。将同一类型的测题组合在一起，这样便于记分和被试回答，如大部分学业成就测验即属于这种形式。二是按题目所测量的内容排列。将测量相同要素的测题排列在一起，如韦氏儿童智力量表。三是按题目难度排列。具体包括三种形式：一是直接递增式排列，测验的所有题目是直接按照由易到难排列的；二是并列直进式排列，是将整个测验按试题形式和内容不同归为若干分测验，每个分测验是按由易到难排列的，如韦氏智力量表。三是混合螺旋式排列，即将各种类型的测题依难度分成若干不同的层次，将同难度水平但不同性质和类型的题目组合在一起，再依难度排列，如比奈—西蒙智力量表。此种排列的优点是，受试者对各类试题循序作答，从而维持作答的兴趣。

（2）等值复本的编制

为增加实际的效用，有些测验至少要有等值的两份，份数越多，使用起来愈便利。例如，我们要用测验来考察一班学生在一学期中的进步，必须测量两次，一次在开学初，一次在学期末，两次结果的差别代表一学期中成绩的提高。如果测验只有一份，用两次就难免有练习的影响，不能完全代表进步的数量。要是这个测验有几份替换使用，就可以免掉这种困难。

测验的各份复本必须等值，所谓等值需符合下列几个条件：一是各份测验测量的是同一种心理特性。二是各份测验具有相同的内容和形式。三是除例题外各份测验的题目不应有重复的地方。四是各份测验题目数量相等，并且有大体相同的难度和区分度。五是各份测验的分数分布（平均数和差异度）大致相等。

只要有足够数量的题目，编造复本的手续是很简单的。先将所有合用的题目按难度排列，其次序为1、2、3、4、5、6……如果要分成两个等值的复本，可采用下面的分法。

A本：1、4、5、8、9、12、13、16、17、20……

B本：2、3、6、7、10、11、14、15、18、19……

如果要分成三个等值的复本，可采用下面的分法：

A本：1、6、7、12、13、18、19、24……

B本：2、5、8、11、14、17、20、23……

C本：3、4、9、10、15、16、21、22……

采用上面的分法可使复本之间在难度上基本相等，从而获得大体相同的分数分布。复本编好后，应该再试测一次，以决定各份究竟是否等值。

此外，还可以采用项目反应理论的参数等值法来编制复本。

（三）测验编制的完善阶段

1. 测验的标准化

一套好的题目并不一定是一个好的测验。对于测验的基本要求是准确、可靠。为了减少误差，就要控制无关因素对测验目的的影响，这个控制的过程，称做标准化。具体包括以下几方面：

（1）测验内容标准化

标准化的首要条件，是对所有受测者施测相同的或等值的题目。测验的内容不同，所得的结果便无法比较。

（2）施测过程标准化

尽管对于所有的受测者使用了相同的题目，但如果在施测时各行其是，所得的分数也不能进行比较。为了使测验条件相同，必须有统一的指导语和时间限制。

给受测者的指导语属于测验刺激的一部分，它的内容通常包括对测验目的的说明和受测者应该如何作答的指示（包括如何选择反应、记录反应以及时限等）。对于纸笔测验来说，这些指示一般印在测验的开始部分，也可以印在另外一张纸上。要求简单明确，不引起误解。如果题目形式对被试是生疏的，还应该有一些例题。

指导语会直接影响受测者的作答态度与方法。有人以不同的指导语对几组被试实施同一个能力测验，结果表明，将该测验说成“智力测验”的一组，成绩最高；将之说成“日常测验”的一组，成绩最低。

为了保证测验情境的一致，还要有对主试者的指导语，主要是对测验细节作进一步解释，以及其他一些有关事项，包括测验房间场地的安排（照明、桌椅、隔音、温度等)，测验材料的分发，如何计时、记分，对被试的各种提问如何回答，以及在测验中途发生意外情况（如停电，有人迟到，生病，作弊等）应该如何处理。对主试者的指导语与测验是分开的。

确定测验的时间限制（简称时限)，要考虑施测条件和实际情况的限制（如一节课时间的长度)，以及被试的特点（如对儿童、老人、病人施测时间不宜过长)，不过更重要的是考虑测量目标的要求。

对于人格测验来说，反应速度是不重要的，可不必规定严格的时限，但是在测量能力和学习成就时，速度是需要考虑的一个重要因素。依据速度在活动中所起的作用，可以把测验分成速度测验和难度测验。纯速度测验时间应当严格限制，使被试中没有人能在规定时间内做完全部题目。纯难度测验只考察被试解决难题的水平而不考虑完成时间。实际上，大多数能力和学绩测验介于上述二者之间，既考察反应的速度也考察解决难题的能力。通常所用的时限是使大约90%的受训者能在规定时间内完成全部测验，如果题目由易到难排列，应使大多数人在规定时间内完成他会答的问题。

确定时限一般采用尝试法，即通过预测来决定。假设根据第一次试测的经验，我们估计大部分被试可以在25分钟内做完，在第二次试测时，可以先叫被试用黑铅笔做20分钟，然后换成红铅笔，再过5分钟换成蓝铅笔，这样便可了解被试在规定时间内完成题目的数量。另一种方法是在施测现场挂一只钟，每个被试做完后即将当时时间写在试卷末尾。试卷收齐之后再根据被试完成情况规定合适的时限。

(3) 评分记分标准化

标准化的第三个要素是客观评分。客观性意味着在两个或两个以上的受过训练的评分者之间有一致性。只有当评分是客观的时候才能够把分数的差异完全归于受测者的差异。一般说来，自由反应的题目（如问答题、论文题等）评分者之间很难取得完全一致，而选择题的评分较为客观。

无论哪种测验，为使评分尽可能客观，有三点要求：第一，对反应的及时的和清楚的记录。特别是对口试和操作测验，此点尤为重要，必要时可以录音和录像。第二，要有一张标准答案或正确反应的表格，即记分键。选择题测验的记分键包括一系列正确的答案；论文题的记分键包含各种可能答案的要点；人格测验不可能有明确而统一的答案，记分键上指明的是具有或缺少某种人格特征者的典型反应。第三，将受测者的反应和记分键比较，对反应进行分类。对于选择题来说，这个程序是很容易的，但是当评分者的判断可能是一个起作用的因素时（如问答题、论文题)，就需要对评分规则作详细的说明，评分时将每一个人的反应和评分说明书上所提供的样例相比较，然后按最接近的答案样例给分。

无论采用何种评分方法，都必须符合客观、正确、经济、实用四项原则。

(4) 分数合成和解释标准化

一个标准化测验，不但内容、施测和评分要标准化，对分数的合成和解释也必须标准化。如果同一个分数可作出不同的推论，测量便失去了客观性。

分数合成是指把不同层次和不同来源的分数组合起来，测验编制者必须对此作出明确规定，以方便使用。

分数解释是指通过某种参照系统使分数具有明确的意义。测验分数必须与某种标准比较，方能显出它所代表的意义。例如，某学生成绩单上的物理成绩为85分。我们仅从这个分数很难断定他学得如何，因为没有一个比较的标准。

在常模参照测验中，是把个人所得的分数与代表一般人同类行为的分数相比较，以判别其所得分数的高低。此处所指的“代表一般人同类行为的分数”，即为“常模”。例如，以摄氏温度计38度，便可确诊为发烧，因为一般人的正常体温是37℃，这就是成人体温的常模。建立常模的方法是，在将来要使用测验的全体对象中，选择有代表性的一部分人（称标准化样本），对此样本施测并将所得的分数加以统计整理，得出一个具有代表性的分数分布。标准化样本的分数分布，即为该测验的常模。常模可因标准化时选取样本的不同而有不同的类别。常见的有年龄常模、年级常模、性别常模、地域常模、民族常模、职业常模等。

标准参照测验不需要建立常模，但需要设立一个是否掌握和通过的标准。当测验被用于决策时，测验的开发者和测验的使用者往往需要一个临界值——这个分数成为决策变化的临界点。设定临界值是一个艰难的过程，这个过程具有法律的、职业的、心理测量的含义，其中很多含义可能超出了本章乃至本书所探讨的范围。一般而言，有两种设定临界值的方法：一种方法主要用于雇佣选拔测验中，往往召集一组专家，让专家判断，一个基本合格的被试大概能够做对多少道题目。测验的开发者根据这些来自专家的信息，计算出一个临界值，该临界值代表了可雇佣的最低可接受分数。另一个常用的方法则具有更强的实证色彩。这个方法首先计算测验和外在效标之间的相关，根据这个相关来预测，如果希望被试的绩效表现达到可接受的最低水平，那么相应的测验分数应该是多少。上述两种方法往往是结合起来使用的。

分数合成与解释问题在下一章详加讨论。

2. 测验性能评估

测验编好后，必须对其测量的可靠性和有效性进行评估，为此就要进行测量学方面的分析，搜集信度和效度资料。信度、效度的估计方法前面已专章作过介绍，这里需要补充一点，当一个测验被更新或修订为一种不同的形式时（例如，从纸笔测验修订为计算机化测验），测验的使用者需要了解这种新的形式在效度上是否具有可比性。根据吉塞利（Ghiselli，1964）的研究，要宣称测验的两种形式效度等值，需要满足以下四个条件：

(1) 两个测验必须得到相同的分数;

(2) 两个测验的分数分布是相同的 (即平均分与标准差不存在统计上显著的差异);

(3) 根据两个测验的得分对个体进行的排序是相同的;

(4) 两个测验的分数各自与外在效标之间具有同样良好的相关。

3. 编写测验手册

为使测验能够合理地实施与应用，在正式测验编制完成后，还要编写一份测验手册，或称为测验指导书、测验使用说明书等。在指导手册中应该就下列问题作出详尽而明确的说明：本测验的目的和功用；编制测验的理论背景以及选择题目的根据；测验的实施方法、时限及注意事项；测验的标准答案和评分方法；常模资料 (包括常模表、常模适用的团体) 及对分数作解释的有关标准；测验的信度效度资料，包括信度系数，效度系数以及这些数据是在什么情境下得到的。

经过以上几个步骤，一个测验便可正式交付使用了。随着现代科学技术的发展，尤其是电脑的普及，一个测验可以借助电脑和网络进行储存和实施。

第二节 测验题目的编制技术

欲编制良好的测验，除了必须遵循前述测验编制的程序和命题原则外，还要掌握命题的方法与技巧。在长期的测验实践中，发展出了多种多样的题目形式，根据应答方式，总的说来可以分成两大类，即自由应答型和固定应答型。自由应答型题目称主观性题目，是让受测者用自己的语言或行动来对某一问题作出反应，包括填充题、简答题、应用题，论文题、联想题、操作题等。固定应答型题目又称客观性题目，是让受测者从测验编制者事先定好的答案中辨认出正确答案，包括多选题、是非题、匹配题等。这种题目因为评分客观，所以在标准化测验中用得较多。各种类型的题目均有自己的特点和编制要领。

一、客观性题目的编制要领

(一) 多项选择题

在标准化的学科测验、学习能力测验和团体智力测验中最常采用的是多选题。此种题目在结构上包含两部分，一为题干，由直接问句或不完全的陈述句构成；另一为选项，包含一个正确答案或正确答案的组合及若干个 (一般 3—4 个) 干扰项。多选题可适用于文字、数字和图形等不同性质的材料，可以考察记忆、分析、鉴别、推理、理解和应用知识的能力。下边是几种常见的变式。

1. 简单计算。

例题：小明给了弟弟 2 支铅笔，自己还剩 8 支，小明原来有几支铅笔?

(A) 4　(B) 6　(C) 8　(D) 10

2. 类比推理：已知甲和乙的关系，推出丙和丁的关系。

例题：船——水，飞机——？

（A）大地　（B）白云　（C）天空　（D）海洋

3. 找不同类：每一题内有几项属于同一类事物，只有一项不属于这一类，要找出。

例题：找出与众不同的一个图形：

（A）　（B）　（C）　（D）　（E）

4. 最好理由：几个备选答案都是对的，但其中有一个最好，要把它找出来。

例题：偷东西的人应该受惩罚，因为：

（A）惩罚可使他不敢再犯。

（B）偷窃为法律所不容。

（C）偷东西的人不是好人。

（D）偷窃扰乱社会治安。

多选题的优点是：1. 单位时间内可以施测很多项目（一般每题不超过一分钟），从而能保证取样的广泛性，使测验更有效。2. 评分客观，加上题目数量多，可以减少随机因素的影响，从而能保证测验的可靠性。3. 可以通过改变错误答案的迷惑性来调整题目的难度。4. 阅卷方便迅速，并可用机器评分，被试多时比较经济。5. 保密性好，好的题目可存入题库重复使用。

多选题的缺点是：1. 有固定答案，测不出组织材料的能力和创造力。2. 题量大，并要为每个题目考虑几个似是而非的答案，因而编写困难费时，需要一定技巧。

编拟多选题的要领如下：

1. 根据测验的目的和内容来选择最适当的题型。例如，要考虑辨别、比较和评价能力宜用最好理由式，要考察推理能力宜用类比法。

2. 备选答案要简短，必要的叙述或相同的修饰语应全部置于题干中。

例题：孔子最伟大的成就在于，

（A）学术教育方面　（B）国防军事方面

（C）艺术建筑方面　（D）内政外交方面

四个选项皆有“方面”两个字；可移置于题干中，将题目改为直接问句：“孔子最伟大的成就在哪一方面？”如此，可使选项更为简短。

3. 每题只能环绕一个中心，并只有一个正确答案，该答案在内容和形式上不可特别突出，但其正确性必须确凿无疑。

4. 题干应当包括解题所必须的共同要素，并尽可能做到精炼、准确、清楚，不要把选项夹在题干中间。

例题：战国初期，魏继承

（A）秦　（B）燕　（C）齐　（D）晋

的旧业，最为富强。

此题的题干被选项分隔为两部分，增加作答困难。应改为：战国初期，魏国继承何国旧业而最为富强？

5. 错误答案对被试具有迷惑性，不要错得太明显。这种答案可以是人们经常出现的错误，也可以是一般性的误解和似是而非的内容。

例题：美国的首都是

（A）东京　（B）华盛顿　（C）太平洋　（D）1776

此题中选项（C）非地名，（D）为美国建国年代，（C）、（D）均与题干间缺乏逻辑联系，错得过于明显。如改为（A）纽约（B）华盛顿（C）巴黎（D）伦敦，则好些。

6. 尽量使所有选项在细节和长度上相似，以避免对正确回答提供线索。

7. 避免选项之间的相互包含或部分重叠。例如“10—20”和“20—30”就存在重叠。

8. 避免使用“总是”、“从来没有”这一类全肯定或全否定的绝对化词汇。

9. 避免使用否定的题干和选项。最好不要问“下列选项哪一个是不正确的？”而是问“下列选项哪一个是错误的？”

10. 最好不使用“上面几项都正确”、“以上说法都是错误的”以及“A、B、C 都正确”等诸如此类的综合性干扰项。这种类型的选项往往使得项目变得过易或过难。如果一定要使用这种类型的选项，那就一定要在数量上确保这种选项作为正确答案和错误选项的平衡。

11. 几个选项最好按逻辑顺序（如按量值大小、时间先后等）排列或随机排列，正确答案在每个位置上出现的次数要大致相等，且不要形成固定的格式。

12. 所有选项在逻辑上和语法上都能与题干相接，否则本来正确的答案，会因为逻辑上或语法上与题干不一致而被放弃。反之，如果干扰答案在逻辑上或语法上与题干不吻合，被试就会根据常识，发觉它们之间的矛盾而加以排除。

13. 题干要尽量创设新的情境，文字要自己拟定，避免重复书本上的现成实例或措词。

（二）是非题

是非题又叫正误题，是指出一个论点要被试判断是否正确，或从是非两个答案中作出选择，因此可把是非题看做是两个备选答案的选择题。此种格式出题容易，回答方便，适于考查学生对简单观念或知识的了解。其缺点是易受猜测因素的影响，重要的材料有时不能用对与错简单回答；缺乏教育诊断作用，故应用不如多选题广泛，主要用于年幼儿童以及需要快速而粗略地作出判断的情况。

例题：鲸是哺乳动物，是□非□

编拟是非题应注意下面几点：

1. 内容应以有意义的事实、概念或原理为基础，避免无关重要的问题或琐碎的细节。

2. 每题应只包含一个观念，避免两个以上的观念在同一题中出现，而造成题目“似是而非”或“半对半错”。如“纽约是美国的首都和第一大城市”。此题后一半是正确的，前一半是错误的。

3. 论点要简明扼要，意义明确，不要有艰深难懂的词句或含糊不确定的文字叙述。

4. 对论点的陈述要重新组织，不要照搬教科书上的词句或仅仅加上否定词就构成错误项目。

5. 避免使用具有暗示性的特殊字词。如“绝不”，“完全”等，通常带有“错”的暗示，而“有时”，“可能”等通常带有“对”的暗示。例如“所有智商高的学生学习成绩都很好。”受试者仅凭题中“所有……都”这种措词便可猜出此话是错的。

6. 尽量采用正面肯定的叙述，避免反面陈述或双重否定的文句。如“生物没有不是由细胞所构成的。”此题既难读又难理解，宜改为“生物是由细胞构成的。”

7. “是”与“非”的题数应大致相等，且随机排列。

8. 题数不能太少。

（三）匹配题

此种试题包括并列的两行，一行为刺激项目，另一行为反应项目，被试的任务是由后者中选出与前者相适合的项目。可以是完全匹配（刺激项目与反应项目数量相等），也可以是不完全匹配（反应项目多于刺激项目）。

例题：

指导语：从右边所列的人名中找出左边所列的每本书的作者，每个人名可以用一次，也可用多次或全然不用，

（　　）1. 家	A. 鲁迅
（　　）2. 子夜	B. 郭沫若
（　　）3. 阿Q正传	C. 矛盾
（　　）4. 骆驼祥子	D. 老舍
	E. 巴金

匹配题是选择题的一种变式，一个匹配题实际上就是一套多选题，适用于测量概念或事实之间的关系。其优缺点与多选题相同。

编写匹配题的要领是：

1. 一个题目的各个刺激项目及各个反应项目应在内容上同质，若涉及年代都为年代，涉及地点都为地点，涉及符号都为符号。

2. 在指导语中要讲清匹配依据，告诉被试每个反应可用几次。

3. 配对项目不可过多或过少，如在十对以下，最好应用不完全配合，使反应项目比刺激项目多出一两个，以增加其可靠性。

4. 每个刺激项目应有一个而且只有一个反应项目相匹配。

5. 按一定逻辑次序（例如按字母顺序、数字大小、时间先后等）安排反应项目；同时要避免答案的固定格式。

6. 同一组项目应印在同一页上，以免造成作答时的困难。其他原则与编多选题相同。

二、主观性题目的编制要领

（一）填空题和简答题

填空题与简答题要求的是对正确答案的回忆，即由被试自己写出答案。填空题是提出一个不完整的陈述，要求被试把缺少的字词填上，可以空一处，也可以空几处。

例题：第一个智力测验是由__________与__________编造的。

简答题是提出简单的问题，让被试回答，通常只要几个字或一两句话即可答完。

例题：一年有哪几个季节？

填空题、简答题与选择题适于同样类型的材料，但填空题和简答题比多选题容易编写，而且被试无法猜，但评分不如选择题方便和客观。

填空题和简答题的编写要领如下：

1. 填空题目所空出的应该是关键字句，并且要和上下文有密切联系，不要空出无关紧要的字词。

2. 一句内不要有太多的空白，空白太多，不容易明了题意。

3. 空白最好放在句子的尾部，免得空格数量为答案提供线索。

4. 测题句子避免直接引用教科书的措词。

5. 问题要具体，范围要确定，要使受测者知道答案的类型、长度和确切程度。

6. 准备一个正确答案和可接受的变式的标准，如果部分正确也适当给分，则要作出更具体的规定。

（二）论述题

简答题若流于空泛或对其范围不加限定就变为论述题。这两种题目的区别不仅在于长度，还在于它们所起的作用，简答题最适合于测验实际知识的记忆和理解，而论述题最适合测验组织能力、综合能力、分析能力和文字表达能力，有时还可测量评价能力和创造能力。论述题目编写容易，不允许猜测和简单背诵，可以反映理解的深度。但题目少，取样缺乏代表性，特别是评分困难，既费时又易受无关因素（如文字风格、卷面整洁、个人成见等）的影响，从而使测验的可靠性和有效性降低。

编拟论述题要注意以下几点：

1. 要让被试知道答案的范围和方向，例如长度、举例的详细程度等，但不可规定得太具体，以免变成一系列简答题。

2. 最好要求被试在新的情境下，应用知识去解决新问题。

3. 题目不要过少或过大，数量要适当多些，内容要适当具体些。

4. 考虑作答所必需的时间。通过指导语和项目的设计，使得被试了解应该写多长（量）和什么程度（质）比较合适。这样一来，测验开发者就能够在测验允许的时间内提供恰当数量的论述题。如果我们并不希望论述题成为一个速度测验，那么就必须留出足够的时间，让所有被试都能够充分作答。

5. 要选用具有可接受的正确答案的题目（并不是只有一个正确答案），不用那些仅测量个人意见和态度的问题。

6. 在测验前，对每一个题目编制几个“理想”的答案。对部分正确的回答如何评分作出尽可能具体的规定。

7. 一般不要有任选题，因为两个论述题很难做到等值。

（三）应用题

在数学和自然科学中，常常以应用题作为测验题目。这种题目是叙述一个具体的情境并提出一些有关的数据，让被试解决所提出的问题。

应用题适合测验计算技能、数学和科学推理，以及运用知识到新情境中的能力。如果只要求正确答案，评分可以很客观。但如果对最后结果错误而方法正确或部分操作程序正确的题目给予一定分数的话，评分就不容易做到完全客观。

编写应用题要遵循以下要领：

1. 题目的陈述要使被试明白让他干什么，答案应以什么形式出现，以及对单位和精确度的要求等。

2. 题目中应包括解题所需要的一切数据和信息，也可包含一些无关数据和信息。

3. 采用新的情境和例子，不要重复过去已用过的。

4. 应向被试指明是否要求写出解答步骤，以及对各个步骤详细到什么程度等。

5. 对一个问题的答案不论正确与否，都不要影响另一个问题的解答。

6. 文字要通俗易懂，不要变成阅读理解测验。

（四）操作题

在测验中有些项目是让被试实际操作，如画图、运动、走迷津、拼配物体等。制定操作项目的主要原则和要领是，使被试明确知道要他们干什么和在什么条件下干，如使用什么工具以及时间限制等。

有些操作项目可以根据完成的数量和错误次数客观记分，有些项目的评分则较为困难。在后一种情况下，事先要向被试说明评分标准，最好把整个操作分解成许多部分技能，并分别定出给分标准。

（五）联想题

联想题是让被试把与某个事物有关的事物写出来，例如，"说出所有圆形的东西"，"举出砖头所有可能的用途"等。此种题目能够考察发散思维能力，其缺点是评分不易有客观标准。

上述几种题目形式不是彼此对立，而是相互补充的。不同的内容可以采用同一种题目形式。同一个内容，根据需要也可以用不同形式的题目来表达。譬如对美国的首都这一内容就可以用下边几种形式来测量：

可以是简答题：美国的首都在哪？

可以是填空题：美国的首都是______________________________。

可以是是非题：美国的首都是纽约。是□非□

可以是多选题：美国的首都是：（A）纽约　（B）华盛顿　（C）伦敦　（D）巴黎。

还可以编成匹配题：指出下面各国的首都。

（　）1. 美国　　A. 巴黎
（　）2. 英国　　B. 纽约
（　）3. 法国　　C. 柏林
（　）4. 德国　　D. 伦敦
　　　　　　　　E. 华盛顿

总之，题目的种类远不止这些，根据测量的目的和内容，还可以设计出各种形式的题目。

不同形式的题目各有利弊。迄今为止，还没有一种题目能全面考察能力、学绩和人格的所有方面，这就要设计者根据不同情况，将各种形式互相配合，灵活掌握。运用之妙，存乎一心。如果墨守成规，就会事倍功半。题目形式是人创造出来的，只有敢于创新，才能使科学不断发展。

第三节　测验等值与题库建设

在测验编制和试题开发过程中，我们必须解决试题的稳定性、分数的公平性、合格试题的有效存贮、高效成批生成等问题，这就涉及到测量理论中两个重要问题：测验等值与题库建设。

一、测验等值的理论与方法

对于一个大规模标准化测验或考试，必须保证在不同时间、使用不同试卷的考生可以得到公平的对待，必须保证证书的授予标准不随试卷难度而起伏，必须保证不同试卷得分之间具有可比性，这就涉及到测验等值的问题。测验等值是心理与教育测量理论及应用中的重要组成部分。

（一）等值的概念与条件

尽管我们在命题过程中总是尽量保持测验或考试难度的稳定性，但不同测题或测验之间在难度、信度、分数分布方面的差别很难完全避免，这种差别会使受测者或考生受到不公平的对待。如何保持测题或测验难度的稳定性和保证分数的公平性？这是测验编制和试题开发过程中必须考虑的一个重要问题。

1. 等值的概念与种类

大规模标准化考试的重要标志之一是分数的可比性。为此，首先必须根据考试的性质和目的确定记分体制，使分数具有可解释性，能够说明分数所反映的考生实际水平，以便于用户使用。如果对使用这一份试卷的人一个标准，对使用另一份试卷的人又一个标准，那么，不仅会大大影响测验的信度和效度，而且会对有关的决策产生误导，会使考生受到不公平的对待。因此，必须通过对测验或试题进行等值处理，使不同测验或考试的分数做到等值，达到可比的目的，并保持稳定的测量标准，也就是保持记分体制的参照系不变。

在心理与教育测量中，把测量同一种心理特质的不同测验分数，通过一定的数学模型转换成同一单位系统中的过程就称为测验等值（test equating）。简言之，等值是将测验不同版本的分数统一在一个量表上的过程。如果一个考生在参加不同版本的考试时，他的成绩不会受到影响，那么，我们可以认为这两份试卷是等值的。测验等值就是寻找到不同测验形式之间测验分数的转换关系，把所有不同测验形式上的分数都转换到同一个分数量表上，从而达到统一评价的目的。从本质上讲，等值就是通过对考核同一种心理品质或能力的多个测验形式作出测量分数系统的转换，从而使这些不同测验形式的测验分数之间具有可比性。

根据等值对象的不同，测验等值包含两方面的内容，一是测验分数等值，即把不同测验的分数（包括观测分数、真分数、潜在特征分数）进行等值；二是项目参数等值，即对测验项目参数（如难度、区分度等）进行等值。

根据等值的应用性质不同，可以将等值分为横向或水平等值和纵向或垂直等值。一般说，等值是在测验的平行版本之间建立联系，这种联系属于横向的联系。因此多数的等值属于横向等值。有的时候测验被用来建立发展量表，一组水平不同的测验被用来刻画考生的发展水平。在这些不同水平的测验之间建立联系的过程被称为纵向等值。

根据在等值时以何种测验理论作指导，可以将等值分为经典测验理论等值和项目反应理论等值。这在后面有较为详细的论述。

2. 等值的条件与性质

等值是有条件的，并非任意两个测验都可以进行等值。等值的条件是由测验等值的性质决定的。因此，测验等值的条件与性质实质上是统一的。

首先，要进行等值的测验必须是测量同一心理特质或能力（即同质性）。只有同类性质的事物相比较才有实际意义。很难想象可以把数学测验的分数等值转换成语文测验的分数，但数学测验分数却可能转换成另一次内容难度近似的数学测验分数。

其次，只有信度相等的测验才能等值（即等信度性）。尽管两个测验是测量同一心理特质，但是信度不同，这两个测验之间也不能进行等值。只有当测量同一特质的两次测验的信度即可靠性相同或相近时才能进行等值。信度值相差太大的两次测验不能进行等值。

具体说来，测验等值的性质和条件主要有如下几点：

（1）公平性（equity）

又叫等价性，测验等值转换关系应具有公平性。公平性是指若两个或多个测验可以进行等值，则无论以其中任何一个测验作为基础来进行等值转换，结果都应该是一样的。这样，考生接受其中任何一个测验，其分数经等值变换后都不会低估或高估其实际水平。也就是说，如果测验 X 和测验 Y 的等值对于每个被试都是公平的，则对每个一定水平的被试，无论他接受的是测验 X 或测验 Y 都应该无所谓。一组能力相同的考生组在测验 X 上的真分数分布经等值转换后，应该与他们在测验 Y 上的真分数分布相同。如果一组考生在测验 X 上的观察分数分布与在测验 Y 上的观察分数分布相同，我们就认为测验 X 与测验 Y 等值。

（2）对称性（symmetry）

又称可逆性，是指等值转换关系是双向的。对于两个平行测验 X 和 Y，如果测验 Y 上的 60 分等值于测验 X 上的 50 分，那么 X 上的 50 分也一定等值于 Y 上的 60 分。这种对称性的要求将回归方法排除在等值方法之外。等值问题并不单单是个回归问题。通常，X 对 Y 的回归与 Y 对 X 的回归并不一致，回归关系不具有对称性。

（3）横跨群体的不变性（invarance across groups）

测验等值转换关系应具有唯一性，不变性。也就是指两个等值测验间的等值关系，即使是选用不同的被试群体进行估计，结果都是相同的。因为测验等值是两个或多个测验之间客观存在的实际关系，虽然其等值的转换关系（方程）源于样本方程，但等值转换方程的求得应独立于被试样本或考生组的特点和实测时的具体情境，因而适用于需要进行等值转换的所有场合。因此，如果两测验形式是等值的，那么这种等值关系或等值方程可以适用于同分布的总体。

（4）样本组间的一维性（unidimensionality of the tests）

又叫一致性、同规格性。指被等值的测验都必须是测量同一维的心理特质。当应用项目反应理论来进行等值时，由于目前广泛使用的模型都是单维模型，因而要求等值测验的潜在特质也必须是一维的。因此，根据不同的题目样本组建立起来的测验 X 与测验 Y 之间的等值关系应该基本一致。如果测验被等值，那么，这些不同形式测验的内容和统计规格应该是相同的，否则，不管所使用的统计方法为何，这些分数之间是不能替代使用的。事实上，其他一些特征如测验的同质性、等信度性和观察分数的等值性等也应该包括在这一性质之中。

实现测验等值必须发展等值方法，测验等值的方法是建立在以上假设的基础之上的。

（二）等值的主要方法

根据等值设计得到成批数据之后，就可以采用适当的方法对测验进行等值。

1. 经典测量理论等值

基于经典测量理论（CTT）的等值模型或方法有多种，平均数等值、线性等值、等百分位等值、回归等值方法是常用且简单的等值方法。

（1）平均数等值

平均数等值（equimean equating）是指两个不同版本的测验分数的平均数是相同的。它是最简单的等值转换模型，用于共同组设计的情况。这时，两个不同版本在较短时间内先后施测于同一组考生。我们可以认为这组考生的水平在两次考试之间没有变化，在两个测验中的真分数应该具有相同的平均数。当某一个版本的所得分数平均分较高时，可以认为这个版本较容易。

（2）线性等值

线性等值（linear equating）是平均数等值的扩展，是指两个不同版本测验分数的平均数和标准差是相同的。在平均数等值模型中，我们假设两个不同版本具有相同的分数分布，即具有相同的标准差。对于两个平行测验上的分数（x、y），如果它们在任意给定被试组上各自的标准分数都相等，则被认为这两个分数等值，即有公式：

$$\frac{x-\bar{x}}{S_x}=\frac{y-\bar{y}}{S_y}$$

式中 x、y 是两测验的原始分数，$\bar{x}$、S_x 和 $\bar{y}$、S_y 分别是测验 X 和 Y 上原始分数的平均值和标准差。把上式整理后即得公式：

$$y=Ax+B$$

其中，A 与 B 是等值常数，$A=S_y/S_x$；$B=\bar{y}-A\bar{x}$。如果能够求出参数 A 与 B，则对于测验 X 的任何一个分数均可以利用该公式求出与之等值的 Y 分数。

以上是在单组设计时的线性等值方程。若在随机分组情况下，等值方程就要复杂得多。基于不同的假设，在计算等值转换系数时可以采用 Tucker 观察分数、Levine 观察分数和真分数以及 Angoff V 等不同模型（参见有关测量书籍）。

用线性等值法对两种测验进行等值，要求两个测验除了在均值和方差不同之外，它们的分数分布是相同的，因此该方法所需的假设条件比百分位等值法要强，但在计算上线性等值并未从根本上突破百分位等值的一些局限性，因此有必要寻找更好的等值方法。

（3）等百分位等值

等百分位等值（equipercentile equating）是指版本 X 上的待等值分数的累积分布与版本 Y 上分数的累积分布是相同的。对于测量同一特质的测验 X 与 Y，若其上的两个分数 x 与 y 相对于各自样本组的百分等级相同，则认为这两个分数等值。这一模型是将两个测验版本上百分等级相同的分数界定为等值分数。以最简单的共同组设计为例，在版本 X 上得分低于 60 分的人占全体考生的 80%，在版本 Y 上得分低于 65 分的人占全体考生的 80%，那么，我们就认为在测验版本 X 上与测验版本 Y 的 65 分对应的等值分数是 60 分。

这种方法的定义直观，也容易理解，对两个测验的分布是否相同也无要求。只要分别计算出两个样本中被试得分的相对累积频数，则分数 x 的百分位等级分数就等于比 x 分数低的考生占全体考生的百分比，而在这两个样本中同一百分等级所对应的原始分数就是等值分数。但是，百分位等值法有两个明显的缺点，一是分数等值转换关系的求得依赖于所选用的样本，当抽取的样本改变之后，具体的等值关系就会发生变化；其二，百分位等值法通常要使用平滑化处理方法，这无疑增大了等值的误差。

值得说明的是，等百分位等值是非线性的。在线性等值中，两个版本的分数成线性转换关系，而在等百分位等值中，两个版本的分数成非线性转换关系。另外，在共同题设计中，等百分位的等值计算要比共同组设计复杂许多。

2. 项目反应理论等值

如果已经存在科学化题库，如果题库中每个题目均已经标定了具有可比性的题目特征参数，我们就可以根据考生在测验中的反应模式估计出考生的能力参数 θ。这时，从不同测验版本中得到的能力分数具有直接的可比性。如果两名考生分别参加了来自同一题库的两个不同版本的测验，经过能力估计，得到两个相同的能力分数 θ，我们就可以认为这两名考生具有相同的能力水平。

这时，如果以观察分数作为真分数的估计值，我们就可以在两个测验版本的真分数之间建立联系。首先找到对应于版本 X 的每个真分数的能力分数 θ，再在版本 Y 上找到对应于每个 θ 值的真分数。这样，就在两个版本的观察分数之间建立了联系，实现了等值。

（三）等值设计与处理

要揭示两测验形式的等值关系，实现测验等值，一般可以按照以下步骤进行：确定等值目的；编制替代形式；选择一种数据收集方法；执行数据采集设计方案；选择等值的操作性定义；选择统计估计方法；评价等值经过等。其中等值数据的收集和等值数据的处理是测验等值过程的两个重要阶段。要对不同测验进行等值，就必须收集可以用于等值的数据，如果两个不同测验间的分数没有统计关系，则无法使用统计方法使之产生联系。为此须对测验的编制或施测的过程进行设计，称此工作为测验等值设计。

等值数据资料的收集方法有很多种，一般可以分为两大类：一类是采用以“人”为媒介的共同组等值设计（common-subject equating design），即让一组人接受不同的测验版本；另一类是以“题目”为媒介的共同题等值设计（common-item equating design），即在不同测验版本中含有共同的题目。共同组设计又叫共同被试组设计，包括单组设计（single-group design）、平衡随机组设计（counter-balanced random-group design）和等组设计（equivalent-group design）等几种不同的等值设计。共同题设计又叫“锚”测验设计，包括锚测验随机组设计（anchor-test-random-group design）、锚测验非等组设计（anchor-test-nonequivalent-group design）、部分预先等值设计（section pre-equating design）、题目预先等值设计（item pre-equating design）等几种不同的等值设计。

等值设计的一个共同的目的，就是要确保样本可靠，减少无关因素对测验的影响，从这一角度来说，经典测验理论与项目反应理论的测验等值设计又有共同之处，这里将介绍两种测验理论都适用的测验等值的设计方法。

1. 单一组设计

单一组设计（single-group design），即单组设计，就是把应予等值的两个或多个测验同时向同一被试组施测，然后借助于同一被试组把应予等值的测验联系起来，这时两组测验分数的差异主要是由于两个测验的难度不同而引起的，因而从理论上来说这种等值设计既简单又无抽样误差。单一组设计有两种实施方式：

（1）对考生总体随机分组，按统计理论可以认为两个组的考生的能力应该相等。所以组 1 的考生做测验 X，组 2 的考生做测验 Y。在两组考生分别完成了测验后，则可对两组考生的分数等值，如线性等值、等百分位等值。

（2）考生不分组，同一考生组完成测验 X 和测验 Y 两个测验。因为是同一考生组完成两个测验，从而可以认为考生的能力水平是不变的，则可以通过线性组等值、等百分位等值方法使用两个测验分数等值。

在这种设计中，第一种方式的抽样误差存在，有可能使两个组考生的能力水平分布不完全相等，这样就会给等值带来偏差；第二种方式则会由于练习效应、疲劳等因素，也有可能给等值带来偏差。但这种设计仍不失是一种简单和易于实施的设计方法。

2. 共同考生设计

共同考生设计（common-person design）有两种实施的方式：

（1）等组设计，随机将同一总体考生分为两个组，即组 1 和组 2，这两组考生被认为在能力分布上是相同的或很接近，让这两组考生分别接受两份不同测验 X 和 Y，然后把所得测验分数加以等值。

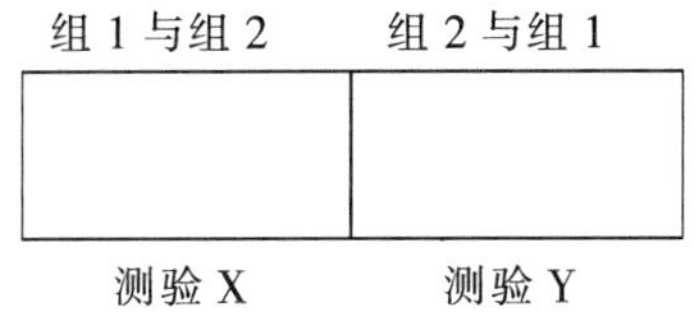

图 6－1　共同考生设计示意图 A

这种设计克服了单一设计中因分组可能存在的能力水平不同而影响等值的可靠性，也可克服练习效应和疲劳等因素的不利影响，但由于两组考生的能力分布可能不一样，从而给等值带来偏差。因此，从某种意义上讲，它可归类到单一组设计的第（2）种，实施时间的限制、试题的保密、练习的效应等都可带来偏差。

把单组设计和等组设计结合起来产生的一种设计方法叫等级交叉设计。这种设计方法是把考生随机分成两组，第一组考生先测 X 测验后测 Y 测验，第二组考生则先测 Y 后测 X，这种方法兼有 1、2 两种设计的优点，但仍无法克服练习效应和测试时间太长的缺点。

（2）共用被试设计，即把考生随机分为三组，即组 A、组 B、组 C。组 A 和组 C 的考生接受测验 X（其中组 A＋组 C＝组 1），组 B 和组 C 的考生接受测验 Y（其中组 B＋组 C＝组 2），其中组 C 的考生同时接受了测验 X 和测验 Y，利用这部分被试作为桥梁建立测验 X 和 Y 的等值方程。如图 6－2 所示：

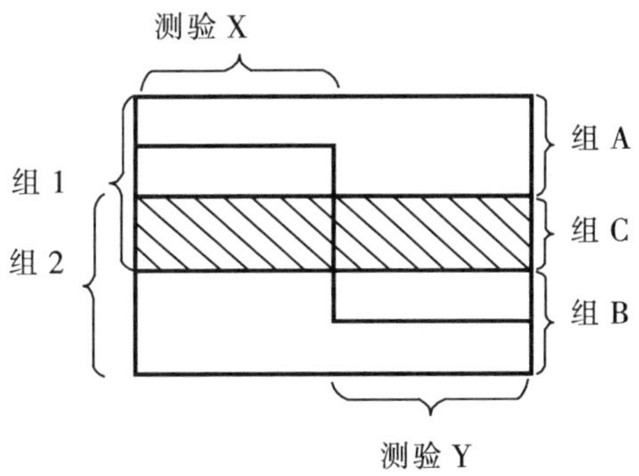

图 6－2　共同考生设计示意图 B

这种设计中有一部分考生接受测验 X 和测验 Y 两个测验，我们可以以这部分考生的成绩或求得的题目参数建立相应的等值方程，从而对测验分数或题目参数做等值。

3. 共同参照测验设计

共同参照测验设计又称为“锚”测验设计（anchor-test design；“锚”又译“铆”）。把应予等值的测验分别向不同的考生组施测，但这两个测验都附加由共同项目组组成的附加测验，称之为“锚测验”，由其作为桥梁把测验 X 和 Y 联系起来。这种设计不要求两个被试样组的能力分布完全一样，也不会给考生带来太大的练习效应和疲劳因素，因此它兼有第 1、第 2 两种设计方案的长处，又克服了其短处。它是将考生随机分为两组，即组 1 和组 2。除对组 1 和组 2 两组考生分别实施测验 A 和测验 B 外，还通过一个小的测验 U 把测验 A 和测验 B 联系起来（测验 A + 测验 U = 测验 X；测验 B + 测验 U = 测验 Y），组 1 和组 2 的考生都使用测验 U。如图 6－3 所示：

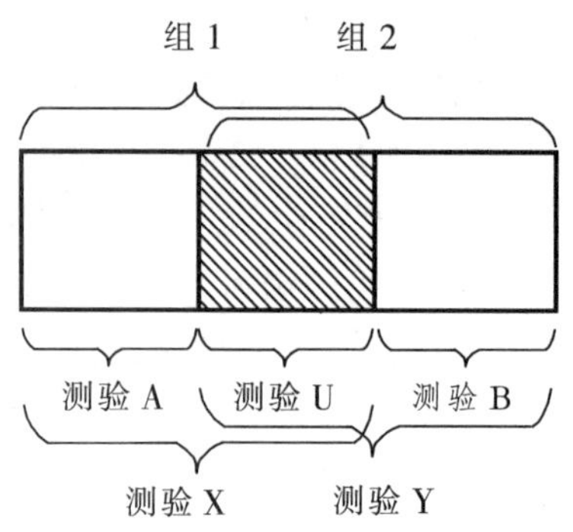

图 6－3　共同考生设计示意图 C

通过测验 U 我们可以根据一定统计假设辨别出两个考生组的能力水平以及测验 X 和测验 Y 的分数分布形式，从而将测验 X 和测验 Y 的分数或题目参数等值。由于测验 U 起着联结测验 X 和测验 Y 的共同参照作用，因此我们称测验 U 为共同参照测验，或直接称之为锚测验（anchor-test）。

共同参照测验 U 可以是原测验 A 和测验 B 之后附上的一个附加测验，也可以是测验 X 和测验 Y 中间的一部分题目。但是作为共同参照测验 U，它的内容、形式都应该具有一定代表性。研究表明：共同参照测验与原测验在难度上的不同而造成的等值误差，要比二者在内容上的差异所造成的误差大；当共同参照测验是原测验各部分比例相同的小型缩样时，等值的效果最佳。一般来讲，共同参照测验的题目以达到原测验题目数量的1/5为好；考生在共同参照测验上的得分与原测验上的得分相关程度高时，等值的准确性较高。

共同参照测验设计还可以根据研究的需要，设计成连环共同参照测验（又称为连环锚测验）和中心共同参照测验（又称为中心锚测验）等形式，如图6－4、6－5所示。这种设计有很多优点，在实际使用中得到广泛关注。如果条件允许，可以认为这是最佳的设计方法之一。

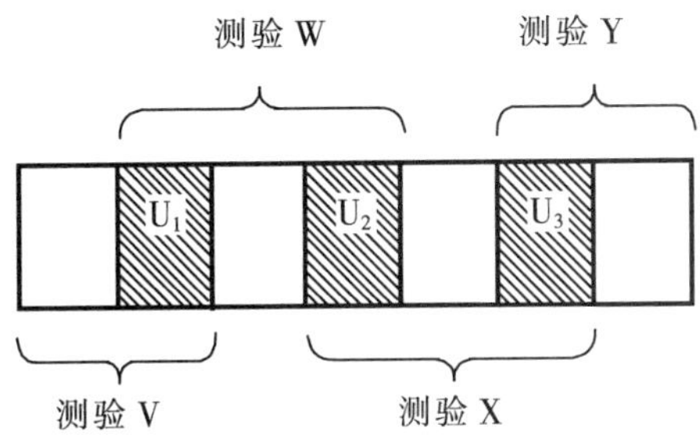

图6－4　共同参照连环锚测验示意图

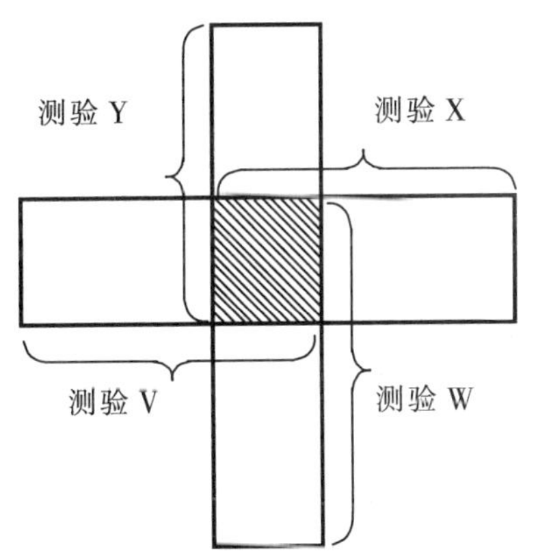

图6－5　共同参照中心锚测验示意图

4. 共同参照测验和共同考生的混合设计

共同参照测验和共同考生的混合设计（anchor-test and common-person mixed design）是第2、第3种设计派生出来的。这种设计可以在施测后对同一批数据作两种分析或两种等值，以利于对照和比较。当然，在使用这种设计时，共同参照测验设计和共同考生设计的相关条件也应该同样得到满足。

表6－2是各种常用等值设计方法的比较分析。

表 6－2 各种常用等值数据收集方法的比较

	样组（样本）	测验 X	测验 Y	锚测验 V
1. 单组设计	P1	√	√	
2. 平衡随机组设计	P1	前测√	后测√	
	P2	后测√	前测√	
3. 等组设计	P1	√		
	P2		√	
4. 锚测验随机组设计	P1	√	√	√
	P2		√	√
5. 锚测验不等组设计	P1	√	√	√
	Q1		√	√
6. 部分预先等值设计	P1	测验 X 的各部分 X1√	测验 Y 的各部分 Y1√	
	P2	X2√	Y2√	
	P3	X3√	Y3√	
7. 题目预先等值设计	P1	测验 X 的各个题目 X1√	测验 Y 的各个题目 Y1√	
	P2	X2√	Y2 √	
	…	…	…	
	Pn	Xn√	Yn√	

注：P1 是从总体 P 抽取的随机组，Q1 是从总体 Q 抽取的随机组。“√”表示收集数据，没有“√”的项目表示不收集数据。

等值结果是两个不同测验形式或项目参数的转换关系，它的表示方法一般有三种：一是列表法，即将两形式对应相等的分数对应排列成表。这种方法简单明了、查找方便，是应用最普遍的等值结果的表示方法。二是公式法，即用于一些公式计算而获得的等值结果。常见的等值结果公式形式为 $Y = AX + B$（其中 A 与 B 是等值常数，X 与 Y 处于平等地位）。用公式表示等值结果简明、方便、等值关系清晰，但并非所有的等值结果均能用公式表示，且对于具体分数的配对还需进一步计算。三是图示法，此法能够生动形象地揭示两个测验分数之间的等值转换关系，不受计算方法限制，但表示的对应关系的精确度有限，故多用于对等值关系的整体分析。

（四）等值的误差及控制

等值作为一种统计处理方法，像测验误差不可避免一样，等值误差也是不可避免的。等值误差一般包括随机误差和系统误差。在测验等值中，只能以样本数据估计两个测验之间的等值关系，由于抽样是会有误差的，因此，等值的结果就存在这种因为抽样而引起的随机误差。如果能够直接应用总体数据估计测验间的等值关系，那么所估计的等值关系就不会存在随机误差。因此，等值的随机误差是随着样本容量的增大而减少的。在实际等值中，等值标准误差的估计有两种方法：Bootstrap 法和 Delta 法（具体内容参见有关统计测量书籍）。从根本上说，测验等值的随机误差应该采取加大样本容量的办法来控制。但是，在样本容量受到条件限制的情况下，对于各种等百分位等值，应用“平滑技术”（用一条光滑的曲线来拟合样本分布，从而进行等值关系的估计，达到控制抽样波动的目的）可以适度减小随机误差。

等值的系统误差形成原因比随机误差要复杂许多。主要有以下四种：一是当应用等值方法的统计假设不满足时，所估计的等值关系中就会出现系统误差；二是当为估计等值关系所设计的数据采集规则没有被严格遵循时，所估计的等值关系中就会出现系统误差；三是估计等值关系时，所用的被试组与实际使用这两个测验的被试组有实质性的差异，此时将所估计的等值关系应用于实测群体，系统误差就会产生；四是某些等值数据处理技术的使用可能导致系统误差。如采用降低随机误差的平滑技术，就会同时产生系统误差。当然，在测验等值中的系统误差有些是可以设法估计并控制的，这要根据具体情况进行具体分析和处理。

影响等值误差的因素很多，主要包括：1. 被等值测验的同质性；2. 被等值测验之间的难度差别；3. 被等值测验分数的分布特点，包括偏度、峰度等；4. 被等值测验的单维性；5. 锚题对测验的代表性，或锚题分数与测验分数的相关；6. 用于等值估计的考生样本的容量；7. 用于等值估计的考生样本分数分布的相似性；8. 测验长度；9. 锚题数量；10. 锚题在测验中的位置。实际的影响因素可能更多。等值还会受到测验所关注的分数段、测验目的对分数精确性的要求水平、测验分数的应用、计算条件等多种因素的影响。

二、题库建设的理论与方法

题库是许多测验或考试合格试题的有效存贮，目的是为了高效地成批生成具有指导性能的试卷服务。它是适应心理与教育测量，尤其是社会考试事业大规模发展，要求人员测评工作进一步科学化而兴起的，是对临考前抽人入闱命题的工作方式与一两份标准化测验反复使用的施测模式的革新，是建立在坚实的心理与教育测量理论及计算机等现代技术基础之上的。

（一）题库的定义与功能

1. 题库的定义

题库（item bank）（或译“项目库”）一词源于 20 世纪 60 年代英国的一个全国教育研究课题，其本意是指测验试题的有序集合。就像图书馆的书籍一样，试题均有“分类”和“编目”，即在统一的类别系统上标定了位置。正是由于试题都已有序存放，故能根据需要准确而方便地进行调取。因此，题库不同于一般的题集（item pool）（或译“题海”），不是未经加工处理过的试题的简单堆积。现代意义上的题库，一般是指由适用于不同目的、技能和任务需要，且具有必要参数的大量合格或优质的试题的集合。即按照一定的心理和教育测量理论，在计算机系统中实现的某个学科题目的有序存贮。它是严格遵循心理与教育测量理论，在精确的数学模型基础上建立起来的测量评价工具。

2. 题库的功能

传统命题技术存在许多不足和失误。传统的命题过程一般是：首先制定考试大纲和试题编写原则，向有教学经验和命题经验的教师或命题专家征集题目，通过小规模的试测获取关于题目和试卷的统计数据，然后从质和量两方面的角度对题目和由题目组成的试卷进行分析、判断和调整，之后再以这套试卷施测于考生对象。这种命题过程存在着大量人力财力浪费的问题，而且不能保证出题的科学性。随着经济和社会的发展和终身教育观念的普及，迫切需要有科学、方便、完善的题库管理系统，作为积累题目、自动组卷、保存成卷、分析试卷的利器。

常见的命题失误有以下几种：首先，试题内容的知识覆盖面过窄。各部分考核内容在试题数量、权重分配方面比例失调，某些章节的试题过多（或过少），权重过大（或过小）。或者考核内容与考核目标的分层要求之间出现明显的不协调，例如某一考核内容的试题其最低层次（识记）的比重过大，中间层次（理解和运用）的比重过小。其次，试题的难度起伏大，信度、效度低。同一份试卷中试题的难度高低起伏太大，有些题特别难，有些题特别容易，导致部分试题的区分度接近于0。或者，试卷中全部是中等难度的题，难度差异过小。这样，使整套试题的信度、效度都不高。再次，由于试题的总量偏多或偏少，试卷的总体要求偏高或偏低，致使考生的考试用时偏紧或偏松，平均考分过低或过高。最后，试题内容和表达形式较陈旧。试卷中流传已久的“保留题”、“成题”过多，经加工、创新的题目少，反映新教材新内容的题目少。

采用经验型的、手工作坊式的命题方式，有时免不了要做低水平的重复劳动，不仅使考试命题的质量难以提高，而且使命题工作乃至对考试的组织管理工作的效率都难以提高。

题库应用技术是提高心理与教育测量效果与效率的一种新技术，具有一定优越性。建立题库，在现代心理与教育理论指导下来一场命题技术方面的革命，这是提高考试命题质量，使教学质量评估科学化、规范化的重要途径。这对于提高教学质量管理水平，对于逐步实现考试管理科学化、教师办公自动化等都有重要意义。

（1）题库是大批优良试题的储存库。凡是入库的试题都是经过严格筛选，并按合理的原则组织起来的，其技术参数、质量指标（如难度、区分度等）是经过测定的。题库犹如“零件库”，题目数量多，品种齐全，规格型号标注清楚，检索方便，可为组装各类优质“产品”提供足够多的“标准件”。而且库内的优良试题不会只用一次就丢弃，可以不断积累、充实。

（2）题库内的全部试题都具有标准统一的技术参数，便于人们按照一定的科学程序，按试题已有的技术参数挑选试题，优化组合成内容、性质、难度等各不相同的试卷，使试卷符合预定的各项质量指标，保证考试的信度和效度，从而使整个测量系统具有较好的稳定性、一致性和通用性。

（3）由计算机管理题库，自动化程度高，可大大提高命题工作的效率，减轻命题教师负担。计算机题库系统具有自动寻找的功能，便于教师通过手指击键、自行选题编卷。利用这种管理系统还能让计算机根据命题要求自动生成试卷，自动完成试卷及考分的等值处理，必要时还能生成互相等值的平行试卷，能客观地比较历次考试的不同水平，从而为教学质量的优化管理提供科学依据。

（4）利用题库系统自动生成试卷，要求命题者事先制定好详细的命题计划，并按规定输入有关信息，这有助于克服命题的盲目性和随意性，使命题过程规范化。

总之，题库在心理与教育研究中，特别是教学实践和考试评价中，具有两个独特的优越性：第一是管理上的优势，在先进理论指导下用计算机管理的题库，具有科学、高效、经济、灵活、方便、保密性强等显著特点。题库为题目的保存、分类和检索提供了便利，为编制试卷提供了高效率和低成本的手段；第二是测量上的优势，体现为由题库生成的试卷具有高质量、能预控和等值可比等特点。题库作为测量评价工具的作用非常明显。教学过程中充分利用题库这种教学资源，进行富有成效的形成性测验，可以帮助师生把注意力从名次、得分集中到要实现的教学目标上来，真正关心学生的学习困难和错误所在，关心学生素质的提高，促使教育观念从“应试教育”向“素质教育”转变。因此，题库建设具有十分重要的意义。

（二）题库建立的数学模型

题库要有一定的数学模型，没有数学模型的试题的集合称为题集。题库建设可以采用经典测验理论（CTT）数学模型和项目反应理论（IRT）数学模型。

1. 题库与经典测验理论

CTT 对试题的难度、区分度等参数采用直接测算的办法。例如，用一组被试解答某个试题的平均得分相对于满分值的比率来确定该试题的难度参数，前者比较符合人们的思维习惯和一般教师的操作习惯。CTT 的主要缺点是它对试题技术参数的测定结果受样本的影响较大，这对组拼试卷会有不利影响（这种影响经多次实测、对试题参数不断修正后可望减小）。

2. 题库与项目反应理论

IRT 是现代心理与教育测量理论的代表。从理论的严密性、深刻性来说它比

CTT 更优越。IRT 通过把学生的能力水平与答对题目的概率挂钩来决定试题的技术参数（如难度、区分度等），借助题目特征曲线来表征这种关系，与样本不直接相关，在这方面较 CTT 更合理。但是，由于 IRT 的技术复杂，参数测试的工作量大，不如 CTT 直观、简明，因此目前难以大面积推广。在发达国家，已在项目反应理论基础上开发出了计算机自适应考试系统，在这方面我国刚刚起步。

3. 题库与教育理论

许多教育教学理论，如学科体系与教育目标层次分类理论，决定了整个题库及编制成试卷的内容效度和结构效度，是提出命题与征题规划的根本依据。不同学科、不同目的有不同题库结构。题库建设不但涉及教育统计、教育测量、发展心理、认知心理、学习理论和教育学等理论问题，还涉及题型功能与命题、题目统计分析、测验等值、试题和试卷的拼合与质量评价等具体技术。

4. 试卷的计算机生成

随着心理与教育测量理论和计算机应用技术的发展，计算机题库及试卷生成的研究受到关注。通过计算机技术建成题库，并利用计算机题库和相应的试卷生成系统，可在几分钟内按指定的命题要求自动生成一份高质量的试卷。在计算机题库系统建设中，试题质量控制与参数设置、组卷策略是最重要的环节。

题库建成后，通过输入一些查询参数，系统将根据这些参数抽出最适合参数要求的试题，组成能够实际使用的试卷。定义这种查询参数以及对这些参数进行变换算法，称之为组卷策略。组卷策略的实质是将对人比较直观明了的组卷参数变换成计算机能够直接操作的试题属性项，然后根据这些属性项，在题库中抽取试题组成试卷。因此，完整的组卷策略应该由三部分组成：试题属性项定义、组卷参数的定义、变换算法的说明。

试题属性项定义：一般题库中试题所具有的属性项有试题编号（试题的唯一标识，只要知道某个试题编号，便可唯一确定一道试题，这对利用计算机处理试题极为重要），试题类型（如填空、计算、选择等，是抽题和组卷的重要参数之一），考察知识点（这道试题在这个学科的教学大纲中所属的知识点，它是教师用来确定考试范围的重要依据之一），难度（难度在题库中的作用主要是为了筛选题目，题目难度的选取需要考虑到测验的目的和性质），区分度（区分度在题库中的作用也是挑选题目），认知分类（学科体系与教育目标分类理论将决定整个题库及生成试卷的内容效度，是制定征题规划的根本依据，题库的整个框架结构就是按照这个要求来设计与建造的），题干，操作说明，答题时间，建议分数，使用总次数，上次使用时间（题目的使用总次数和上次使用时间两个参数可以用来控制题目的曝光度，为了试卷的保密性、公平性和安全性起见，在抽取题目组成试卷的时候，需要控制题目的曝光度），出题人，出题日期，归档时间，保留项等。

组卷参数定义：计算机抽题是根据试题的属性一道一道进行处理的，人们一般都不可能对所有试题的属性进行设置，因此，我们要设置一些易于理解、容易操作，同时又能很好体现考试意图的组卷参数。设置组卷参数的主要依据是一套完整试卷的属性，主要参数包括：(1) 总体参数，指对试卷的整体属性的说明，具体有试卷标题、考试时间、满分值、平均难度、平均区分度、曝光时间、考察的知识点；(2) 题型比例，指试卷的题型结构，也就是试卷中有哪些大题型，某道大题型下有多少道小试题，这些试题在试卷中占多少分，某题型要考察哪些知识点等；(3) 知识点—难度比例、知识点—认知分类比例；(4) 其他参数约束条件。

组卷策略的变换算法：通常情况下，我们只需要设置试卷的一些整体属性参数和题型结构参数，便可以组出一份满意的试卷，它对题目的知识点和难度分布没有特殊要求，只设平均难度和平均区分度参数，参数设置简单直观，常常用于快速组卷。对于相对评价，主要目的是将考生的成绩拉开档次，以显示出差异，这就需要在题目难度上拉开档次，需要在知识点的难度比例等级上进行必要的分布。而对于绝对评价，其目的是考察考生知识点的掌握情况，它以认知分类为主要参数抽题，需要填写知识点—认知分类比例参数表。

(三) 题库建设的指导思想、原则与程序

1. 题库建设的基本要求

(1) 题库中的试题应该是合格优质的试题。题库的基本组成单位是试题，题库不等于卷库，不是试卷的集合，而是由许多单个优质的试题组成的“仓库”。

(2) 题库中的题目数量必须很大，并具有合理的比例结构。

(3) 题库中所有试题的有关技术参数应当齐备，试题参数必须转换到同一度量系统上。

(4) 题库中的试题必须按照科学原则分类、贮存，形成有机整体。

(5) 题库必须是动态的。

2. 题库建设的指导思想

学科题库与习题集、题典的实质性区别在于它是一个运用测量学、统计学的原理和方法，借助于先进的计算机软件技术而建立起来的教学测量系统。构建题库是一项复杂的系统工程。在建立一个规模较大、功能齐全、水平较高的题库前，首先必须明确建库的工作目标、指导思想与原则。构建题库的工作目标是要形成一个适应目前和未来教育教学需要，能服务于日常教学和各类学习水平测试需要的通用测试系统。这个系统的核心部分由一个具有分层结构的题库群组成。这个题库群中有一个是总库，还有若干个相互独立又有密切联系的一级分库，每个一级分库下可再设二级分库。总库与各级分库之间的关系呈树形结构。总库和各级分库都配备有相应的试卷生成系统等处理系统。这样安排，既有利于分阶

段、分工完成建库工作，又有利于灵活使用各级题库。

构建题库的指导思想应是：以教学大纲和通用教材为依据，以教育学、心理学原理为指导，以科学的教育测量技术和计算机应用技术为基础，以教育教学实践经验为参照，不仅要使题库质量充分体现该学科最优秀的专家、教师的水平，同时还要融合心理与教育测量人员、计算机专业人员和教育行政管理人员的集体智慧。

3. 题库建设的具体原则

就建库实践而言，应贯彻以下几项原则：

（1）在建库的初级阶段，应以经典测量理论为指导，这样有利于题库的协作共建和迅速推广应用。经典测量理论和项目反应理论在本质上是一致的，都是通过考试分数来推测考生的能力水平，主要区别在于对试题的技术参数的分析及演绎的功能方面。

（2）题库应具有鲜明的时代特色，体现教育目标的各项要求，适应考生的学习水平。

（3）题库中试题的储存量要足够大。

（4）题库中试题的分类要清楚，组织要严密。可先按考试类别分类，再按教学内容分类，同一教学内容的试题，根据教学目标的层次高低、试题的难度高低按顺序排列。

（5）入库的每道试题的题意要清楚，题文用语要准确、精炼，题图要规范，并附参考答案（或答案要点）、满分值、评分规定、难度参数、区分度参数、答题时间等信息。

（6）题库应是一个动态系统，能供用户随时增删题目，更换题中数据。

（7）题库作为一个测量系统，应随时保持其整体性和可靠性。

（8）建设题库应有一个高起点，充分吸收和利用国内外题库建设的先进经验。

（9）题库要求优质高效、安全可靠，因此，题库建设、管理与使用过程中要做好安全保密工作。

4. 题库建设的一般程序

题库建设是一项系统工程，要由多学科专业人员协同合作，在科学的题库建设理论指导下有步骤地进行。题库建设理论内容很多，主要有学科体系与教育目标层次分类理论、题型功能与命题技术理论、题目分析理论、参数等值理论、测验编制理论等。题库建设工作过程大致包括如下几个阶段：

（1）试题开发。这是起始工作阶段，应该按照命题规划和要求进行。试题开发的形式多种多样，可以组织专家命题，向社会征题，从诸如习题集等有关资料中选题等。无论是通过命题、征题或选题得来的试题，新编拟的题目应该占题库总量的多数，所有题目都要组织该领域的专家审查，查明试题的考核内容范围与能力层次，这是保证试题质量的关键。

（2）分析等值。此阶段是通过统计分析和等值处理，查明拟入库试题的性能、质量，并将其参数转换到同一度量系统上去。确定试题难度等指标值的最好方法是通过试测获得实证资料，经过统计分析求取（抽样测试法），这是根本方法。若无测试条件，也可由专家评估确定（专家评估法）。无论是抽样测试还是专家评估，都要分批次进行，在不同批次工作中获得参数值，通过使用等值技术转换到统一的共同量表上去。

（3）存贮建库。对符合要求的试题，要利用编码技术实现有序存贮。也就是把试题正文、答案、参数等有关信息按照一定逻辑规则具体存放起来，并给出标示编号。存放形式可以是纸质题卡，可以是计算机管理存贮。后者主要是建立计算机题库系统，一般包括题库管理子系统（含录入、查询、修改等），试题分析等值子系统（经典的和现代的测量理论方法），试卷生成子系统（检索调取成卷、智能化自动生成等），考试施测子系统（固定化策略、自适应策略等），编辑印刷子系统以及成绩分析报告子系统等。可以是单机版，也可以是网络版。

（4）动态维护。题库具有动态性，应该根据情况变化而变化，要经常检查试题的思想性、科学性，要根据学科本身发展和时代特点不断调整、增减、修订试题及其参数，进行动态维护。

【建议参考资料】

1. 郭志刚. 社会统计分析方法——SPSS 软件应用［M］. 北京：中国人民大学出版社，2005.

2. 金瑜. 心理测量［M］. 上海：华东师范大学出版社，2005.

3. 吴明隆. SPSS 统计应用实务：问卷分析与应用统计［M］. 北京：科学出版社，2003.

4. 郑日昌. 心理测量［M］. 长沙：湖南教育出版社，1987.

5. 郑日昌，漆书清，马世晔. 考试的教育测量学基础［M］. 北京：高等教育出版社，1990.

6. 德威利. 量表编制：理论与应用［M］. 魏勇刚，龙长权，宋武，译. 2 版. 重庆：重庆大学出版社，2004.

7. 格雷维特尔，佛泽诺. 行为科学研究方法［M］. 邓铸，译. 西安：陕西师范大学出版社，2005.

8. 克罗克，阿尔吉纳. 经典和现代测验理论导论［M］. 金瑜，译. 上海：华东师范大学出版社，2004.

9. 墨菲，大卫夏弗. 心理测验——原理和应用［M］. 张娜，杨艳苏，徐爱华，译. 6 版. 上海：上海社会科学院出版社，2006.

10. 美国教育研究协会，美国心理学协会，全美教育测量学会. 教育与心理测试标准［M］. 燕娓琴，谢小庆，译. 沈阳：沈阳出版社，2003.

【问题与思考】

1. 编制心理测验一般要经历哪些步骤？应该遵循哪些原则？具体技术有哪些？
2. 试分析界定测验全域对编制心理测验的重要性与必要性。
3. 试述如何选择和利用锚测验进行测验等值。
4. 试分析项目等值与效度等值的关联。
5. 试分析构建题库的现实意义及其困难性。

第七章　心理测验分数的处理与解释

【本章提要】

我们制作心理测量工具的目的在于获得某种量化的可比较的结果来对我们所关注的某种心理特质加以确认。心理测量与心理测验都强调标准化，包括施测过程的标准化和数据处理与结果解释的标准化。在这一环节，是强调共性的。但是不同的人得到同样的分数，也是由不同的原因造成的。在某种程度上，施测过程及数据处理是“科学”，而分数或结果的解释则更具有“艺术性”。本章介绍了心理测验分数合成的方法与各种方法的适用情况和利弊；重点讲述了依据评分方式不同而划分的常模参照测验与标准参照测验。为了学习者更好地使用心理测验，本章还介绍了分数解释时的注意事项，以及向当事人报告分数时的重点和方法。此外，本章对计算机自适应测验以及基于计算机的测验解释也作了简要的介绍。

【学习重点】

1. 掌握多重回归和多重分段这两种分数合成方法的使用范围和方式。
2. 把握各种合成方法的应用范围、资料特征和效度情况。
3. 掌握常模参照测验与标准参照测验的区别。
4. 掌握常模参照测验中的分数解释方法——标准分数。
5. 掌握标准参照测验的两大类分数解释方法。
6. 了解何为计算机自适应测验。

【重要术语】

分数合成　临床判断　推理方法　单位加权　等量加权　多重分段　综合分段　连续栅栏　多重回归　多重相关系数　预测误差　渐进效度　合成体的效度　元素的效度　常模参照测验　标准参照测验　常模　发展量表　年龄量表　年级当量　顺序量表　比率智商　教育商数　成就商数　百分等级　标准分数　线性转化的标准分数　常态化的标准分数　T 分数　标准九　离差智商　内容参照分数　掌握分数　正确百分数　内容标准分数　等级评定量表　结果参照分数　计算机自适应测验　基于计算机的测验解释　巴纳姆效应

第一节　心理测验分数的合成

我们在使用测验时，常常需要将几个分数或几个预测源组合起来以获得一个合成分数或作出总的预测。分数的组合可以在不同层次上进行。

项目的组合：每个测验都包含许多独立的项目，除非测验使用者对个别项目具有特殊兴趣，否则总要把各个项目分数组合起来。不同的项目可以组成量表或分测验，从而得到量表分或分测验分，所有项目也可以合成一个测验总分。

分测验或量表的组合：有些测验是由几个分测验或量表组成的，每个测验或量表都有自己的分数，这些分数可以组合到一起得到一个合成分数。但有时各量表分也可单独使用而不必合成。例如从职业兴趣测验上得到的各分数就不需要合成。

测验或预测源的组合：在做实际决定时，常常将几个测验或预测源同时使用。如美国雇佣服务中心对申请者实施 12 个测验，用来预测在各种职业上的成功。我国大学招生对政审、体检结果及高考分数、中学成绩全面考虑，这实际上也是采用了几个不同的预测源。

一、分数合成的方法

由于测验目的和所用资料不同，组合方法可以是统计上的，也可以是推理的或直觉的。

（一）临床判断

在实际工作中，人们用得最多的方法是根据经验对各变量作直觉的组合。临床上，医生看病并不对有关病人的各种资料进行统计分析，而是凭经验作出诊断。与此相似，一个教师或家长在帮助学生填报升学志愿时，根据该生的各科成绩、兴趣爱好、性格特点、身体条件等因素，全面分析并作出判断，看他适合学什么，报考哪里成功的可能性最大。像这种根据直觉经验，主观将各种因素组合以得出结论或预测的方法叫临床判断。

临床法的优点是：

1. 能从整体上对各个因素加以综合考虑，不但考虑到各个因素的相对重要性，还能考虑到各因素间的交互作用，这种考虑具有高度完形性质；
2. 每个判断都是针对特定的个人作出的，能考虑到每个人的具体情况。

临床法的缺点是：

1. 主观加权可能受到判断者的偏见的影响，不够客观；
2. 没有精确的数量指标；
3. 判断者需要受过训练并具有丰富经验。

（二）推理方法

这种方法不考虑各个变量间的经验关系，而是根据某种先验的理想程序来作推理性加权。

1. 单位加权

最简单的方法是将各个变量（题目、分测验或测验）直接相加而得一合成分数：

$$X_c = X_1 + X_2 + \cdots + X_n$$

这里 X_c 为合成分数，X_1，…，X_n 为各个变量。

这种方法看起来好像是将所有变量作了等量加权，而实际上是对每个变量作了与它的标准差成比例的加权，亦即将变异量最大的题目或测验作了最重的加权。这意味着变异较大的变量将在作预测和作决定时起较大的作用。

2. 等量加权

要想对各个变量作等量加权，可将所有分数转换成标准分数（Z 分数），然后再把它们加以组合：

$$Z_c = Z_1 + Z_2 + \cdots + Z_n$$

这里 Z_c 为合成的标准分数，Z_1，…，Z_n 为各个变量的标准分数。

等量加权比较麻烦，只在特殊情况下（如各变量对预测效标具有同等重要性或各变量离散度相差较大时）使用。在通常情况下，各个变量对预测效标的作用是不同的，因此需要根据各个变量与效标间的经验关系来作差异加权。但除临床法（临床判断属差异加权）外，差异加权的统计方法（一般用多重回归）较为复杂，所以在变量较多而每个变量的差异又大体相同时（如一个测验包含许多小题目），常用单位加权来代替等量加权和差异加权。当测验题目用“1”或“0”记分时（如选择题），单位加权也是等量加权。

3. 多重分段

当用测验来决定取舍时，必须确定一个分数线，分数在这条线以上的人接受，在这条线以下的人拒绝，这是只有一个预测源的情况。在实际作决策时，人们往往不只使用一个预测源。当几个预测源不具互偿性时，就需要给每个预测源都定一个分数线。不论有多少个预测源，只要一个人的得分在任一变量上低于分数线，即被拒绝，因为人的任何一项活动都需要一些基本技能，其中有些技能是不能由其他能力来代替的。例如一个不会辨别音调的人，不论他的音域有多宽，音色有多好，节奏感有多强，也是当不了歌唱家的。

多重分段法只是把人分成达到最低标准（接受）与未达到最低标准（拒绝）两类，而不在这两组人内部作出进一步的区分。

在只有一个预测源时，确定分数线是比较容易的。在有两个以上的预测源时，如果每个变量对于效标的成功都有一个最低的可接受的水平，则每个预测源的分数线可以独立确定，此时分数线即代表在该方面所需要的最低能力水平；如果每个变量对于效标的成功没有确定的能力阈限，情况就变得较为复杂，此时不能单独确定每个预测源的分数线，而必须将每个变量同时处理，在限定的录取率内，使每个预测源都获得合适的分数线，以保证所要的结果（正命中率或总命中率）达到最高。根据确定分数线的不同情况，多重分段可有两种主要模式。

（1）综合分段。当几个变量没有确定的阈限，而各个预测源分数又可以同时获得时，要把几个预测源与效标的关系综合起来考虑，在保证合成体的预测效度最高的前提下，分别确定出每个预测源的最佳分数线。

（2）连续栅栏。当预测源分数只能陆续得到，而每个变量又具有自己特定的阈限（可接受的最低水平）时，不必让每个申请者都在所有的预测源上尝试，只有通过第一项，才能进行下一项。这好比体育比赛中的淘汰赛，只要输掉一场便失去夺冠机会。在采用连续栅栏选人时，为了使选择效率达到最高，应该首先使用最有效的预测源，紧跟着使用第二有效的预测源，依此类推。

当然，在安排各个栅栏的顺序时，除了考虑每个预测源的效率外，还要考虑其他因素。一般说来，比较简单与花费少的选择方法，如申请表和纸笔测验可放在前面，而花钱较多且费时间、又不一定更有效的选择方法则放在后面。总的原则是尽可能采用既有效又经济的策略。

4. 多重回归

多重分段假设预测源间不具互偿性，但这对许多心理变量是不适用的。譬如，三个学生取得了同样好的成绩，但一个靠的是思维敏捷，一个靠的是记忆力好，另一个靠的是勤奋刻苦。这就是说，人的一种能力或品质可能补偿另一方面的缺陷。在这种情况下，采用多重分段法选人就会使一些本来可以成功的人被淘汰。

当同时采用几个预测源来预测一个效标，而这些预测源变量之间又具有互偿性时，多重回归是最常用的组合分数的模式。

（1）基本方程式。多重回归是研究一种事物或现象与其他多种事物或现象在数量上相互联系和相互制约的统计方法。其基本方程式为：

$$\hat{Y} = a + b_1X_1 + b_1X_2 + \cdots + b_nX_n$$

式中 $\hat{Y}$ 为预测的效标分数，X_1，…，X_n 为各个预测源分数，b_1，…，b_n 为每个预测源的加权数，a 为一常数，用来校正预测源与效标平均数的差异。

从多重回归方程中可以看出，在一个预测源上的低分数可以由另一个预测源上的高分数来弥补。

多重回归方程式的导出相当复杂，一般是借助计算机来进行的。其输入资料为预测源与效标的平均数和标准差，以及所有变量间的相关系数。输出资料主要有两项：①回归方程式，指出各个预测源的加权量；②多重相关系数 R，表示预测源（作为一个合成体）与效标测量间的相关，R^2 表示效标的变异可由预测源来解释的比例。

（2）预测误差。导出回归方程后，将每个人在各预测源上的分数代入回归方程，便可得到每个人的预测效标分数。实际上，这个预测的效标分数只是一个最佳估计——是所有具有相同预测源分数的人的效标分数分布的平均。与单一预测源一样，其估计的标准误可用下式求出：

$$S_{\text{est}} = S_y\sqrt{1 - R^2}$$

（3）渐进效度。当预测源在两个以上时，一般采用阶梯式步骤进行多重回归分析。首先选出与效标相关最高亦即最有效的预测源（它作为合成体的一部分的效度与它作为单一预测源的效度相同）。然后加入另一个预测源与最佳预测源组合，以使 R 的数值增至最大。下一个要加入的预测源应该是与前两个预测源组合能使 R 值增加最多的，这样继续下去，直到加入再多的预测源无法使 R 有显著增加为止。这里每一个预测源的效率取决于它对总的预测效率的独特贡献。一个预测源加入合成体后所增加的 R 值，叫渐进效度，如果一个预测源不能使 R 值增加，就不应加入合成体。在实际应用时，一般二至四个预测源就足以达到最高的预测正确性。

为了使预测效率达到最高，在一个多重回归方程中，每个预测源的权数应该同它与效标的相关成正比，同它与其他预测源的相关成反比。因此，即使一个与效标有较高相关的预测源，假如它所测的特性可由其他预测源来测时，就不必把它包含在回归方程中。在成套测验中，测验之间相关高，意味着不必要的重复，因为它们在很大程度上反映了效标的同一侧面。

5. 合成分数的特殊方法

在某些情况下需要采用一些特殊的方法来组合分数。例如完形记分，该方法将各个变量看做一个整体，不是孤立地看每一个反应结果，而是看总的反应模式，完形记分可以使效度增加。另一种特殊方法是轮廓分析，该方法与完形记分有些类似，主要是考虑被试在各个测验或量表上所得分数的轮廓，而不是将各个变量作简单的线性组合。

二、各种合成方法的比较

各种组合方法分别适用于不同的情况，且各有利弊。下面从几个方面对几种常用方法做一比较。

（一）应用范围

采用哪种组合方法取决于使用测验的目的。测验的目的可分为预测和描述，前者是用测验分数来预测某种效标行为，后者是用测验分数对人的某种行为作出一般性的描述。在用于预测时，还可进一步分成选人与安置两类问题。前者是从申请人中挑选出最佳者，后者是将每个人放在最适当的位置或类别中。下面分别介绍适用于每种情况的组合方法。

1. 选人

在选人情况下，通常以多重分段或多重回归方法来组合预测源分数。当输入的资料具有连续性，用来作为预测源的特质具有互偿性，而预测源与效标间又是直线关系时，可以用多重回归方法。只要上述三个条件中有一条不具备，而且对所选的人又不必按顺序排列时，用多重分段方法更适合。

临床判断也适合于选人，推理组合方法也可以用，但不如差别加权方法有效。在实际应用时，常常将不同方法混合起来，形成一套连续选择策略，在不同阶段使用不同的技巧。例如，在选人程序的第一阶段可能是面谈，主持面谈者根据他的临床判断作出初步决定，第二阶段可能是一组测验，然后将分数以多重回归或多重分段方法组合以作出最后决定。

2. 安置

多重回归方法在用于安置与分类问题时，要分别为每个组确定单独的回归直线。然后将每个人分别派至能使预测效标分数达到最高的组内。下边举一个用两个预测源把人分到两组的简单例子来说明其方法。

假如我们要用学习能力测验的分数和数学考试成绩作为预测源，把一批大学新生分到经典物理和现代物理两个专业中去，可先由这两个预测源所得到的合成体分别求出每门课的回归直线。在图 7－1 中，a 为经典物理课的回归直线，b 为现代物理课的回归直线。然后，将合成分数落在虚线左边的学生分到经典物理专业，将合成分数落在虚线右边的学生分到现代物理专业，这样两组便均可获得较高的效标分数。

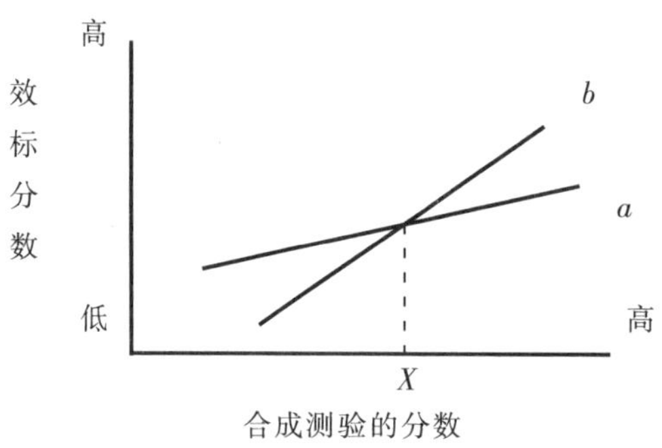

图 7－1　多重回归应用于分类问题模式图

此外，临床判断法也可用于分类和安置。

3. 描述

所有组合分数的方法都能提供描述的信息。

（二）资料特征

不同的组合方法需要不同种类的资料，并采用不同的方式输出资料。因为资料的特征能影响我们对方法的选择，所以了解每种方法对资料的要求是必要的。

1. 输入资料的种类

临床法具有弹性，可接受任何种类的资料——主观的或客观的，定性的或定量的，不连续的或连续的。

所有其他方法均以统计为依据，因而需要数量的资料，即使是主观获得的资料，如等级评定，也必须在分析前量化。除多重分段外，所有统计方法都假设预测源资料是连续的。多重分段既可接受连续资料，也可接受不连续资料。

2. 输出资料的方式

临床法允许任何形式的输出，可以是整体的描述（如“这个孩子很聪明”，“此人不诚实”），也可以是特定的预测（如“她将来会成为一个歌唱家”，“他期末考试会得优等”）；可以是选择，也可以是分类和安置；可以是有条件的结论，也可以对判断表示某种程度的信心（如“假设他报文科院校，考取的可能性很大”）。

多重分段是将被试分成可接受或不可接受两类，其他方法则把结果呈现在连续量表上，多重回归可得一预测效标分数。

（三）组合效度

衡量一个测验的价值主要看它的效度，评价组合测验分数的方法当然也要看效度。

1. 合成体的效度

组合测验分数的目的是增加效度，因此，对合成体效度的最基本要求是应显著地大于任一预测源的效度。假如合成体的效度不高于最有效的元素，建立这个合成体就是徒劳无功的事。换句话说，除非一个变量可增加预测的正确性（有渐进效度），否则不应加入合成体。这意味着在合成体中应包括那些能提供独特信息的预测源。

合成体的效度不但应比基础率（在未经选择的人群中，从事某种活动取得成功的人数比率）有较大的改进，而且要比其他可能的方法预测得更正确。

合成体应具有一定的功利率。由于使用较多的预测源会增加直接或间接的费用，而且，在加入额外预测源时，预测正确性的增加遵循“报酬递减率”，就是增加预测源所需要的费用甚至会超过它所带来的益处。因此，在一般情况下，预测源不宜过多，特别是一些消耗人力、物力较大而增益不显著的变量应从合成体中排除。

组合分数的方法不同，其合成体效度的指标也不同。临床判断以正确决定的数目作为效度指标；推理方法以预测正确性作为效度指标；在多重回归中多重相

关系数 R 或 R^2 为适当的效度指标；在多重分段模式中，或将多重回归应用于分类与安置问题时，命中率为适当的效度指标。

2. 元素的效度

组成合成体的各个元素（各预测源）的效度可由几种方法来评价。最简单的方法就是看单一预测源与效标间的相关或只用某一预测源所得的命中率。这样做是假设每个预测源单独使用，而事实上它只是合成体的一部分。因此，适当的指标应该是个别元素对合成体预测的贡献。简言之，我们对预测源的渐进效度，亦即提供独特信息的能力感兴趣。

渐进效度也可用于多重分段情况，唯一的差别是，效度是由命中率的增加来评定的，而不是用多重相关系数的增加来评定。

有人批评，渐进效度为后加入的预测源的贡献带来错误的印象。例如，一个测验单独使用时可能具有较高的效度，但由于与第一个预测源的相关高，因此对多重预测没多大助益，以渐进效度来评价该测验的贡献就会暗示它无效。对渐进效度的另一个批评是，第一个（最佳）预测源的贡献，通常是由它的效度（R 或命中率）与机率（零效度）比较来评价的，而不是由对基础率的改进来评价，因此会高估第一个预测源的贡献。

3. 效度的比较

由于各种模式根据不同的假设，适用于不同情况，而且以不同的方式来表达结果，所以，对几种方法的有效性作比较是困难的，但我们可以从以下几方面对这些方法的效度分别加以比较。

（1）推理法与实证法的比较。当所包含的预测源少时，根据变量间的实证关系来作差异加权，一般而言，比用推理加权可产生更有效的预测。然而，当预测源数目多时，简单的单位加权通常与差别加权同样有效，因此可用来取代复杂的差异加权。

除非有必要的理由非用等量加权不可，对合成体的各个元素通常作单位加权，或利用多重回归将变数间的实证关系考虑在内而作差异加权。在一般情况下，可对测验中的各个题目作单位加权，而对各个测验作差异加权。

（2）分段法与回归法的比较。这两种方法均可用来处理选人问题，但只有每种方法的假设与实际情况相符时，才有较高的效度。

当预测源变量间具互偿性且预测源与效标呈直线关系时，多重回归模式较有效；当预测源间不具互偿性，或预测源与效标间关系不为直线时，多重分段模式较有效；在两个模式都可用时，通常回归模式更有效。

回归法的优点是可导出每个人的预测效标分数，而且，由于此模式具有互偿性，各种能力组合都同样可接受，因而有利于选拔具有不同专长的人才。但是，在有些工作中，当某种能力达到一定程度后，工作成绩便不再随能力的增长而提高，由于二者不成直线关系，因此相关将很低，在这种情况下，用回归方法便很难作出准确预测，而采用分段模式则更为有效。

分段法对输入资料的要求不苛刻，没有过多的限制条件，而且容易操作，解释方便。这种方法的主要缺点是，用分类而非连续的测量失去了精确性，对可接受的人选没有按名次排列，因而无法提供必要的信息选出最有可能成功的人。

在许多情况下，最好的策略可能是两种程序的结合：先采用多重分段，拒绝那些在任一预测源中落在最低标准之下的人，然后再用回归方程计算那些可接受者的预测效标分数。

在个别情况下，这两种方法也可能都不适用。例如，在某些人格特征中，可能存在着适合于某个职业的最佳范围，超出这个范围将处于不利地位。

（3）临床法与统计法的比较。关于临床判断与统计预测的有效性，人们做过大量研究，并有很多争论，多数人认为，这两种方法各有利弊，分别适用于不同情况。

一般说来，在预测确定的、可观察的效标时，统计法较为适合，能预测得更准确些。当预测的东西比较微妙或没有确定、单一的结果，需要做开放式预测时，临床法更适合，可估计到各种可能的结果，而不是只做一个简单结论。

统计法只适用于一般的、典型的模式，而临床法较为灵活，对于特殊的、非典型的模式也可以用。

当某个事物的发生率相当低（基础率低）时，统计法便失去其价值，而临床法却可以作出较为准确的预测。

统计法根据预测源与效标间的实证关系对每个预测源做最适当的加权，从而可使预测误差减至最小，并能对误差量作出估计，而临床法却可能对各预测源做不适当加权。在一般情况下，判断者所能做的最好预测实际上是符合了统计公式的最适当的加权，除非他能指认出公式中没有考虑的有关变量，而一旦发现了这个新的变量，也可将其加入统计预测公式。在某些情况下，可能没有可用的公式，这时便只能用临床法。

总之，各种组合分数的方法各有所长，亦各有所短，而且都有自己适用的不同情况。在使用时，究竟选择何种方法主要取决于测验的目的，要根据不同情况尽可能采用效度最高的方法，必要时可将几种方法结合起来使用。

第二节　心理测验的结果解释

一、常模参照测验与标准参照测验

测验施测之后，将被试的反应与答案作比较即可得到每个人在测验上的分数。这种直接从测验上得到的分数叫做原始分数，原始分数本身没有多大意义。

譬如，某生成绩单上写着数学 85 分、语文 80 分，由此既看不出该生水平高低，也不能看出他哪门课学得更好。为了使原始分数有意义，同时为了使不同的原始分数可以比较，必须把它们转换成具有一定的参照点和单位的测验量表上的数值。通过统计方法由原始分数转换到量表上的分数叫做导出分数。有了导出分数，我们才可以对测验结果作出有意义的解释。根据解释分数时的参照标准不同，可以将测验分为常模参照测验与标准参照测验两类。

在分数解释时如果参照的是被试总体的分数分布（常模），则测验称为常模参照测验（norm-referenced tests）。常模参照测验关心的不是一个人能力或知识的绝对水平，而是他在所属群体的能力或知识连续体上的相对位置。

常模参照测验有很长的发展历史，传统上使用的大多数测验都属于常模参照测验，因此在理论上也最为成熟。但“常模参照测验”一词却出自 20 世纪 60 年代，是为与标准参照测验相区别而提出来的，因其解释测验时以常模为依据而得名。常模参照测验关注的是被试测验分数的差异，以最大限度地鉴别出被试间的差别为目的。测验中个人分数的高低是相对的而不是绝对的，只有在与团体中其他人相比较之后才能决定优劣。常模参照测验假定人的大多数心理特质都符合正态分布，因此在选择题目时强调题目要有适宜的难度和较高的区分度，以使测验分数符合正态分布。这样，测验分数与心理特质的分布就出现一致的状态，测验的鉴别效果就会达到最佳水平。当用于比较、鉴别、选拔的目的时，常模参照测验的优越性是显而易见的，因为这些就是此类测验编制的指导思想。迄今常见的心理测验大都是常模参照测验，我国现行的入学考试也具备常模参照测验的性质。但由于常模参照测验以常模来解释测验分数，一部分人会因为测验而得到机会，另一部分人则可能因为测验而遭到淘汰。由于缺乏一个绝对的标准为参照，测验分数与一个人成功与否并没有建立明确的关系，而只能通过与他人的比较才能作出判断，造成个人之间不必要的竞争，以致产生很多社会问题。标准参照测验就是为了克服这些问题而发展起来的。

如果分数解释时参照的是某一事先定好的标准，则称为标准参照测验（criterion-referenced tests）。标准参照测验中只判断测验分数是否达到了相应的水平，而与其他人的分数无关。标准参照测验概念的明确提出当归功于格莱塞（A. J. Glaser）。他和克劳斯（David Klaus）在 1963 年将测验分成常模参照测验与标准参照测验，并比较了两类测验的区别。1969 年波帕姆和德塞克发表《标准参照测验的应用》一文，引起了教育与心理测量界的广泛关注，从而使 20 世纪 70 年代成为标准参照测验迅速发展的 10 年。标准参照测验的发展与美国 20 世纪 50—60 年代的教育改革运动密切相关。人们提出了“为掌握而教学”、“个别化教学”的主张，对传统测量方法提出了挑战。传统的测量和评价方法是竞争性的和相对性的，并不能说明学生到底掌握了多少知识和达到了什么水平，只能依靠名次的相对提高来判断学生是否取得了进步。这一评价体制是不利于学生的成长和发展的。正是在这一背景下，标准参照测验在20世纪70年代后得到了长足发展。

尽管在许多实际测验领域，常模参照测验与标准参照测验并没有非常严格的界限，但这两种测验之间确实有一些重要的区别，下面对此作一归纳分析。

（一）两种测验的目的不同

常模参照测验主要是就测验所测试的内容领域，对被试进行比较分析，以判明被试在其团体中所处的相对位置及其发展水平。为此，它通常使用年龄分数、年级当量、百分等级分数和标准分数等常模。另一方面，标准参照测验是为了评定被试相对于明确规定的一组能力或行为领域的水平设计的。其测验分数通常用于：

1. 说明被试的行为或成就水平，譬如，说明被试能拼多少单词、能理解什么难度水平的文章等。

2. 确定被试所掌握知识与技能的状态是“合格”还是“不合格”；是“胜任”还是“不能胜任”；是发给驾驶执照还是不能发给驾驶执照等。

（二）对题目统计量的考虑不同

就常模参照测验来说，题目的难度和区分度在题目筛选和测验编制过程中起着重要的作用。而标准参照测验只有当发现题目内容与测量目标不符或者是题目统计量（如区分度）有严重缺陷时，题目才会被删除。

（三）内容领域规范的详略不同

在能力或成就测验方面，尽管常模参照测验与标准参照测验的设计均要准备测验的详细计划或领域规范表，但常模参照测验的行为目标领域规范说明书概括性相对较高，涉及的具体内容通常是开放性的，难以全部罗列进来的。而标准参照测验则对内容领域要求作出详尽的说明。

（四）对测验分数的推断不同

一般来说，常模参照测验的分数解释及推断几乎完全限制在该测验所测的行为领域中，而对超出测验内容与行为的部分不能由常模参照测验的分数来作出推断。与此不同的是，标准参照测验是基于明确的内容领域规范抽样形成的很有代表性的题目样本，因此，对其测验分数的解释和推断完全可以超出该测验实际所测的内容范围，直至整个内容领域规范。

二、常模参照测验的结果解释

（一）常模及其建立

常模参照分数是把被试的成绩与具有某种特征的人所组成的有关团体作比较，根据一个人在该团体内的相对位置来报告他的成绩。这里，用来作比较的参考团体叫常模团体，常模团体的分数分布叫常模。

制订常模需要三步：

1. 确定有关的比较团体；

2. 获得该团体成员的测验分数；

3. 把原始分数转化成量表，该量表能把个人分数表示成在这个团体内的相对位置。

常模团体是由具有某种共同特征的人所组成的一个群体。但如果群体较大，常模团体应是该群体的代表性取样，称做标准化样本。选取标准化样本时需要注意以下问题：

1. 确定被试总体，即测验适用的被试范围：只有明确了被试总体，选取样本时才会有针对性。

2. 确定样本容量：一般来讲，样本容量越大，则样本对总体的代表性越强，因为样本容量越大，则抽样的标准误就越小，样本的平均数和标准差也就越接近总体的平均数和标准差。一般来讲，总体的人数多，总体分数离散程度大，总体特征的复杂程度高，即异质性越大时，所选的样本容量就应越大。当然，样本并非越大越好，因为样本人数达到一定程度后，对抽样误差的减少遵循报酬递减率，尽管对推论总体的精确性仍能有所改善，但收效甚微，与增加的成本相比得不偿失。

3. 使用科学的抽样方法，保证样本对总体的代表性：样本的容量确定后，就要具体决定选择哪些被试作为代表性样本。这涉及了如何从总体中抽样（sampling）的问题。总体的特征不同，采用的抽样方法也应有差异，常用的抽样方法有：简单随机抽样、系统抽样、分层随机抽样、类群抽样等。

对选取的常模样本组实施测验，得到样本组的测验分数分布，就得到了常模资料。由于样本是有充分代表性的，故可以用来表示总体的水平。

（二）常模参照测验的分数解释

1. 发展量表

人的许多特质如智力、运动能力等，是随着时间以规律的方式发展的，所以可将个人的成绩与各种发展水平的人比较而制成发展量表。在此量表中，个人的分数指出他的行为属于哪一个发展水平。

（1）年龄量表。本世纪初，比奈提出了将一个儿童的行为与各年龄水平的一般儿童比较以测量心理成长的设想。在 1908 年修订的比奈—西蒙量表中开始用年龄做单位来度量智力。一个儿童在年龄量表上所得的分数，就是最能代表他的智力水平的年龄。这种分数叫做智力年龄，简称智龄。

（2）年级当量。在教育成就测验上，经常采用年级当量来解释分数。所谓年级当量，指把学生的测验成绩与各年级学生的平均成绩比较，看他相当于几年级的水平。这种年级量表选择题目与指定分数的方法步骤与年龄量表类似，所不同的是用年级水平代替了年龄水平。

（3）顺序量表。顺序量表（ordinal scale）是为了检查婴幼儿心理发展是否正常而设计的，它不使用各年龄的平均分数，而以婴幼儿代表性行为出现的时间为衡量标准。最早的发展顺序量表是由盖塞尔设计的，量表以月份表示婴幼儿的运动、适应性、语言和社会性所应达到的水平。

2. 商数

（1）比率智商。最初的智力测验以年龄量表来表示测验分数。在使用中发现，智龄为10，对于8岁、10岁和15岁儿童来说具有不同的意义。因此，在1916年推孟修订的斯坦福—比奈量表中采用了智商的概念。智龄表示心理发展的水平，它是一个绝对的量数，而智商则表示心理发展的速率，它是一个相对的量数。

智商（IQ）被定义为智龄（MA）与实际年龄（CA）之比。为避免小数，将商数乘以100：

$$IQ = (MA/CA) \times 100$$

以此种方式所获得的智商叫做比率智商，也可表示为IQ_R。

如果一个儿童的智龄等于实际年龄，他的智商就为100，代表正常的或平均的智力，IQ高于100代表发展迅速，低于100代表发展迟缓。

（2）教育商数。与智商类似，教育商数（EQ）为教龄（EA）与实际年龄之比。

$$EQ = (EA/CA) \times 100$$

所谓教龄是指某个年龄的儿童所取得的平均教育成就。譬如一个学生的教龄为10岁，就是说这个儿童的教育成就与一般10岁儿童的教育成就相等。教龄与教商可以同智龄与智商作同样的解释，都是表示发展的水平和速率。

（3）成就商数。教育商数是将一个学生的教育成就与他的年龄作比较，成就商数（AQ）是将一个学生的教育成就与他的智力作比较，即教龄与智龄或教商与智商之比：

$$AQ = (EA/MA) \times 100 = (EQ/IQ) \times 100$$

因为成就商数是将一个学生的教育成就或学业成绩与同等智力的学生比较，所以它既可以反映学生的努力程度，又能反映教师的教学效果。

3. 百分等级

百分等级是使用最为广泛的表示测验分数的方法。一个分数的百分等级可定义为在常模团体中低于该分数的人数百分比。百分等级指出的是个体在常模团体中的相对位置，等级越低，个体所处的地位越低。

百分等级量表的主要优点是：

（1）容易计算，容易解释，甚至外行的人也能理解；

（2）对于各种被试和各种测验普遍适用。

百分等级量表的主要缺点是：

（1）缺乏相等单位，属于顺序量表，不能对它做加、减、乘、除运算，因而使大多数统计分析无法运用；

（2）百分等级的分布呈长方形，而测验分数的分布通常呈常态曲线，中间密集，两端分散。因此，接近中数或中间的原始分数的差异在转换成百分等级时往往被夸大，而接近分数两端的原始分数的差异转换成百分等级后则被大大缩小。

4. 标准分数

百分等级是顺序量表，为了对测验结果作统计分析，常常需要将原始分数转换成具有相等单位的间隔量表，标准分数就是最常用的等距量表。

标准分数是将原始分数与平均数的距离以标准差为单位表示出来的量表。因为它的基本单位是标准差，所以叫标准分数。

标准分数可以通过线性转换，也可以通过非线性转换得到，由此可将标准分数分为两类。

（1）线性转换的标准分数。根据标准分数的定义，可通过下式将原始分数直接转换成标准分数：

$$Z = \frac{X - \overline{X}}{S}$$

式中 X 为某人的原始分数，$\overline{X}$、S 分别为常模团体的平均数和标准差。

（2）常态化的标准分数。将原始分数转换成导出分数的原因之一，是为了使不同测验中的分数能够进行比较。但是，用线性转换导出的标准分数只有在分布形态相同或相近时才能进行比较，若两个分布的偏斜方向不同，或一个为正态，一个为偏态，那么相同的标准分数可能代表不同的百分等级，因此对两个测验分数仍无法比较。为了能将来源于不同分布形态的分数进行比较，可使用非线性转换，将非常态分布变成常态分布。具体做法是，先把原始分数转化成百分等级，然后从正态曲线面积表中查出对应的标准分数。由这种方式所得到的分数就叫常态化的标准分数。

在将分数常态化时有一个前提：只有所测特质的分数在实际上应该是常态分布，只是由于测验本身的缺陷或取样误差而使分布稍有偏斜时，才能转换为常态化标准分数。

①T 分数。与线性导出分数一样，常态化标准分数也可以被转换成任何方便

的形式。当以 50 为平均数（即加上一个常数 50），以 10 为标准差（乘以一个常数 10）来表示时，通常叫做 T 分数。

$$T = 50 + 10Z$$

通过 T 分数辅助表，只要知道某个原始分数在分布中累积次数的比例，就可以从表中直接查得相应的 T 分数。

②标准九。标准九的全称是标准化九级分制。它是第二次世界大战期间，在美国空军中发展起来的用于选拔飞行员的一个九级标准分数量表。它将常态曲线下的横轴分成 9 段，最高段为 9 分，最低段为 1 分，正中间那段为 5 分，除两端（1、9）外，每段有半个标准差宽。这就是说，标准九是以 5 为平均数，以 2 为标准差的量表。除第 1 与第 9 级的宽度大于 0.5 个标准差外，其余各段均等距。使用原始分数转换成标准九分时，不管其是否符合正态分布都能转换为标准九分，如从低分起选 4% 的被试为第一段，再选 7% 的被试为第二段，等等。

③离差智商。1949 年韦克斯勒（D. Wechsler）在他所编的儿童智力量表中，采用离差智商（IQ_D）代替比率智商，离差智商是将一个人的测验分数与同年龄组的人比较所得到的标准分数。离差智商的优点是，同样的智商分数在任何年龄水平上都代表同样的相对位置。

韦氏测验的离差智商是表示在以 100 为平均数，15 为标准差的量表上的分数，即：

$$IQ_D = 100 + 15Z$$

这里的 Z 是根据每个被试的总量表分数在常模团体中的百分等级，从常态面积表中查得的。如果分数为常态，也可根据常模团体中同年龄组的平均数与标准差由线性转换得出。

（3）标准分数的评价。标准分数有以下几个优点：

①用等距量表来表示测验分数，使进一步统计分析成为可能；

②常态化标准分数可参照常态曲线面积表直接转换成百分等级，因而容易解释；

③允许将几个测验或量表上的分数做直接的比较。

由于标准分数具有以上优点，所以目前大部分心理测验都用标准分数取代了其他种类的导出分数。

当然，标准分数也有缺点：

①由于统计上较复杂，不像百分等级那样为一般人所熟悉，因此难以让门外汉了解；

②在实际应用时，通常只以标准分数来表达，而没区分是常态化的还是线性转化的分数；

③常态化标准分数人为将分数呈常态分布，但当所测特质的分数在实际上不是常态时，便扭曲了分布的形状。

图 7－2 是美国几种常用导出分数的比较。

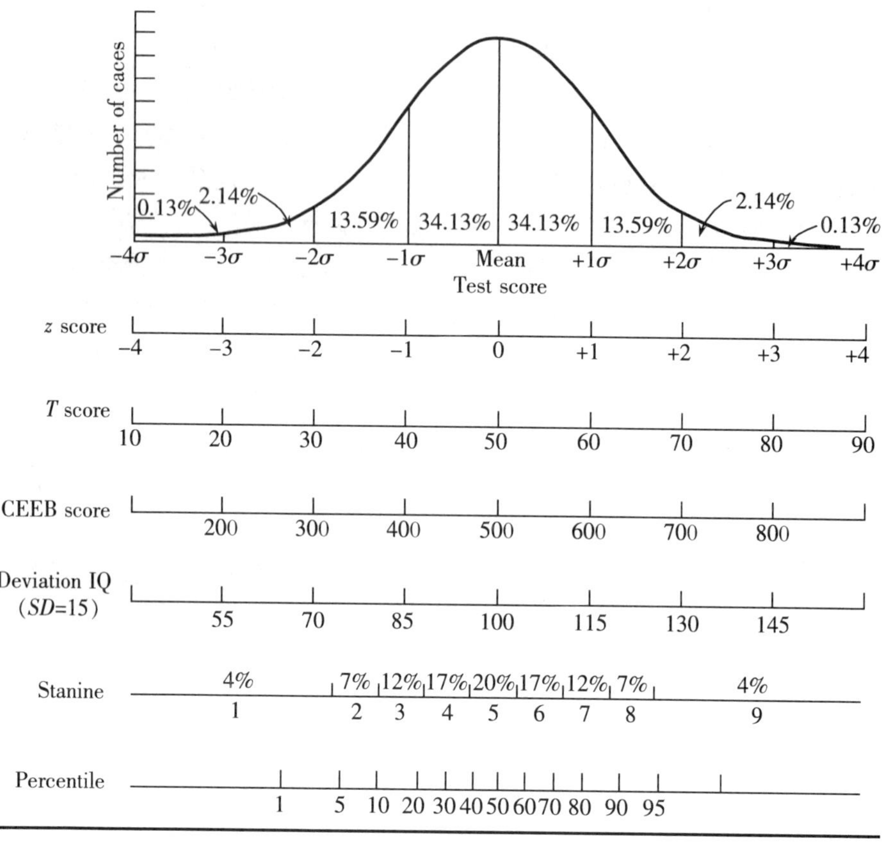

图 7－2　几种导出分数间的相互关系

三、标准参照测验的结果解释

在标准参照测验中，一个人在测验上的成绩不是和其他人比较，而是和某种特定的标准比较。一种标准是对测验所包含的材料熟练或掌握的程度，将分数与此种标准比较可以搞清一个人知道什么和能做什么，因为涉及的主要是测验的内容，所以把这种分数叫做内容参照分数。另一个比较标准是外在效标，即用预期的效标成绩来解释测验分数，因为涉及的是后来的结果，所以把这种分数叫做结果参照分数。

（一）内容参照分数

内容参照又叫范围参照，是看被试对指定范围中的知识或技能掌握得如何。

在编制内容参照测验和对此种测验分数做解释时有两个主要步骤：一是确定测验所包含的知识或技能的范围，二是编制一个能报告测验成绩的量表。

1. 掌握分数

有时，我们只想知道被试对一些基本知识和技能是否掌握，并不需要对被试做进一步的区分（采用“全”或“无”记分）。在这种情况下，只要定出一个可接受的最低标准就可以了。此种测验叫掌握测验，代表最低熟练水平的分数叫掌握分数。如果一个人达到这个分数，就说明他已经掌握了这种知识或技能，从而可以进入下一个水平的学习或训练。

2. 正确百分数

掌握分数以“通过—失败”这种二分法记分会失掉一些信息，因此，有时我们需要以被试对内容的掌握程度来报告分数，最简单的指标就是正确百分数，亦即被试答对题目的百分比。

3. 内容标准分数

内容标准分数是把内容分数与常模分数结合起来使用。

在编制内容标准量表时，不但要明确界定内容范围，还要详细说明每一种水平的“典型”人物正确回答和不正确回答的问题的类型。这样，将一个人的测验分数与此种量表对照，便既能指出他正确反应的百分比，又能指出他的成绩达到了哪种人的水平以及他能解决哪一类问题。

4. 等级评定量表

在某些情况下，我们感兴趣的不是人们是否掌握了某种知识，而是一个人完成某种过程或生产出某种产品的技能。对于各种技能，是不能用回答问题来确定其掌握和熟练水平的，通常我们需要采用等级评定量表来报告一种活动的熟练水平或一种产品的质量。为了使评定尽可能客观，需要对各种等级定出标准。

内容参照分数的主要优点在于它们用个人所掌握的知识或技能的水平来描述行为，指出一个人知道什么和能做什么。在大多数情况下，这比知道一个人在团体中的相对位置更有价值。由于内容参照分数能够提供教学效果的反馈，所以特别适用于计算机辅助教学以及利用程序教材自我掌握进度的学习。在这种情况下，实际上是把测验与教学融为一体，用测验诊断出学习困难之所在，从而规定出下一步的学习内容。

内容参照分数主要用于学绩测验以及能确定出可接受的最低标准的资格测验（如医生或司机的证书考试），对于大多数能力倾向和人格测验来说，由于所测的范围很难确定，因而一般不用内容参照分数。

内容参照分数和常模参照分数只是看待一个人的行为的两种不同方式，二者之间并无严格界限，更不是互相排斥的。人们往往依据团体的典型行为或平均水平来确定标准，这种内容参照分数便隐含了一个常模基础。而且，有时人们还会把两种分数结合起来使用，既想知道一个人掌握了多少，又想知道他们在团体中的位置。

（二）结果参照分数

结果参照又叫效标参照，是用效标行为的水准来表示分数。此种分数适合于用测验来做预测的情况。例如，高考平均分数在 80 分（各科满分为 100 分）以上的，我们可以预测其入大学后的学习成绩将为优等。这里，是用结果来解释测验分数，而不是用常模和内容来解释。

为了得到结果参照分数必须有两个先决条件：首先，测验分数必须与一个重要的效标具有高相关，也就是要具有效标证据；其次，要有一个能把测验分数和效标成绩之间的关系结合起来的方法，也就是要有转换分数的图表。

1. 期望结果的概率。此种方法是通过一种简单的图表，显示出获得特定测验分数的人得到每种效标分数的百分比，即将测验成绩以产生各种不同结果的概率来描述。

2. 预期的效标分数。呈现结果参照分数的另一种方法是将具有不同测验分数的人所可能获得的预期效标分数用图表显示出来。

当效标资料无法得到，效标资料没有意义或者我们对它不感兴趣时，结果参照分数不适用。例如，我们有时用教师对学生性格的等级评定作为某种人格测验的效标，但我们对预测教师所评定的等级并不感兴趣，因此不用它来解释分数。

在用期望结果的概率解释分数时，所依据的是团体的平均数，即只提供一组获得相同预测源分数的人们的成功概率。这种由团体得到的资料，只能用于对团体作解释，在解释个人分数时会遇到困难。

用预期效标分数来解释测验分数，无法看出误差大小，解决的方法是在预期表中加进一些误差指标，其误差的幅度取决于估计的标准误。

第三节　分数解释的注意事项

一、解释分数要注意的几个问题

一个人在任何一个测验上的分数，都是他的遗传特征、测验前的学习与经验以及测验情境的函数，这三个方面对测验成绩都有影响。所以我们应该把测验分数看成对被试目前状况的测量，至于他是如何达到这一状况的，则受许多因素影响。为了能对分数作出有意义的解释，必须将个人在测验前的经历或背景因素考虑在内。譬如，在词汇测验上得到相同的分数，对于大城市孩子与边远山区的孩子具有不同的意义。测验情境也是一个需要考虑的因素。譬如一个学生可能因为身体不适、情绪不好、不懂主试的说明或意外干扰而得到较低的分数，也可能因为某些偶然情况而得到意外的好分数。无论哪种情况，都要找出造成分数反常的原因，而不要单纯根据分数武断地下结论。

为了对测验分数作出确切的解释，只有常模资料是不够的，还必须有效度资料。没有效度证据的常模资料，只告诉我们一个人在一个常模团体中的相对等级，不能作预测或更多的解释。在解释分数时，人们最常犯的错误就是仅根据测验的标题和常模资料去推论测验分数的意义，而忽略效度的不足或缺乏。假若一个测验的名称是内向量表，并有可利用的常模资料，那么就很容易把高分的人说成是内向性格，即把它当做有效度资料那样来解释。即使有效度资料，在对测验分数做解释时也要十分谨慎，因为测验效度的概化能力是有限的。不同的常模团体和不同的施测条件，往往会得到不同的结果，在解释分数时，一定要依据从最匹配的团体和最相近的情境中获得的资料，一定要考虑常模的时间性（是否相隔太久）和地域性（是否差异过大）。

由于测验不是完全可靠（信度不足），应该永远把测验分数视为一个范围而不是一些确定的点，也就是要根据测验的标准误对分数提供带形的解释。倘若使用确切的分数，应说明这些分数不是精确的指标，而是我们对某人真实分数的最佳估计，至于估计的误差范围则取决于由测验信度导出的标准误的大小。

对于不同测验的分数不能直接加以比较。即使两个测验名称相同，由于所包含的具体内容不同（因而所测量的特质不完全相同），标准化样本的组成不同，量表的单位（如标准差）不同，其分数也不具备可比性，在没有其他信息的情况下，我们无法判断孰高孰低。为了使不同测验分数可以互相比较，必须将二者放在统一的量表上。当两种测验取样的范围相同时，人们常用等值百分位法将两种测验分数等值化。具体做法是：将两个测验都对同一个样本进行施测，并把两种测验的原始分数都转换成百分等级，然后用该百分等级做中介，就可做出一个等级的原始分数表。如果在测验 A 中原始分数 55 是 90 百分等级，而在测验 B 中原始分数 36 是 90 百分等级，那么 A 测验的 55 分数就与 B 测验的 36 分等值。另一种方法是不用相同的百分等级做中介，而用相同的标准分数做等值的基础，此种方法叫线性等值。

二、如何向当事人报告分数

为了使被试本人以及与被试有关的人，如家长、教师、雇主等，能更好地理解分数的意义，在报告分数时要注意以下几个问题。

使用当事人所理解的语言。测验像其他特殊领域一样，具有自己的专业词汇，因此你所理解的词并不意味着当事人也一定理解。例如，你懂得标准差和标准分数，然而当事人可能不懂。因此你必须用非专业性的用语来解释标准分数，可以把它理解成相对位置（即百分等级）；必要时可以问问当事人是否听懂了，让他说说你的解释是什么意思。

要保证当事人知道这个测验测量或预测什么。这里并不需要作详细的技术性解释，例如你并不需要向当事人解释职业兴趣调查表的编制过程，但应该让他知道，职业兴趣量表是把他的兴趣和从事各种职业的人加以比较，如果在某一方面得了高分，就意味着如果他参加这个工作会长期工作下去。但另一方面，也不能过于简单，只告诉当事人某个量表的题目或测量什么是不够的，这在具有情绪色彩的人格特征方面特别重要。例如，对人格测验中的男性化、女性化量表的含义要加以解释，以免被试误解。

如果分数是以常模为参照的，要使当事人知道他是和什么团体在进行比较。例如，同一个百分等级对于普通学校和重点学校意义是不同的。

要使当事人认识到分数只是一个“最好”的估计。由于测验的信度、效度不足，分数可能有误差，而且对于一个团体总体来说有效的测验不一定对每个人都同样有效，但也不能让被试感到分数是毫不足信的。

要使当事人知道如何运用他的分数。当测验用于人员选拔和安置问题时，这一点是特别重要的。要向当事人讲清楚测验分数在作决定过程中起什么作用，是完全由分数决定取舍，还是只把分数作为参考；有没有规定最低分数线；测验上的低分数是否可以由其他方面补偿等等。

要考虑测验分数将给当事人带来什么心理影响。由于对分数的解释会影响被试的自我认识、自我评价，从而会影响他的行为，所以在解释分数时一定要非常慎重，另一方面又要做必要的思想工作，防止被试因分数低而悲观失望或因分数高而骄傲自满。

要让当事人积极参与测验分数的解释。毕竟分数是他的不是你的，作出的决定会影响他的而不是影响你的生活，因此在解释分数的各个阶段，你都应观察他的反应，鼓励他提出问题。虽然测验分数的信息有限，但考虑到分数能够引起一连串的事件，严重地影响一个人的生活，所以，你必须保证他完全了解分数的表面意义和隐含意义。除非当事人积极参与这个过程，否则你无法了解他对自己的分数有多大程度的理解。

第四节　心理测验及其解释的计算机化

“计算机化的测验（computerized test）”指在心理测验中以广泛多样的方式使用计算机。在最简单的水平上，计算机仅仅被当成一个数据存储器。例如当保存对个别项目的反应及众多个体的分数非常重要时，或是大规模的测验结果需要保存时，确实需要计算机来储存数据。尽管计算机在这类测验中非常重要，但“计算机化的测验”一般不会用来指这些将计算机仅仅用来阅读答题纸或者储存项目反应和测验分数的测验。只是将计算机视为数据存储器并没有实质性地改变测验或者它的使用，但是应用计算机来对测验进行施测和解释，特别是对每位受测者提供量体裁衣式的个性化测试，则是对传统测验习惯的根本性改变，代表了测验发展的方向。而后一种计算机在测验中的使用，就是建立在项目反应理论上的计算机自适应测验（Computerize Adaptive Test，简称 CAT）。

一、计算机自适应测验

计算机自适应测验（CAT）是近四十年来将计算机技术应用于教育测量学并取得重大进展的考试方法。基于计算机的自适应测验是由适应性测验发展而来的。早期的适应性测验是指对被试根据已经掌握的情况，选取适合被试能力水平的题目进行测验。被试对每一试题作答完毕后，立即评分，并根据前一试题作答情况，决定后一试题的选取。

20 世纪五六十年代有许多教育测量学家对适应性测验的理论做了大量的深入研究，为日后的基于计算机的自适应测验奠定了坚实的理论基础。20 世纪 70 年代以后，计算机科学技术的发展对全社会各行各业都带来了巨大变革。同样也促使适应性测验的研究迈上了一个新的台阶。1971 年，美国的教育测量学家劳德（Lord）依据当时的计算机技术的发展，首先提出了基于计算机的自适应测验（CAT）这一概念。它的出现首先从方法上突破了延续千年的以笔和纸作为作答工具的考试方法的老框框，而变革为以显示器呈现题目，以键盘和鼠标为作答工具的考试方法。更重要的则是考试思想的变革。它通过计算机给每个被试建立一个个性化的考试来达到更为准确化的知识、能力、水平的测量。考试的题目是根据对被试的能力水平进行测试而确定的。与传统的考试相比较，CAT 的每一试题不是对被试能力水平消极的度量，每一试题的作用由单一评定这一项功能而变成两项功能，即不但要评定学生对该试题所代表的知识掌握的程度，还决定着下一道试题的挑选。如若此题回答正确，则下一试题将在此题基础上增加难度；如若此题回答错误，则下一试题将在此题基础上降低难度。因而被试做的每一道题都与被试的能力水平相适应。这样能力水平高的考生能够避免做层次较低、难度较低的题目，而能力水平较低的考生则避免做超出其能力范围的试题。

由于各个被试的知识和能力水平不同，因而在基于计算机的自适应测验中，相同时间内，各个被试所做的题目数也不一样。在考试的过程中各个被试做题的对错情况不一样，因而各个被试在这种基于计算机的自适应测验中每个人所做的试题也是有差异的，有时差异还会很大。这样在考试过程中，如若个别考生要看别人正在作答的显示器，除了浪费自己的时间外，得不到任何好处。基于计算机的自适应测验与传统考试不同的另一特点就是，做过的试题不能更改，即使在做后面的试题时发现前面做过的试题做错了，也不能更改。基于计算机的自适应测验的终结同样有两种方法：

（一）时间长度定值法

考试所用时间长度由考试组织管理者考前将指令输入计算机。被试上机按第一个按键系统自动计时，时间到了，系统自动锁机。这在时间上保证了对每名被试的公平合理。

（二）测验程度固定方法

回答到系统事先约定的试题数目，系统自动锁机，在试题数目上保证对每名被试做到公平合理。基于计算机的自适应测验被试答题量，通常只及普通考试试题容量的一半。这是由于在基于计算机的自适应测验中，被试所作答的试题都是与被试本身的知识和能力水平相匹配的，这样应用较少的试题就可以把被试的知识和能力水平测量出来。这也是教育测量学百年来所追求的目标。

美国最先将 CAT 引入实际测试中，到目前已在多个领域有了较为成功的应用，如 GRE（Graduate Record Examination，研究生入学考试）、GMAT（Graduate Management Admission Test，工商管理研究生入学考试）等都已经采取了 CAT 的方式。

而在国内，比较成熟的主要还是由国外测试机构组织的考试，如 GRE 和 Microsoft 公司的 MSCE 认证等。从 20 世纪 90 年代中期开始，全国大学英语四六级考试（CET4/6）委员会一直致力于 CAT 的研究与开发，目前 CAT 题库正在建设和完善过程中，考试委员会将在不久后推出 CET4/6 的 CAT 系统。此外，江西师范大学心理系也一直从事这方面的研究工作。

二、基于计算机的测验解释

目前，可以采用多种形式使用计算机来辅助解释测验分数。最简单的形式是，计算机程序仅仅被用来检索和显示关于测验分数的可靠性和正确性的信息（例如根据分数报告误差范围），以及关于用来解释测验的各种常模的信息。它的最极端的形式可能是一个全自动化的测验、诊断、治疗系统。基于计算机的测验解释（Computer-based Test Interpretation，CBTI）的大部分程序都是对下面两种情况的折中或它们间的相互妥协：仅仅将计算机作为信息检索系统来使用；或者将计算机作为心理学家、内科医生等一些具有施测和解释测验职责的人的替代者来使用。

第一个广泛使用的 CBTI 系统是 20 世纪 60 年代建立起来的，用于辅助临床医生对 MMPI 的分数进行解释（Moreland，1990）。尽管大部分 CBTI 系统只是用来对人格测量和心理病理学测量的分数进行解释，但是人们也建立了一些系统，来解释智力和能力测验的分数、结构化的临床访谈以及诊断神经心理问题。

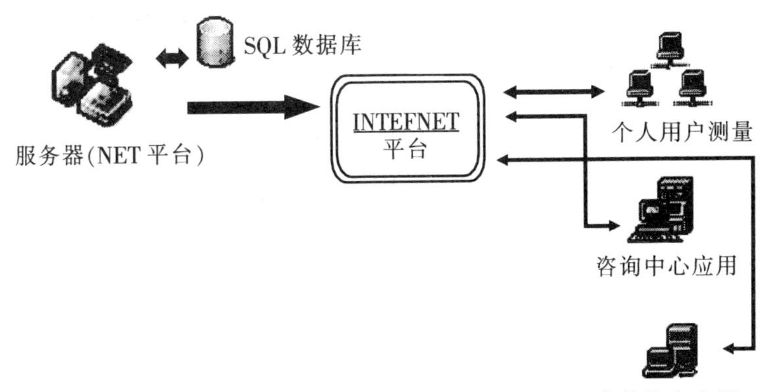

图 7－3 计算机化测验的操作平台与流程示意图

建立 CBTI 系统有两种最基本的方法：临床方法和概率方法。根据临床方法建立的系统试图将临床经验和判断编码为一系列的决策规则。例如，如果临床经验表明在某一个量表上偏高的分数与特定的心理障碍有关，当个体的测验分数高于特定的临界值时，计算机程序就可能包含通知测验使用者这种可能诊断的指令。概率方法在本质上与临床方法是相似的，但是它们使用测验分数与诊断之间的统计联系的信息，而非临床经验或判断，来建立决策规则。根据概率方法建立的程序先检验测验分数间的显著相关，然后，当基于测验分数的统计预测到某一诊断时，就会告知测验使用者。

在 CBTI 的使用方面，1986 年，美国心理学会（American Psychological Association，APA）建立了《基于计算机的测验和解释的指导方针》（*Guidelines for Computerized-based Test and Interpretation*），并在 1993 年进行了修订。制定这个指导方针主要是为了鼓励人们负责任地使用计算机化的测验解释服务。但在 CBTI 的实际应用中，有许多使用者并没有意识到或是遵守 APA 的指导方针。例如，有时一个心理学家对一个个体进行"诊断"时，只是读给他由一个测验解释服务器所提供的叙述性报告，并告知他患了脑器官损伤而且可能有抑郁和精神分裂症，以及其他的事情。他作出陈述的唯一基础是计算机输出来的"对个体所接受的测验分数的合适解释"。根据 APA 的指导方针，CBTI 使用的前提条件是，系统的使用者在没有计算机程序帮助的情况下，应该有能力使用和解释其研究的测验，也就是说，使用者应该对测验进行充分的了解，从而能够识别出计算机产生的报告是正确还是错误的。这样，CBTI 的角色应该是临床医生的辅助者，而非替代者。一个良好的 CBTI 系统可以提醒临床医生没有充分考虑到的测验分数反映出的某些方面和含义，以及这些分数可能提供的一些独立于临床医生的解释结果。这种规定是防止计算机化的测验解释有可能被滥用的一个重要安全措施。首先，计算机化的解释常常不能传递有关任何特定测验局限性的信息，而且计算机产生的报告可能只是依据在某一时间点接受的一个测验的分数，而临床判断一般是依据许多形式的评估以及 CBTI 系统中不易包含的信息（例如，在一个临床面谈中来访者的行为举止）。其次，完全依赖于 CBTI 无法防止测验分数解释中的彻底或明显的错误。因此，最好的解决方法可能是将计算机化的测验解释和资深专家的临床解释结合起来使用，而非仅仅依赖于计算机化的测验解释，这样就可以将专家判断与计算机化的评分能力结合起来。

在过去的 10 年中，在心理测量学著作中占显著位置的许多技术的进步，尤其是项目反应理论的发展，将会进入教育、工业和临床情境下的主流心理测验，并且得到快速发展。

测量之窗：巴纳姆效应和计算机化的测验解释

假设你完成了一个人格量表而且收到了一个计算机化的报告，它这样写道：

你是一个聪明的人，但是偶尔你也会反省一下。你工作努力，但是当其他人投入的努力没你多时，你会感到失望。你是亲切和善的，但是在对付那些试图利用你的人时就会坚定起来。

这个结果听起来正确吗？许多人会说是的，而且认为它非常正确地揭示了他们的人格特点，即使这个描述和他们的人格和测验分数毫无关系。心理学将人们这种相信伪造的、模糊的，而且通常是积极的人格反馈的倾向称为“巴纳姆效应”（Barnum effect）。一些研究对计算机化测验解释中的巴纳姆效应表示了关注，发现人们有这样一种可能性：认为事实上任何一种计算机化的报告都是正确的而完全接受它，而不考虑它的有效性或相关性（Guastello & Craft，1989；Guastello & Rieke，1990；Prince & Guastello，1990）。

巴纳姆效应可能不仅是计算机化的测验解释存在的一个问题，也可能存在于由心理学家提供的测验解释中。有证据表明，当一个临床医生提供的反馈是模糊的普遍性的时候，巴纳姆效应是同样起作用的，这和计算机提供同样反馈时的情况是一样的（Dickson & Kelly，1985；Furnham & Schofield，1987）。事实上，由计算机化测验解释的效度问题所引起的一些担忧，同样适用于由有资格的专家所作出的测验解释（Murphy，1987）。因此，尽管你应该谨慎地接受计算机化的测验解释而不仅仅考虑它的表面价值，但是当你在接受由不使用计算机的临床医生所作出的测验解释时也应该如此。

——资料来源：（美）凯温·R. 墨菲等《心理测验——原理和应用》

【建议参考资料】

1. 郭庆科. 心理测验的原理与应用［M］. 北京：人民军医出版社，2002.

2. 郭志刚. 社会统计分析方法——SPSS 软件应用［M］. 北京：中国人民大学出版社，2005.

3. 金瑜. 心理测量［M］. 上海：华东师范大学出版社，2005.

4. 吴明隆. SPSS 统计应用实务：问卷分析与应用统计［M］. 北京：科学出版社，2003.

5. 杨国枢. 社会及行为科学研究法［M］. 13 版. 重庆：重庆大学出版社，2006.

6. 郑日昌. 心理测量［M］. 长沙：湖南教育出版社，1987.

7. 郑日昌. 心理测验与评估［M］. 北京：高等教育出版社，2005.

8. 杰克逊. 了解心理测验过程［M］. 姚萍，译. 北京：北京大学出版社，2000.

9. 德威利斯. 量表编制：理论与应用［M］. 魏勇刚，龙长权，宋武，译. 2 版. 重庆：重庆大学出版社，2004.

10. 格雷维特尔，佛泽诺. 行为科学研究方法［M］. 邓铸，译. 西安：陕西师范大学出版社，2005.

11. 墨菲，大卫夏弗. 心理测验——原理和应用［M］. 张娜，杨艳苏，徐爱华，译. 6 版. 上海：上海社会科学院出版社，2006.

12. 克罗克，阿尔吉纳. 经典和现代测验理论导论［M］. 金瑜，译. 上海：华东师范大学出版社，2004.

13. 普劳斯. 决策与判断［M］. 施俊琦，王星，译. 北京：人民邮电出版社，2004.

14. 美国教育研究协会，美国心理学协会，全美教育测量学会. 教育与心理测试标准［M］. 燕娓琴，谢小庆，译. 沈阳：沈阳出版社，2003.

【问题与思考】

1. 分数合成的方法有哪些？它们各有什么不同？
2. 什么是多重分段？它有哪几种主要的模式？举例说明什么情况适用于这种方法？
3. 什么是渐进效度？它的适用条件是什么？
4. 什么是常模参照测验和标准参照测验？它们的分数解释各有什么特点？
5. 什么是计算机自适应测验？基于计算机的测验解释有何特点？
6. 如何看待“巴纳姆效应”？你在做测验过程中是否遇到过类似情况？
7. 试举出你曾经参加的多项考试，说明它们属于常模参照测验还是标准参照测验？不同的结果解释方式是否对你的成绩产生了影响？

第八章　心理测量的问题与展望

【本章提要】

哲学是心理学的重要理论基础，本章从哲学角度对心理测量的发展作了反思，分析了心理测验的局限性，展望了心理测验的发展趋势，着重讨论了电脑与网络测验的优势及问题，最后就心理测验的本土化与中国化问题发表了作者的看法。

【学习重点】

1. 了解心理测量的局限与未来发展趋势。
2. 了解电脑与网络测验的优势与问题。
3. 了解测验本土化、中国化的重要意义。

【重要术语】

范式　协同作用　博弈　电脑与网络测验　测验本土化

第一节　心理测量的哲学思考与局限

一、心理测量的哲学思考

科学发展的范式论为越来越多的学科所接纳，并成为考验该学科是否成为科学的一个重要标准。心理测量学的发展也需要融入范式的思考。什么是范式？范式的提出者托马斯·库恩认为，在科学史上，有些重要的科学著作、发现或事件，这些事物具有两个共同特征，一是能吸引一批追随者的坚定拥护，并脱离科学活动其他的竞争模式，二是给后来者留有足够的问题与实践空间和可能性。同时具备这两项特征的就称为范式。

范式的发展并非一帆风顺，总有范式的开创者标新立异，发时代之先声，而呼应尾随者往往寥若晨星，新的思想多半在历史隧道中夹缝求生存；而后时过境迁，先知先觉的光芒与时代契合，于是有了大量追捧者，原来的标新立异成为常规，正如精神分析学说的防御机制和格式塔的知觉组织理论如今都已经成为常识一样；当后来者沉浸在常识与现实的看似完美的结合当中时，见人所未见的科学先行者们又在探索和发现新的范式，并试图推翻他们曾亲手缔造的已被接纳的范式。

心理测量学还没有到完全符合范式的阶段，它可能满足了范式的第二个条件，但是距离第一个条件还很遥远。当然，心理测量学也有比较重要的类似范式的改进，譬如由单一的常模参照测验发展到标准参照测验，除了建立在常模基础上的心理状态判断，我们也发展了概率心理模型。应该说，范式本身讨厌一言堂，范式是百家争鸣的结果，是科学性与实用性博弈之后的动态结合；范式本身是对矛盾的新的思考框架，而非解决矛盾的灵丹妙药。心理测量和心理测验的发展，必须兼容并包，当下的不可能并不意味着永远的不可能，其发展更不能如同米兰·昆德拉所说："在被遗忘以前，我们会变为媚俗。媚俗是存在与遗忘之间的中转站。"为了长远的发展绝对不能沉缅于目前短暂的被接受，没有前瞻性的学科迟早会被扔进历史的垃圾箱。心理测量必须容纳更多的思想，让范式在包容的竞争中实现。过去从事艺术研究的言必称希腊罗马，当今的心理测量则非结构方程无从谈起。在没有哪种技术或思想相当成熟的情况下，盲目崇拜理论上的有效性和数字表达式，必将限制心理测量思想的发展和心理测验工具的开发，毕竟结构方程不具有普适性。用任何一种假借权威的方式垄断学术，都是违背学术伦理的，也破坏了学术方法在竞争中优胜劣汰从而形成科学范式的学术生态环境。

心理测量的发展也必须考虑到协同作用和博弈的思想。二者的共同点是告诉我们要审时度势，注意实际的效用。协同作用启发我们，时间与空间会改变一切可能性，问题可以看做是时间、空间和事件的函数关系式，脱离具体时空限定的事件本身不成为问题，问题有着具体的问题表征空间；博弈告诉我们，没有最好，只有最适合。从社会的观点来看，其实并不需要所有的测验在每一方面都是完美的，任何研究工具都在发展中越来越精细和准确，但是这并不代表只有在工具发展到完善的时候才能发挥其作用。遇到社会突发问题，譬如美国的"9·11"和中国的SARS，值此铁肩担道义之时，心理学难道要等到开发出成熟的理论和问卷才行动吗？显然不是！科学在实践中实现存在的价值，意义存在于行动中。不成熟、不完善不是无作为的借口。也许理论和工具在追求完美的过程当中已经失去了验证自身的最佳机遇。珍珠越戴越亮，放在抽屉里只能趋向黯淡。只要测验提供的信息能够比以其他方式获得的信息导致更好更经济的预期与判断，测验就是有用的，测验就能被社会所认可与接受。当然，我们应该抱着一种开放的心态，当新的知识增加时，我们必须不断地权衡当前测验的益处与危害。益处是可以增加决策过程的精确与公平的可能性，危害包括了测验可能被误用，可能对个体生活产生不良的影响或带来有关文化公平性的问题。

二、心理测验的局限性

心理测验是用规范化的方法来量化受测者情况的一类测量工具，它借鉴了心理学的基本理论和方法。自20世纪50年代以来，心理测验已广泛用于各项临床评定和研究中。我国自80年代初开始引进，发展相当迅速。测验具有规范化、数量化、客观化和全面细致的特点。它的广泛应用，使心理学的研究水平上了一个新台阶，提高了临床观察和诊断的质量，推动了心理学的发展，促使其在社会各领域的应用、发展和渗透。

但是，心理测验也存在机械性和横断性的缺点，评定的准确性也有赖于主试的正确使用。毕竟测验只是一种有用的工具，测评结果可作为临床判断的重要参考，但不能替代临床检查，更不能替代人脑的综合分析和判断。这里，我们主要对测验在临床应用方面的局限性作一简单分析。

1. 用单个的症状代替整体临床相。测验往往不能显示受测者症状出现的背景和相关精神状态。就单个症状而言，它的临床价值不仅在于它本身，还取决于它与其他症状的关系和相互影响。精神病理结构较之于个别症状更能说明障碍的性质、严重程度、缺陷及疾病发展阶段。另外，人格特征在临床相中的表现和作用，从测验中几乎看不出来。总之，从方法学角度说，测验是单纯分析而非综合分析。

2. 各种症状等量齐观。不同的症状性质往往大不相同。对于诊断来说，某些症状有较高的特异性，有些症状则没有。不少测验把身体症状和精神症状等量齐观，这在理论上就是错误的，因为单纯躯体症状根本不能构成任何精神障碍的诊断根据。

3. 只考虑症状本身而不顾条件因素。对于生活事件、环境变动、身体情况及治疗影响等，测验通常是不考虑的。这样评分是否能正确反映症状的轻重程度就有待考证。

4. 遗漏或封闭性。测验规定了评分的症状或项目，超出规定范围外的任何现象对于测验来说就不考虑了，这就不可避免地会导致重大的遗漏或疏忽。临床观察和检查不可能包罗万象，但它是开放性的，这就为诊断提供了最可靠的保证。

5. 排他性。为了一致性，测验要求主试严格按其定义和评分规则办事，不得违反。这样就排斥了主试的临床和个人经验，它往往还忽略公认的概念。

6. 为了一致性（信度）不惜牺牲真实性（效度）。当一致性与真实性发生矛盾时，测验应舍弃一致性而维护真实性。在改进临床和研究方法时，主试应在尽可能不降低真实性的前提下提高一致性，而不该反其道而行。

心理测验的局限性要求使用者科学地使用和评价它，使之为临床评定和科研服务，而不是被它牵着鼻子走。只有了解测验的局限性，才更有效地使用它；也只有深刻分析其局限性，才能不断改进和发展它。对测验作用的过高估计，还会抹杀其他因素的作用。

第二节　心理测验的发展趋势

一、新测验不断涌现

可以预期的是，在未来发展中，大量的新测验还会不断涌现。就目前来看，发展新测验的很大动力之一来自于学术上的分歧和理论上的不断发展。以智力理论为例，从斯皮尔曼提出智力的G因素理论发展到目前的多元智能和认知心理、生态智力取向的智力理论，其间关于智力内涵和结构的探讨从来就没有中断过，由此建立在智力理论基础上的智力测验也不断出现并日益完善。在一个学术开放、百家争鸣的专业氛围中，各种新思潮和新观点将不断碰撞与相互激发，并使得对人类行为的原因以及人类特性的理解不断深入。因此可以预期，未来建立在各种新理论或修正完善的小理论基础上的新测验还会大量涌现。它们或是根据完全不同于传统和已有测验所基于的那些理论、模式与概念而设计出来；或是更专门化，因此也更适用于特殊群体和特殊问题；还可能仅仅是在测量学指标上优于已有的测验等等。只要是新测验比已有测验在某一点上更适合当前发展的需要，那么它就有出现与存在的价值，直到被那些随着专业发展而出现的更精细和优良的测验所替代。

测验发展的第二个动力来源于社会对测验不断增长的需要。许多事实已经证明，使用测验确实能给我们的生产生活带来许多好处和便利，因此随着大众对心理测验的认可和接纳程度的提高，人类生活的各个领域对测验的需求也将不断增加。再进一步讲，人类生活的领域其实也会随着社会和经济发展而不断扩展，这些都会刺激测验专业的相关人员不断开发出那些能满足社会各行业和人类生活各领域需求的新测验。

测验发展的第三个动力来源于测验开发者与出版商可能从经济上获得的利益。由于测验的社会需求不断增加以及对心理测验的开发、使用与管理的规范，未来社会将更多地认可那些专业水平高的心理测验，而如果测验被使用了，测验的开发者与出版商都将从经济上获得利益。这也在一定程度上促成了新测验的不断涌现。

二、测验的专业品质将不断提高

未来心理测验的专业品质将会随着测验行业规范的建立、完善以及社会成员法律意识、自我保护意识的提高而不断提高。美国学者阿纳斯塔西（A. Anastasi）指出，测验专业人员的道德和法律“责任的提升”是20世纪80年代教育和心理测验发展异常迅速的三大标志之一，这不仅是社会和专业本身发展的需求，也是心理测验更好地为社会服务的必然趋势。在过去的几十年里，世界各国心理学会与相关专业委员会相继成立了很多管理测验的专门机构，并致力于建立测验行业的政策法规。它们有的规定了测验出版的参照标准，有的说明了测验使用者的资格，有的强调测验接受者的相关权利与责任，还有的指出在测验使用中的公平性问题和伦理道德标准。这些标准和规范的出台可以很大程度上提高测验的专业品质，并减少测验的误用甚至滥用。我国心理学会心理测量专业委员会以及教育学会教育统计和测量分会也为此作出了很大贡献，开始着手逐步建立和完善在我国使用心理测验的行业规范以及相关的伦理道德准则。

测验的专业品质也会随着技术和方法的发展而提高，这也是近十几年来引人注目的科技发展所带来的益处。例如，因为电脑技术的提高，使因素分析、项目分析这些统计程序能更容易地完成，而这有助于推动测验品质的改善。

测验品质提高的另一个问题是对测验本土化的思考。我们都知道，心理学诞生于西方文化背景中，反映的主要是西方人的价值体系，而建立在此基础上的心理测量学和各种心理测验也被打上了浓厚的西方文化烙印。近年来，发展符合本国国情的本土化测验已成为越来越多国家，特别是一些东方国家和地区的努力方向。

三、测验的应用领域越来越专门化

社会对心理测量和测验的需求是多方面的，未来测验的应用将更多地与专门领域联系在一起。由于不同的领域和行业有其不同的文化与特征，对测验的具体需求也不尽相同。美国2000年出版的《测验使用者资格》中就有近一半的篇幅在阐述各专门领域如工作（雇佣）、教育、生涯咨询、心理卫生和健康以及法律领域对测验使用者在一般资格要求之外的各种特殊要求。事实上，从测验的编制、实施以及分数解释到指导实践都需要与特定的人群和行为样本联系在一起，而人与行为都是发生在特定环境中的，因此将测验与具体应用的领域相联系可以使测验效用的发挥更有针对性。未来测验发展将在学校心理健康教育、特殊教育、社会心理保健与服务、医学临床诊断、人力资源管理以及工商、司法、体育、艺术和军事等相关领域发挥越来越专门化的作用，而这也给测验开发者和使用者提出了更高的要求。

四、测验形式更加灵活多样

测验发展的又一趋势是测验形式将更加灵活多样，与心理评估之间的区别逐渐缩小。目前使用的一些心理测验已经开始在形式上与传统测验有所不同。比较突出的如人力资源领域的“评价中心技术”，其采用的以情境模拟为主要特征的无领导小组讨论、文件筐测试以及将上下级、同事和自我评定整合起来的360度测评等很好地将传统心理测验的理论、构想与实际运用领域相结合；还有关于个体社会性方面的心理测验有时也采用情境测验。此外，电脑技术在心理测验中的参与程度越来越高，发挥的作用也越来越成熟，使得一些原来停留在理论层面的测量手段得以实现。譬如内隐认知测验的推广应用，电脑情景模拟测验以其更加标准化的优势正在和传统的评价中心技术同台竞技。总的来讲，测验形式依据测验对象和内容的特征而有所调整，其灵活性与多样化在一定程度上可以使测验更具有生态效度。

五、电脑与网络心理测验的兴起与问题

在过去的几十年里，我们见证了电脑与网络的飞速发展与普及，这场革命性的变革在很大程度上改变了商业、交流以及人们生活的方式。心理学应用领域同样也受到电脑科技的很大冲击，日益兴起并已被广泛使用的电脑和网络测验就是一个典型的例子。相对于传统形式的测验来讲，测验的电脑化与网络化有很多优点和便利，但同时也带来了专业与实践上的新问题。目前，这一议题已经引起了心理测量相关组织和人员的高度重视。美国心理测验与评估委员会（Committee on Psychological Tests and Assessment，CPTA）在其2000年春季和秋季的会议上专门就以电脑和网络辅助实施心理测验与评估的相关问题进行了讨论，内容涉及到心理测验的测量学问题、测验的安全、测验接受者的保密以及测验容易被那些没有专业资格以实施和解释测验的人员所获得等问题。会议中还倡议成立一个特别工作小组以专门讨论这些议题，而APA应该成为这一行动的带头人。在专业人员和社会大众的强烈呼声中，CPTA的Parent board——BSA（the Board of Scientific Affairs）与BPA（the Board of Profession Affairs）联合APA与其他相关领域的专业人员成立了“网络心理测验特别工作小组”（Task Force on Psychological Testing on the Internet），专门针对网络测验的心理测量学问题、伦理与法律问题以及在各领域实践中所产生的问题进行考察。此特别行动小组在2001年到2002年期间会面了两次，并颁布了关于网络测验不断出现的问题以及心理学家为保护测验质量与受测者权利所能采取的行动的声明——《网络心理测验：新问题，老议题》。此声明主要内容分为：背景与发展脉络、老议题新问题、技术上的问题、测验安全、特殊人群的问题、网络测验的类型、说明与示例、伦理与专业问题以及对未来的忠告九大部分，这是目前为止讨论电脑与网络心理测验相关问题最完备的参考资料。2003年APA颁布的《心理学家伦理规范与实践准则》（*Ethical Principles of Psychologists and Code of Conduct*）也为网络测验的使用提供了强有力的指导。下面主要就电脑与网络测验的主要优势与带来的问题进行讨论。

（一）电脑与网络测验的优势

1. 方便、快捷与节省

网络的存在使获得测验变得十分快捷与方便，只要有网络连接，你在与测验发行商联系好后的几秒种内即可通过下载获得你所需要的测验。由于软件会自动记录下受测者做每道题的答案，因此受测者可在完成最后一道题目后立即获得关于测验结果与解释的报告。这相比传统的纸笔测验来讲，非常方便与高效。同时由于节省了在面对面施测过程中的人力物力花费，电脑和网络测验相对比较便宜，这也在一定程度上提高了心理测验的普及与大众的接受程度。再从测验专业人员的角度来看，电脑辅助实施测验也节省了其用于组织实施与测验记分的简单劳动和结果解释上的时间与精力，而从事于其他研究与创造性工作。电脑与网络

测验还使个体能自行安排合适的时间地点接受测验，这尤其为那些到测验中心接受测验有身体或时间限制的个体提供了很大便利。

2. 能做到出色的标准化

对不同的个体来讲，电脑化方法通过提供同样的测验条件而保证了标准化和对测验的控制，同时也减少了记分的误差。同时这种方法还允许根据开发者的目的而实现更多的实验控制。比如想对受测者在思考任何一道题目上的时间给予确切的限制，电脑程序可以实现使此项目只在一定的时间段内呈现于屏幕上；电脑辅助测验还可以防止受测者提前观看后面的测验题目或返回去看自己已经完成的部分。

3. 能实现自适应测试

基于项目反应理论的“电脑自适应测验”（CATs）将项目按难度等级排定顺序，如果受测者在某一难度标准上答对了几道题，则测验程序就会自动将其带到更高难度的项目测验中。通过这一过程，电脑程式最终可以认定受试者所处的难度等级。这种方法使测验变得个体化，缩短了整个测量的时间，同时还可以尽量减少由主试主观偏见所带来的误差。

4. 有利于开发新测验

电脑与网络心理测验还能通过呈现传统纸笔测验无法呈现的任务而开发出一系列新的测验。比如维斯波埃尔（Vispoel）在1999年开发出用电脑测量音乐智能的测验；布坎南（Buchanan）等也在同年通过视频片段的呈现来测量个体冲突解决的能力。借助电脑技术的发展，心理测验将不断拓展传统纸笔测验所能测量的范围与领域。

5. 使被试更有安全感

电脑和网络测验在对敏感性话题如自杀倾向、性相关等问题的测量上也有显著的优越性。曾有研究者使用电脑访谈那些有潜在自杀可能的人，之前很多心理学家和精神病专家相信，陷入困境中的人必须有一个热情、体贴并富于同情心的人与之面对面交谈。然而研究的一个惊奇发现是，人们对着机器会比对着访谈人时吐露更多有关自己的讯息。事实上，尤其在面对敏感性话题时，个体都有保护自己、隐瞒真实情况的本能倾向，而面对电脑相对匿名的暴露则使个体更有安全感，也更自然和轻松。

最后由于电脑实施测验相对比较有趣和新奇，可以提高受测者的兴趣和保持其注意力集中在测验任务上。

（二）电脑与网络测验的问题

1. 测验的质量问题

测验的质量是测验发挥效用最基本的保证。随着电脑与网络测验的兴起，传统测验中不曾出现的影响测验质量的技术问题不断浮现出来。当网络测验由远程服务器所提供时，服务器和受测者所用电脑的性能，如硬件配置、数据存储容量、带宽等技术性问题，都会影响到试题呈现的速度与质量，并进而影响到测验的信度与效度。尤其当呈现有时间限制的图象或图表时，网速就是一个值得考虑的重要因素；还有电脑呈现刺激的标准化程度也不尽理想，像素、色彩、对比度、亮度、字体大小等刺激变量都会随着受测者电脑特征的不同而不同。除了技术问题外，电脑与网络测验是否达到测量学标准也是一个关键的问题。但是由于越来越多的测验可以从网络上获得，这些测验的质量变得很难控制。

2. 测验的安全问题

测验的安全级别视其利害关系可分为高度保密、限制级和非保护性三种。比如有一些测验的项目和答案均是高度保密的，一旦流传开来就会使其失去效用；而另一些测验是有助于大众自我评估与个人成长的，这些测验就可以是非保护性的。电脑和网络测验尤其要注意对需要保护的测验材料严格保密，任何组织或个人不能出于商业或其他目的而使保密材料被那些不具有使用资格的非专业人员获得。测验的保密还要防止受测者从网页上拷贝，因此在题目呈现时热键和鼠标右键应该通过技术处理而被禁用。但是由于网络技术的不断发展，即使这样的预防措施也不能完全避免测验材料通过非法途径获得。

3. 专业与伦理问题

比如如何评估受测者需求与测验目的之间的匹配程度；当无法与受测者直接交流并立即获得反馈时，如何确保受测者理解了指示语并读懂了每一道题目；在报告测验结果时怎样将测验过程中的其他因素考虑进去，并获得受测者对此结果的评论；测验等值也是一个问题，很多时候电脑和网络测验仅仅是将纸笔测验的题目简单地用做电脑呈现或加载到一个新的媒介上去，但已有研究表明测验形式会对测验分数带来影响，那么在电脑和网络测验中如何保证与原有纸笔测验等值？还有常模的问题也因测验的网络化而变得复杂起来。举例来讲，如果标准化测验在开发时是以某特定国家或地区建立常模的，但是当此测验在互联网上公布时，其他国家和地区的个体也很容易获得，但他们的测验结果报告却是以测验编制时的常模为基础的，这很可能带来有误差的解释甚至是错误的结论。最后，受测者对测验的知情同意是伦理道德标准中非常重要的一点，但是网络测验时我们很难真正知道受测者是在一个什么样的情况下接受了心理测验。

总的来讲，电脑和网络在测验领域的广泛应用为心理测验的发展提供了广阔的空间，然而伴随着机遇也对测验的专业和伦理实践提出了巨大的挑战。这些挑战有的在传统心理测验中就已经存在，而有的是随技术发展而带来的新问题，我们应该在实践中谨慎对待这些问题，而一个有效的方式是尽快建立我国在电脑与网络使用方面的规范和守则。

第三节 心理测验的本土化

任何一种测验都是在一定文化背景下发展起来的，将其引入另一种文化下使用，必须加以本土化。

西方人群和中国人群可能会存在人种偏差，将西方的心理测验匆促地用于中国是不适当的。一个稳定、有效的西方测验并不必然保证它在中国的使用也是稳定和有效的。因为不同的国家有不同的文化背景和生活习俗，而测验是按本国特点编制的，放到另一个国家使用，肯定会有变化。

从当前在我国所公认的、公开使用的各种测验来看，大都是西方的心理测验，尽管我国心理学专家进行了大量的、认真的、艰苦的修订工作，也重新制定了中国常模，但是其框架和内容仍旧难以摆脱西方文化的制约，很难真实而全面地反映出中国人自身的个性特征，并进一步探索中国人心理发展的轨迹与规律。比如现在我们所广泛使用的人格测验，几乎都是建立在西方个人主义文化的人格理论基础之上，而我国有典型的集体主义文化，生长于其中的中国人的性格与西方人有很大差异，因此仅仅是引进西方的人格测验不足以全面反映中国人的人格结构与内涵。还有，在不同的文化背景下，对同一概念的理解和界定常常是不能完全等同的，因此修订很可能会导致在概念本质上的偏差。总之，心理测验作为应用性很强的工具，最终应该走中国化道路，走本土化道路，因为只有这样才能更好地完成自己所肩负的重要使命。

一般而言，测量心理社会指标的测验比测量心理生物指标的测验更有可能含有西方文化特异性的条目，因而更会突显西方文化与中国文化间的差异。

完全不受文化制约的测验是不存在的，所以对外国的测验要从内容和常模两个方面进行修订。主要可以从以下几方面着手。

一、全面了解西方测验

西方国家使用的测验并非都是精华，其中有很多质量并不高，将这样的测验引进中国只会扩大其不适应性。在中国使用一个西方测验前，首先要完全熟悉这一测验在西方的发展和应用情况，尽可能查阅有关文献，以便正确评价这一工具的质量，然后再决定有无必要进行大量的工作将其引进。测验的编制必须根据可靠的科学理论。如果编制某一测验的理论本身就不清楚或具有高度的文化偏性，那么该测验很有可能是不适合在中国使用的。

二、试测和修订测验

在正式引进测验前，要先进行试测并根据结果对测验加以修改。

试测有助于发现条目的不清楚、不明确、太复杂的地方，或难度不当、区分度过低的问题，便于修改不理想的条目。例如，为了避免受测者一味以一种方式作答，而不仔细思考每个问题，西方测验的回答往往设有肯定和否定问句两种形式的条目。而汉语对否定问句的否定意味着肯定，这种语言表达方式不像英语那样常用，因此常导致受测者的误解和错答。

试测还可以评价测验的格式。某些西方测验的格式在中国并不一定适合，有时在中国需要更详细的指导语和更简单明确的评定方法。

多数国外引进的测验，其条目在西方样本研究后，因各种原因已作过筛选削减，如果修订后进一步减少条目数量可能使测验对所测内容的综合性评定能力降低。因此，应扩充有关所测内容中未能包括的文化方面的条目。

三、评价测验的应用价值

评价一个测验在中国是否具有实用价值，一方面是看测验的维度和具体内容是否符合中国国情，另一方面是看该测验的引进是否能满足我国有关领域的理论研究和实际应用的需要。

四、修订测验常模

由于文化差异，一个测验修订后，在内容和形式方面会有很大变化。因此，仍用西方的常模来解释是不适当的。修订工作一旦完成，就应该用一个很大且有代表性的样本来建立具有文化特异性的常模，并重新搜集效度和信度证据。

总之，任何测验的编制都是以某个地区的对象为样本的，因此这样的测验只能在这一地区使用，超出这一地区的使用就属滥用。除此之外，每个测验编制时都针对一定的人群，其内容和形式也是适用于这一人群的。如果其他地方的人也要用这一测验，就要进行修订，把适合的项目留下，不适合的项目修改。同样不适合的形式也要被取代，还要制定一个新的常模。通过这样一系列的修订才能使该测验适合于中国的受测者。

【建议参考资料】

1. 德威利斯. 量表编制：理论与应用［M］. 魏勇刚，龙长权，宋武，译. 2版. 重庆：重庆大学出版社，2004.

2. 墨菲，大卫夏弗. 心理测验——原理和应用［M］. 张娜，杨艳苏，徐爱华，译. 6版. 上海：上海社会科学院出版社，2006.

3. 美国教育研究协会，美国心理学协会，全美教育测量学会. 教育与心理测试标准［M］. 燕娓琴，谢小庆，译. 沈阳：沈阳出版社，2003.

4. 哈肯. 协同学：大自然构成的奥秘［M］. 凌复华，译. 上海：上海译文出版社，2005.

5. 库恩. 科学革命的结构［M］. 金吾伦，胡新和，译. 北京：北京大学出版社，2004.

6. 布坎南. 隐藏的逻辑［M］. 李晰皆，译. 天津：天津教育出版社，2009.

7. 霍夫斯泰德. 文化与组织：心理软件的力量［M］. 李原，孙健敏，译. 2版. 北京：中国人民大学出版社，2010.

8. 鲁吉罗. 超越感觉——批判性思考指南［M］. 顾肃，董玉荣，译. 8版. 上海：复旦大学出版社，2010.

9. 本斯利. 心理学批判性思维［M］. 李小平，等，译. 北京：中国轻工业出版社，2005.

10. 亨特. 心理学的故事——源起与演变［M］. 李斯，王月瑞，译. 海口：海南出版社，2002.

11. 莫瑞森. 精神科临床诊断［M］. 李欢欢，石川，译. 北京：中国轻工业出版社，2009.

12. 巴伦. 思维与决策［M］. 李纾，梁竹苑，译. 4版. 北京：中国轻工业出版社，2009.

【问题与思考】

1. 试从托马斯·库恩的范式角度来阐释心理测量的发展。
2. 试从博弈的角度来理解心理测量与测验工具的实用性与科学性的整合。
3. 试分析心理测量工具本土化的意义与难点。
4. 举例说明心理测量工具本土化的过程。
5. 试分析当前主流心理测验的局限性及其现实表现。
6. 试根据文献阅读或自身实践来对将来的心理测量与测验发展作出预测。

附录1

心理测验管理条例

（中国心理学会，2008.01）

第一章　总则

第1条　为促进中国心理测验的研发与应用，加强心理测验的规范管理，根据国家有关法律法规制定本条例。

第2条　心理测验是指测量和评估心理特征（特质）及其发展水平，用于研究、教育、培训、咨询、诊断、矫治、干预、选拔、安置、任免、就业指导等方面的测量工具。

第3条　凡从事心理测验的研制、修订、使用、发行、出售及使用人员培训的个人或机构都应遵守本条例以及中国心理学会《心理测验工作者职业道德规范》的规定，有责任维护心理测验工作的健康发展。

第4条　中国心理学会授权其下属的心理测量专业委员会负责心理测验的登记和鉴定，负责心理测验使用资格证书的颁发和管理，负责心理测验发行、出售和培训机构的资质认证。

第二章　心理测验的登记

第5条　凡个人或机构编制或修订完成，用以研究、测评服务、出版、发行与出售的心理测验，都应到中国心理学会申请登记。

第6条　登记是心理测验的编制者、修订者或其代理人到中国心理学会就其测验的名称、编制者（修订者）、测量目标、适用对象、测验结构、示范性项目、信度、效度等内容予以申报，中国心理学会按照申报内容备案存档并予以公示。心理测验登记的申请者应当向中国心理学会提供测验的完整材料。

第7条　测验登记的申请者必须确保所登记的测验不存在知识产权争议。凡修订的心理测验必须提交测验原知识产权所有者的书面授权证明。

第8条　中国心理学会在收到登记申请后，将申请登记的测验在中国心理学会的有关刊物和网站上公示3个月。3个月内无人对知识产权提出异议的，视为不存在知识产权争议；有人提出知识产权异议的，责成申请者提交补充证明材料，并重新公示（公示期重新计算）。

第9条　公示的测验内容包括但不限于测验的名称、编制者（修订者）、测量目标、适用对象、结构、示范性项目、信度和效度。

第 10 条 对申请登记的测验提出知识产权异议需要提供有效证明材料。1 个月内不能提供有效证明材料的知识产权异议不予采纳。

第 11 条 中国心理学会只对登记内容齐备、能够有效使用、没有知识产权争议的心理测验提供登记。凡经过登记的心理测验，均给予统一的分类编号。

第三章 心理测验的鉴定

第 12 条 心理测验的鉴定是指由中国心理学会指定的专家小组遵循严格的认证审核程序对测验的科学性、有效性及其信息的真实性进行审核验证的过程。

第 13 条 心理测验只有获得登记才能申请鉴定。中国心理学会只对没有知识产权争议、经过登记的心理测验进行鉴定，只认可经科学程序开发且具有充分科学证据的心理测验。

第 14 条 中国心理学会每年受理两次测验鉴定的申请。

第 15 条 鉴定申请材料包括但不限于以下内容：测验（工具）、测验手册（用户手册和技术手册）、记分方法、计分方法、测验科学性证明材料、信效度等研究的原始数据、测试结果报告案例、信息函数、题目参数、测验设计、等值设计、题库特征等内容资料。

第 16 条 对不存在知识产权争议的测验，中国心理学会组织专家在 3 个月内完成鉴定。

第 17 条 鉴定工作程序包括初审、匿名评审、公开质证和结论审议 4 个环节。

1）初审主要审核鉴定申请材料的完备程度和是否存在知识产权争议。

2）初审符合要求后进入匿名评审。匿名评审按通讯方式进行。参加匿名评审专家有 5 名（或以上），每个专家都要独立出具是否同意鉴定的书面评审意见。无论鉴定是否通过，参与匿名评审专家的名单均不予以公开，专家本人也不得向外泄露。

3）匿名评审通过后进入公开质证，由鉴定申请者方面向鉴定专家小组说明测验的理论依据、编修或开发过程、相关研究和实际应用等情况，回答鉴定专家小组成员以及旁听学人对测验科学性的质询。鉴定专家小组由 5 名以上专家组成，成员由中国心理学会聘任或指定。

4）公开质证结束后进入结论审议。鉴定专家小组闭门讨论，以无记名方式投票表决，对测验做出科学性评级。科学性评级分 A 级（科学性证据丰富，推荐使用）、B 级（科学性证据基本符合要求，可以使用）、C 级（科学性证据不足，有待完善）。

第18条 为保证测验鉴定的公正性，规定如下：

1）测验的编制者、修订者和鉴定申请者不得担任鉴定专家，也不得指定鉴定专家；

2）为所鉴定测验的科学性和信息真实性提供主要证据的研究者或者证明人不得担任鉴定专家；

3）参加鉴定的专家应主动回避直系亲属及其他可能影响公正性的测验鉴定；

4）参与鉴定的专家应自觉维护测验评审工作的科学性和公正性，评审时只代表自己，不代表所在部门和单位。

第19条 为切实保护鉴定申请者和鉴定参与者的权益，参加鉴定和评审工作的所有人员均须遵守以下规定：

1）不得擅自复制、泄露或以任何形式剽窃鉴定申请者提交的测验材料；

2）不得泄露评审或鉴定专家的姓名和单位；

3）不得泄露评审或鉴定的进展情况和未经批准和公布的鉴定或评审结果。

第20条 对于已经通过鉴定的心理测验，中国心理学会颁发相应级别的证书。

第四章 测验使用人员的资格认定

第21条 使用心理测验从事职业性的或商业性的服务，测验结果用于教育、培训、咨询、诊断、矫治、干预、选拔、安置、任免、指导等用途的人员，应当取得测验的使用资格。

第22条 测验使用人员的资格证书分为甲、乙、丙三种。甲种证书仅授予主要从事心理测量研究与教学工作的高级专业人员，持此种证书者具有心理测验的培训资格。乙种证书授予经过心理测量系统理论培训并通过考试，具有一定使用经验的人。丙种证书为特定心理测验的使用资格证书，此种证书需注明所培训使用的测验名称，只证明持有者具有使用该测验的资格。

第23条 申请获得甲种证书应具有副高以上职称和5年以上心理测验实践经验，需由本人提出申请，经2名心理学教授推荐，由中国心理学会统一审查核发。

第24条 申请获得乙种和丙种证书需满足以下条件之一：

1）心理专业本科以上毕业；

2）具有大专以上（含）学历，接受过中国心理学会备案并认可的心理测量培训班培训，且考核合格。

第25条 心理测验使用资格证书有效期为4年。4年期满无滥用或误用测验记录，有持续从事心理测验研究或应用的证明（如论文、受测者承认的测试结果报告，或测量专家的证明），或经不少于8个小时的再培训，予以重新核发。

第 26 条　中国心理学会对获得心理测验使用资格的人颁发相应的证书。

第五章　测验使用人员的培训

第 27 条　为取得心理测验使用资格证书举办的培训，必须包括有关测验的理论基础、操作方法、记分、结果解释和防止其滥用或误用的注意事项等内容，安排必要的操作练习，并进行严格的考核，确保培训质量。学员通过考核方能颁发心理测验使用资格证书。

第 28 条　在心理测验培训中，应将中国心理学会颁布的心理测验管理条例与心理测验工作者职业道德规范纳入培训内容。

第 29 条　培训班所讲授的测验应当经过登记和鉴定。为尊重和保护测验编制者、修订者或知识产权拥有者的权益，培训班所讲授的测验应得到测验知识产权所有者的授权。

第 30 条　培训班授课者应持有心理测验甲种证书（讲授自己编制的、已通过登记和鉴定的测验除外）。

第 31 条　中国心理学会对心理测验使用资格的培训机构进行资质认证，并对培训质量进行监 控管理。

第 32 条　通过资质认证的培训机构举办心理测量培训班需到中国心理学会申报登记，并将培训对象、培训内容、课时安排、考核方法、收费标准与详细培训计划及授课人的基本情况上报备案。中国心理学会坚决反对不具有培训资质的培训机构或者个人举办心理测验使用培训。

第 33 条　培训的举办者有责任对培训人员的资质情况进行审核。

第 34 条　培训中应严格考勤。学员因故缺席培训超过 1/3 以上学时的，或者未能参加考核的，不得颁发资格证书。

第 35 条　培训结束后，主办单位应将考勤表、试题及学员考核成绩等培训情况报中国心理学会备案。凡通过考核的学员需填写心理测量人员登记表。

第 36 条　中国心理学会建立心理测验专业人员档案库，对获得心理测验使用资格者和专家证书者进行统一管理。凡参加中国心理学会审批认可的心理测量培训班学习并通过考核者，均予颁发心理测验使用资格证书，列入中国心理学会专业心理测验人员库。

第六章　测验的控制、使用与保管

第 37 条　经登记和鉴定的心理测验只限具有测验使用资格者购买和使用。未经登记和鉴定的心理测验中国心理学会不予以推荐使用。

第 38 条　为保护测验发展者的权益，防止心理测验的误用与滥用，任何机构或个人不得出售没有得到知识产权或代理权的心理测验。

第 39 条 凡个人和机构在修订与出售他人拥有知识产权的心理测验时，必须首先征得该测验知识产权所有者的同意；印制、出版、发行与出售心理测验器材的机构应该到中国心理学会登记备案，并只能将测验器材售予具有测验使用资格者；未经知识产权所有者授权任何网站都不能使用标准化的心理量表，不得制作出售任何心理测验的有关软件。

第 40 条 任何心理测验必须明确规定其测验的使用范围、实施程序以及测验使用者的资格，并在该测验手册中予以详尽描述。

第 41 条 具有测验使用资格者，可凭测验使用资格证书购买和使用相应的心理测验器材，并负责对测验器材的妥善保管。

第 42 条 测验使用者应严格按照测验指导手册的规定使用测验。在使用心理测验结果作为诊断或取舍等重要决策的参考依据时，测验使用者必须选择适当的测验，并确保测验结果的可靠性。测验使用的记录及书面报告应妥善保存 3 年以备检查。

第 43 条 测验使用者必需严格按测验指导手册的规定使用测验。在使用心理测验结果作为重要决策的参考依据时，应当考虑测验的局限性。

第 44 条 个人的测验结果应当严格保密。心理测验结果的使用须尊重测验受测者的权益。

第七章 附则

第 45 条 对于已经通过登记和鉴定的心理测验，中国心理学会协助知识产权所有者保护其相关权益。

第 46 条 中国心理学会对心理测验进行日常管理。为方便心理测验的日常管理和网络维护，对测验的登记、鉴定、资格认定和资质认证等项服务适当收费，制定统一的收费标准。

第 47 条 测验开发、登记、鉴定和管理中凡涉及国家保密、知识产权和测验档案管理等问题，按国家和中国心理学会有关规定执行。

第 48 条 中国心理学会对违背科学道德、违反心理测验管理条例、违背《心理测验工作者道德准则》和有关规定的人员或机构，视情节轻重分别采取警告、公告批评、取消资格等处理措施，对造成中国心理学会权益损害的保留予以法律追究的权力。

第 49 条 本条例自中国心理学会批准之日起生效，其修订与解释权归中国心理学会。

附录 2

心理测验工作者职业道德规范

（中国心理学会，2008. 01）

凡使用心理测验进行研究、诊断、安置、教育、培训、矫治、发展、干预、选拔、咨询、就业指导、鉴定等工作的人，都是心理测验工作者。心理测验工作者应意识到自己承担的社会责任，恪守科学精神，遵循下列职业道德规范：

第 1 条 心理测验工作者应遵守《心理测验管理条例》，自觉防止和制止测验的滥用和误用。

第 2 条 心理测验工作者必须具备中国心理学会认可的心理测验使用资格。

第 3 条 中国心理学会坚决反对不具有心理测验使用资格的人使用心理测验；反对使用未经注册或鉴定的测验，除非这种使用出于研究目的或者是在具有心理测验使用资格的人监督下进行。

第 4 条 心理测验工作者应使用心理测量学品质好的心理测验。

第 5 条 心理测验工作者有义务向受测者解释使用测验的性质和目的，充分尊重受测者的知情权。

第 6 条 使用心理测验需要充分考虑测验结果的局限性和可能的偏差，谨慎解释测验的结果和效能，既要考虑测验的目的，也要考虑影响测验结果和效能的多方面因素，如环境、语言、文化、受测者个人特征、状态等。

第 7 条 应以正确的方式将测验结果告知受测者。应充分考虑到测验结果可能造成的伤害和不良后果，保护受测者或相关人免受伤害。

第 8 条 评分和解释要采取合理的步骤确保受测者得到真实准确的信息，避免做出无充分根据的断言。

第 9 条 应诚实守信，保证依专业的标准使用测验，不得因为经济利益或其他任何原因编造和修改数据、篡改测验结果或降低专业标准。

第 10 条 开发心理测验和其他测评技术或测评工具，应该经由经得起科学检验的心理测量学程序，取得有效的常模或临界分数、信度、效度资料，尽力消除测验偏差，并提供测验正确使用的说明。

第 11 条 为维护心理测验的有效性，凡规定不宜公开的心理测验内容如评分标准、常模、临界分数等，均应保密。

第 12 条 心理测验工作者应确保通过测验获得的个人信息和测验结果的保

密性，仅在可能发生危害受测者本人或社会的情况时才能告知有关方面。

本条例自中国心理学会批准之日起生效，其修订与解释权归中国心理学会（心理测量专业委员会）。

图书在版编目(CIP)数据

心理测量理论 / 孙大强主编. －北京：开明出版社，2012.10
(新世纪心理与心理健康教育文库)
ISBN 978－7－5131－0237－7
Ⅰ.①心… Ⅱ.①孙… Ⅲ.①心理测量学 Ⅳ.①B841.7

中国版本图书馆 CIP 数据核字(2011)第 119653 号

责任编辑：陈璘彬　王拓　魏红岩　吴晨紫

书　名：心理测量理论
出品人：焦向英
出　版：开明出版社
(北京海淀区西三环北路 25 号 邮编 100089)
经　销：全国新华书店
印　刷：保定市中画美凯印刷有限公司
开　本：700×1000 1/16
印　张：13.75
字　数：216 千字
版　次：2012 年 10 月 北京第 1 版
印　次：2012 年 10 月 北京第 1 次印刷
定　价：36.00 元

印刷、装订质量问题，出版社负责调换货　联系电话：(010)88817647